AF369339

L'AUDITION

ET

SES ORGANES

PAR

Le Dr M. E. GELLÉ

Membre de la Société de Biologie

PARIS

ANCIENNE LIBRAIRIE GERMER BAILLIÈRE ET Cie

FÉLIX ALCAN, ÉDITEUR

108, BOULEVARD SAINT-GERMAIN, 108

1899

BIBLIOTHÈQUE
SCIENTIFIQUE INTERNATIONALE

PUBLIÉE SOUS LA DIRECTION

DE M. ÉM. ALGLAVE

XCI

L'AUDITION

ET

SES ORGANES

PAR

Le Dr M. E. GELLÉ

Membre de la Société de Biologie

PARIS

ANCIENNE LIBRAIRIE GERMER BAILLIÈRE ET Cie

FÉLIX ALCAN, ÉDITEUR

108, BOULEVARD SAINT-GERMAIN, 108

1899

L'AUDITION ET SES ORGANES

INTRODUCTION

Qu'est-ce que ouïr? C'est percevoir par l'oreille (Littré).

L'ouïe, dit le professeur Mathias Duval, est le sens par lequel les extrémités du nerf acoustique, impressionnées par les vibrations des corps sonores, transmettent cette impression aux centres nerveux et donnent lieu aux sensations acoustiques.

Entendre, c'est être frappé par les sons; écouter, c'est prêter l'oreille, la tendre vers un bruit pour le percevoir. Entendre est passif et souvent involontaire; celui qui écoute agit sous l'influence d'un sentiment de curiosité ou d'intérêt pour reconnaître, distinguer un son.

Chacun sait qu'on entend sans écouter, et qu'on peut ne pas entendre quoique l'on écoute (Littré).

Entendre diffère de comprendre; à chaque instant l'un est dit pour l'autre par les sourds. On comprend quand on a saisi le sens de ce qui a été dit, reconnu le bruit, distingué la voix, l'accord, le timbre, etc. On entend, sans comprendre, les langues étrangères; un mot incompris n'est qu'un bruit vague. Pour le sourd avéré, les mots, les phrases, se fondent dans une ultime sensation sonore, confuse, indistincte, en un bruit.

Quand le corps sonore est loin de nous, nous percevons d'abord un bruit vague, puis plus distinct, et dont la direction peu à peu se précise ; enfin nous le distinguons ; nous le reconnaissons s'il a déjà frappé nos oreilles, à mesure qu'il se rapproche. Pour un adulte entendre et comprendre ne font qu'un.

Aujourd'hui, entendre et ouïr sont synonymes : c'est la faculté du sens de l'ouïe. L'audition est la fonction des oreilles, du nerf acoustique et de certains centres nerveux. Ces organes sont les intermédiaires entre le sensorium et le milieu ambiant ; ils sont affectés à la connaissance des mouvements de la matière, et surtout des mouvements vibratoires, des ébranlements moléculaires qui l'agitent constamment. C'est par l'oreille que nous prenons conscience de ces phénomènes extérieurs. Il se fait là une sorte de toucher à distance, ainsi qu'on l'a dit, par lequel nous nous mettons en contact avec les corps environnants en vibrations ; l'ébranlement se propage par l'air aux oreilles ; nous en connaissons ainsi et l'existence et les mouvements, en dehors de nous : nous extériorisons la sensation perçue. L'oreille fermée, tout disparaît.

L'homme possède une sensibilité sans cesse mise à l'épreuve par les phénomènes qui se passent autour de lui, dans le milieu où il vit.

C'est du conflit entre ces deux éléments, d'un côté la sensibilité organique et sensorielle, et de l'autre l'excitation extérieure, que naît la sensation sonore.

On conçoit alors que les qualités de celle-ci dépendent des deux sources où elle est puisée ; et qu'elle donne autant la mesure de l'excitant que celle de la faculté de sentir.

Chacune des propriétés de la matière agit sur un de nos sens ; et nous n'en connaissons que ce que ceux-ci nous signalent.

Chacun de nos sens est influencé par une modalité particulière des forces du dehors ; l'un perçoit exclusivement les vibrations lumineuses ; l'autre, celle des corps sonores ; un, le contact, le chaud, etc. ; et, suivant que c'est l'œil, l'oreille, le toucher, qui est mis en éveil, le phénomène est reconnu comme lumineux, sonore, tactile, etc.

En réalité, le son n'existe que par et pour le sens de l'ouïe ;

de même pour les autres. Ainsi que le dit Lubbock, les organes des sens sont des fenêtres ouvertes sur le monde extérieur ; et dès qu'un phénomène a suffisamment de durée et d'intensité, il éveille la sensibilité de l'un d'eux, spécialement organisé dans le but d'établir ce rapport nécessaire à la connaissance de ce qui se passe autour de nous.

En ce qui regarde l'audition, l'énergie du mouvement vibratoire vient actionner celle de l'appareil sensoriel auditif ; l'effet produit, la sensation éprouvée résultent de cette rencontre des deux forces, la puissance du courant sonore et celle de la sensibilité de l'homme ; l'intensité et les qualités du phénomène extérieur apparaissent suivant les capacités spéciales de l'instrument qui le fait connaître et du cerveau qui le perçoit. Un sourd et un faible d'esprit ne sentent que peu ou pas du tout ; un musicien bien doué entend, comprend et saisit toutes les nuances ; il goûte toutes les harmonies.

On pourrait dire : « Tant vaut l'homme, tant vaut la sensation. »

Dans les communications incessantes avec le monde extérieur, les sensations sont des notions de rapport, d'après lesquelles nous jugeons des propriétés de la matière. La perte d'un sens entraîne en effet fatalement l'ignorance de la propriété spécialement étudiée par lui : l'aveugle-né ignore les couleurs ; le sourd-muet de naissance, les sons et la parole ; le son est la sensation spéciale de l'organe de l'ouïe.

Le son naît donc d'un mouvement vibratoire perceptible par l'oreille. Avertis par cette sensation, nous connaissons l'existence d'une source de vibrations, d'un corps qui se meut dans l'espace ; c'est un télégraphe invisible, suivant la belle image de M. Radau.

Entre le corps extérieur, agité de mouvements moléculaires, et l'organe auditif, il y a comme intermédiaire l'air, dont les molécules sont animées de vibrations consécutives, qui se propagent du corps à l'oreille.

Il y a donc dans la genèse de la sensation sonore quelque chose de mécanique, et le mot « un son frappe l'oreille » est fort juste ; les ébranlements de l'air atteignent le tympan, et par leur choc le mouvement se communique aux parties de l'organe disposées à cet effet.

C'est ainsi que l'énergie du courant vibratoire, sa durée, sa vitesse, etc., ont une grande importance dans la production de la sensation acoustique ; l'oreille forme en partie un instrument acoustique, soumis aux lois physiques.

L'organe de l'ouïe doit dès lors posséder la cohésion, l'élasticité et la mobilité qui sont les propriétés des corps élastiques, susceptibles d'être mis en vibrations, périodiques ou non. La pénétration du courant vibratoire aérien jusqu'au système sensitif n'est possible et assurée que par l'existence de ces qualités de l'appareil otique de transmission du son ; c'est en les détruisant que la maladie peut amener l'incapacité fonctionnelle qu'on nomme la surdité.

Puisque l'appareil périphérique de l'ouïe est un véritable instrument d'acoustique, pour comprendre l'audition, il faut nécessairement tout d'abord savoir l'acoustique. C'est là une connaissance préliminaire indispensable à qui veut apprendre le pourquoi, le comment de la propagation des vibrations et la conductibilité des rouages délicats de l'oreille.

L'audition étudie la sensation sonore, ses causes et ses effets physiologiques ; elle analyse tout ce qui a trait à la fonction qui la donne et aux phénomènes qui se produisent dans l'oreille, quand le mouvement vibratoire la pénètre ; elle expose le rôle de chaque partie, la transmission du mouvement aux éléments les plus délicats et les plus cachés, et le mode de communication des excitations aux extrémités nerveuses sensibles.

Elle va plus loin ; elle suit l'excitation sensorielle jusqu'aux centres nerveux cérébraux, aux foyers acoustiques ; elle montre le rayonnement de cette impression sonore sur les sentiments, sur l'intelligence et les mouvements ; et elle l'étudie toujours en tant que sonore, car l'action de la sensation auditive, indépendamment de toute signification convenue, s'étend au loin ; et, tantôt excitante et réconfortante, comme les sons rythmés et la parole, tantôt affaiblissante, comme dans le vertige provoqué par l'excès d'excitation auriculaire ou résolutive même dans les grandes commotions, elle manifeste une puissance indiscutable sur l'intelligence, les mouvements et la sensibilité.

D'après cela, un travail sur l'audition ne peut que débuter par un chapitre court, clair et substantiel sur l'excitant du sens de l'ouïe, sur les vibrations, par l'exposé de leur nature, de leur genèse, de leurs modes de propagation, puisque l'oreille vibre aussi à l'unisson du courant sonore qui est venu la frapper.

De même, quelques notions d'anatomie auriculaire sont indispensables à posséder, puisque c'est l'instrument que l'on va voir fonctionner, et dont nous décrivons le jeu et les propriétés. Des aperçus seulement, éclairés de figures, suffiront à rendre la compréhension facile, sans nous attarder à des descriptions délaissées du lecteur; nous nous réservons d'entrer dans plus de détails à propos de quelques points principaux de physiologie dont l'étude exige une plus grande précision.

La sensation auditive et ses effets seront étudiés dans les chapitres suivants. On comprendra alors comment on devient sourd et sourd-muet, et pourquoi, arrivé à un certain degré de surdité, l'individu s'assourdit de plus en plus.

CHAPITRE PREMIER

L'EXCITANT DE L'OUIE. — VIBRATIONS SONORES

§ I. — LE SON : LES VIBRATIONS, EXCITANT DE L'OREILLE

Origine du son. Qualités du son. — Les phénomènes sonores se manifestent à tous les instants de la durée ; ils naissent de tous les points de l'espace ; ils reconnaissent une foule de causes qui ébranlent l'air autour de nous ; c'est un signe de vie ; leur absence équivaut à l'immobilité et à la mort ; l'habitude en fait un tel besoin que le silence impressionne. C'est une manifestation de l'activité de la matière ; il accompagne tous les modes de la vie organique et les mouvements des corps extérieurs.

De là naissent les états de conscience dont se forme la sensation, point de départ de la connaissance. Ainsi toute une face du monde est inconnue pour le sourd-muet. De tous les sons, celui de la parole humaine est le plus intéressant à entendre, à connaître, et son ignorance ou sa perte causent un dommage incalculable au triple point de vue de l'intelligence, des sentiments et des mouvements.

L'origine de toutes ces sensations sonores est dans le mouvement vibratoire ; ce qui est vibration en dehors de lui est son dans l'homme (A. Guillemin).

Nous allons étudier la nature des vibrations et les relations qui existent entre elles et les sensations acoustiques ; c'est ce que Helmholtz appelle l'*acoustique biologique*.

La sensation du son implique nécessairement, d'une part, un

mouvement vibratoire extérieur et, d'autre part, un sujet capable de le sentir et d'en recevoir l'impression.

Cependant, la sensation de sons peut apparaître à la conscience sans qu'aucun phénomène vibratoire externe l'ait amenée ; l'excitation spontanée ou indirectement provoquée par des causes diverses des foyers de l'audition peut donner lieu à la création d'images auditives, nées dans le cerveau, rappelées à la mémoire, ou de simples bruits dus à l'irritation seule du centre de l'audition ; car le sens de l'ouïe est doué d'une sensibilité spécifique, unique, pour le son, comme le sens de la vue pour la lumière ; et sa réaction, sous l'influence d'un excitant quelconque, est une sensation sonore subjective. Cette sensation spontanée intérieure peut s'extérioriser, soit qu'elle rappelle un son de l'extérieur connu, soit qu'elle coïncide avec un fait actuel, auquel on tend à la rapporter : c'est « l'hallucination auditive ». Par cette origine, identique à celle de la sensation provoquée, venue de l'extérieur, on conçoit que Taine ait pu dire de celle-ci qu'elle est une « hallucination vraie ».

Il était bon dès l'abord de bien établir l'existence de cette *sensibilité spécifique* du sens de l'ouïe, dont il sera parlé au cours de ce travail. Sa réplique à toute excitation quelconque est donc une sensation de son : c'est pourquoi un sourd-muet, s'il a entendu quelque temps, peut rêver de sons, de musique, etc. Des états de conscience particuliers concomitants, multiples (orientation variée, sentiment de la rotation de la tête, disparition par l'occlusion de l'oreille, association de la vue, efforts d'adaptation, etc.), nous avertissent que la source de l'excitation du nerf acoustique est située à l'extérieur, en dehors de nos organes, dans l'espace.

De là la notion d'*extériorité*, qui éveille celle du moi conscient, celle de la personnalité ; qui toutes deux apparaissent ainsi avec le phénomène sonore, de même qu'elles naissent du toucher, de la vue, etc. Que le mode de production du son soit une percussion, un choc, un frottement, etc., on constate toujours qu'il s'accompagne de mouvements des molécules des corps élastiques, solides, liquides ou gaz, mouvements vibratoires transmis par l'air à l'oreille.

La propagation est nulle dans le vide, on le sait ; mais, par contre, on entend trop quand la pression atmosphérique est

accusée comme dans les cloches à plongeurs, où l'air a plus
de densité. Les qualités de l'air conducteur du son importent
à l'audition ; ce sont des notions d'acoustique classiques.

Le sujet offre des divisions naturelles. La sensation auditive peut être envisagée : 1° Au point de vue du temps, c'est-
à-dire de la durée du phénomène vibratoire qui l'a fait naître ;
ou de la hauteur, c'est-à-dire du nombre des ondes ou de
la tonalité, mais aussi, quant à la durée de l'excitation nécessaire à sa production ; enfin, au point de vue de la durée de
l'impression.

2° Au point de vue de l'espace, c'est-à-dire sous le rapport
de la masse du corps sonore, de l'intensité initiale du choc
vibratoire, de la distance, de la propagation par l'air, enfin de
l'orientation : unilatéralité, bilatéralité ;

3° Dans sa cause même, d'où vient le timbre, si bien en
rapport avec la nature de la source du son.

Le phénomène extérieur est étudié spécialement en physique, et la physiologie s'occupe surtout du phénomène sensoriel, subjectif ; mais ces deux points de vue se tiennent
étroitement.

On a pris l'habitude de distinguer surtout dans la sensation
auditive les qualités saillantes, intensité, tonalité, timbre, que
l'on semble représenter comme isolées dans la classification
des qualités du son et comme absolument distinctes dans leur
genèse, tandis qu'il n'en est rien. Ces éléments constitutifs de
la sensation ne sont pas séparables, sinon pour les besoins de
l'esprit qui analyse ; mais il doit rétablir la synthèse pour
retrouver la vérité ; la division classique est un artifice qu'on
a tendance à prendre pour la réalité ; tout est plus simple, car
tout se tient par une origine commune, les vibrations.
D'autre part, la durée, l'intensité ne sont pas toujours en rapport avec celles du phénomène vibratoire causal ; la quote
personnelle varie. Peut-être aussi a-t-on trop de tendance à
considérer le phénomène sonore comme un composé de ces
qualités, tandis que celles-ci ne constituent que nos manières
de sentir le phénomène vibratoire, qu'on ne peut au surplus
décomposer en ses divers éléments sans l'altérer profondément.

Nous allons exposer successivement ces divers points de
vue.

Les sons les plus simples sont ces bruits innombrables qui se produisent dans la nature, ceux si divers que les animaux fournissent et qui sont très perceptibles pour la plupart. Ces bruits ont été dès l'origine de l'homme les excitants habituels de ses oreilles; beaucoup de ces bruits nous échappent par l'accoutumance, d'autres par leur acuité extrême, par leur peu de durée et d'intensité, sans doute; le microphone en a rendu perceptibles quelques-uns.

On trouve dans les auteurs de magnifiques descriptions des bruits nés du sol, des eaux, des éléments, des animaux, (Humboldt), des usines, des métiers, etc., que la vie industrielle croissante a rendus plus intenses et plus nombreux; le bruit des grandes villes est aussi remarquable. Ce sont là des sources d'excitations auditives incessantes, habituelles, qui font partie de la vie de tous, et qui réalisent une sorte d'éducation involontaire du sens de l'ouïe. Celui-ci conserve toujours une grande sensibilité pour ces sensations simples, indistinctes, qui n'exigent pas d'attention et sont des phénomènes constants dès l'enfance.

Il y a à ce sujet une foule d'exemples particulièrement intéressants dans le livre de Lubbock (1).

Landais a examiné les divers sons émis par les insectes et leur mode de production: ce sont des bruits de claquement des ailes, des sons frappés, des grincements, des frottements de surfaces hérissées de pointes ou de rugosités, des bruits de râpe, d'autres explosifs; ailleurs, ce sont des sons musicaux, tels que « le chant de la cigale », le bourdonnement des insectes ailés, etc.

L'escarbot produit une explosion véritable; un scarabée bien connu (horloge de la mort) exécute avec sa tête et son thorax des chocs précipités pour annoncer sa présence et pour rencontrer ses pareils. Ces animaux entendent; mais il est difficile souvent d'en donner la démonstration absolue pour beaucoup d'insectes bruyants; et je suis bien tenté d'admettre avec Beaunis que, puisqu'ils font du bruit, c'est qu'ils entendent (Évolution du système nerveux).

Nous verrons par la suite que, dès que les petits enfants

(1) *Les Sens et l'Instinct chez les animaux*. Bibliothèque scientifique internationale. Paris, F. Alcan.

sourds-muets entendent quelque peu, ils font du bruit et du tapage.

Sur l'oreille humaine ces sons simples ont une puissance d'action remarquable. Ils sont très pénétrants : les claquements, grattements, crépitations, crissements nous frappent malgré nous ; les bruits analogues de friture du phonographe, et du téléphone de même, sont des premiers entendus par le sourd-muet dont on exerce l'ouïe ; cependant Toynbee, Tyndall ont observé des individus qui ne percevaient point les bruits suraigus (Tyndall, *le Son.*)

On voit que l'on classe les bruits d'après leurs causes et aussi d'après la sensation qu'ils nous font éprouver ; ainsi on dit : un bruit strident, un son mordant, un bruit étourdissant, une voix criarde. On discute plus ou moins longuement dans tous les traités de physiologie sur la distinction entre le bruit et le son musical, question au fond bien dénuée d'importance, mais elle est classique et sert d'introduction à l'étude des sons.

Bruit et son musical. — Citons quelques opinions des savants les plus autorisés.

Il est au moins curieux de connaître comment on a pu découvrir les conditions du mouvement de l'air extérieur qui font que, dans un cas, ce mouvement cause la sensation du bruit, et dans l'autre celle des sons musicaux ; car nos sensations, il faut le dire, ne nous trompent point dans cette différenciation.

« Le bruit, dit Tyndall, produit en nous l'effet d'une succession irrégulière de chocs…, les impressions de notre nerf auditif ne sont que heurts et cahots ; tandis que le son musical coule doucement, sans aspérités et sans irrégularités aucunes. »

Comment cette douceur est-elle produite ? Par le retour parfaitement périodique des impulsions de la membrane tympanique.

Un mouvement périodique est celui qui se répète régulièrement ; le mouvement du pendule ordinaire, par exemple, est périodique, et ses oscillations dans l'air déterminent des ondes ou pulsations qui se suivent avec une régularité parfaite.

Mais de telles ondes sont bien trop lentes pour exciter le

nerf auditif; pour obtenir une sensation musicale, il faut que le corps vibrant avec cette régularité du pendule imprime à l'air des secousses beaucoup plus rapides. Le son continu est dû à la succession des ébranlements qui se suivent sans intervalle; ainsi se forme la sensation du son musical continu.

Au contraire, les pulsations qui donnent naissance à la sensation du bruit sont irrégulières dans leur force et dans leur retour. Elles heurtent l'oreille sans mesure, elles causent une confusion des ondes, qui nuit à leur audition particulière, et est désagréable, pénible, fatigante même par les changements brusques, les inégalités de tonalité, d'intensité et de durée.

Un son musical est en somme dû à une succession rapide de vibrations pendulaires. Si chacun des chocs est bien séparé, la sensation discontinue est celle de bruits et non de son musical. Cependant, si ces sons discontinus ont entre eux certains rapports, leur succession peut éveiller la sensation d'un son musical, d'un accord, d'une gamme.

Au moyen de la *roue dentée*, Savart a montré que deux chocs successifs suffisent à la formation d'un son, qui reste intermittent : seize chocs par seconde fournissent une sensation continue, et qui devient musicale et agréable à mesure que les chocs se multiplient.

C'est ainsi que la genèse des sons musicaux a été étudiée par Savart; Tyndall se servait dans le même but du gyroscope. (Tyndall, *loc. cit.*)

Au-dessous d'une certaine vitesse de rotation, on obtient des sensations sonores intermittentes, des chocs; puis, avec une vitesse suffisante, le son continu périodique apparaît; il est d'autant plus élevé que la rotation est plus vive.

Le bruit est donc produit par la succession irrégulière des chocs sonores inégaux, c'est-à-dire des ébranlements supportables par le nerf auditif.

Le professeur Mathias Duval (*Traité de physiologie*) ne dit pas autre chose : « Si les vibrations sont régulières et, quoique composées d'éléments complexes, facilement analysables par l'oreille, c'est un son qui est perçu; si ces vibrations sont discontinues, irrégulières, se superposant et se succédant sans ordre, on dit qu'il y a production de *bruit*; mais il est, en somme, difficile d'assigner la limite exacte à laquelle cesse le son musical proprement dit, et où commence le chaos des *bruits*. » (Ouïe, *Dictionnaire de médecine*.)

Bernstein (1) écrit ceci : « Parmi les sensations produites par le son, il en est une qui se distingue de toutes les autres et qui possède un caractère tout spécial.

« C'est cette sensation *musicale* qui nous fait distinguer le ton et le timbre. Toutes les autres sensations auditives qui ne possèdent point ce caractère peuvent être désignées sous le nom de bruit.

Taine (2) nous fait assister à la genèse du son musical :

« Un son musical, quelque simple qu'il paraisse, est formé par des sensations plus simples agglomérées et fondues pour ainsi dire en une seule.

« Des coups égaux, frappés à raison de seize par seconde, sont entendus séparément; si la fréquence des coups augmente, une nouvelle sensation se dégage, la sensation du son musical.

« Parmi les restes de bruits qui persistent encore, et continuent à être distincts, elle se dégage comme un événement d'espèce différente.

« Entre les diverses sensations élémentaires qui constituaient chaque bruit, il en est une que l'opération a séparée; désormais celle-ci n'est plus distincte de la *sensation élémentaire semblable* qui la suit dans chacun des bruits suivants. *Toutes ces semblables font maintenant ensemble une sensation continue... A mesure que le son devient plus aigu, les sensations élémentaires disparaissent pour la conscience*, le son paraît uni et indécomposable. »

Taine conclut comme Savart a expérimenté.

Kendrick (*Sur le phonographe*) donne, dans la planche II de son mémoire, le graphique d'un bruit récolté sur le phonographe, et dont le tracé linéaire a été pris avec un appareil enregistreur de son invention.

A la figure n° 21, pl. II, on voit les courbes données par un bruit (Noise); et l'auteur note les irrégularités de la courbe décrite. On en juge mieux si l'on porte ses regards sur la figure 22, laquelle, par opposition bien nette, est le tracé régu-

<hr>

(1) *Les Sens*, Bibliothèque scientifique internationale; Paris, F. Alcan.
(2) *De l'Intelligence*, t. II et III.

lier, onduleux obtenu par l'inscription phonographique d'une voix de ténor. La ligne est caractéristique de la voyelle A ; et la régularité des périodes est remarquable. A la lecture de ces deux graphiques, on saisit immédiatement la différence entre un bruit et un son musical (V. fig. 1).

La figure 2 est à ce point de vue très démonstrative ; elle montre les tracés de bruits divers.

Cependant, il y a bien des modes et des transitions insen-

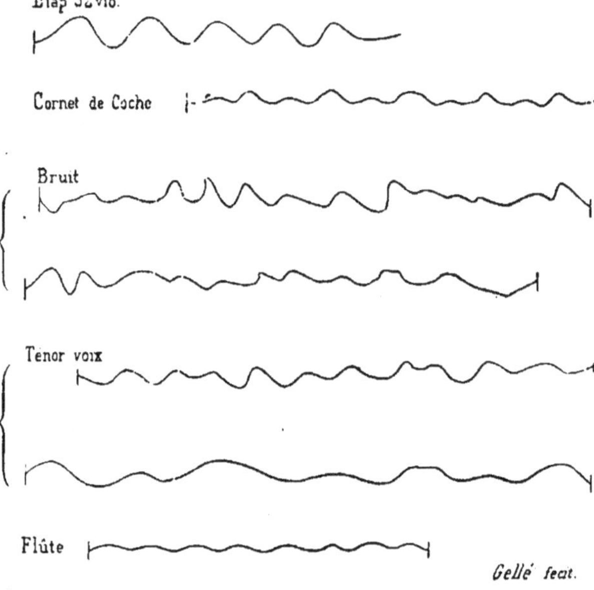

FIG. 1.

sibles entre le son musical et ce que nous nommons bruit.

Regardez, après ces graphiques, ceux de M. Marichelle (pl. I) (1), et la planche ci-jointe (fig. 2). Là sont exposés des dessins de périodes d'instruments de musique, de voyelles dites sur des tons connus, et, en parallèle, s'égrènent éparpillés, désunis, segmentés, irréguliers, des traits et des ponctuations séparés par de grands intervalles sur le graphique ; ce sont les vibrations élémentaires inscrites de chocs, de heurts ;

(1) *La Parole d'après le tracé du phonographe.*

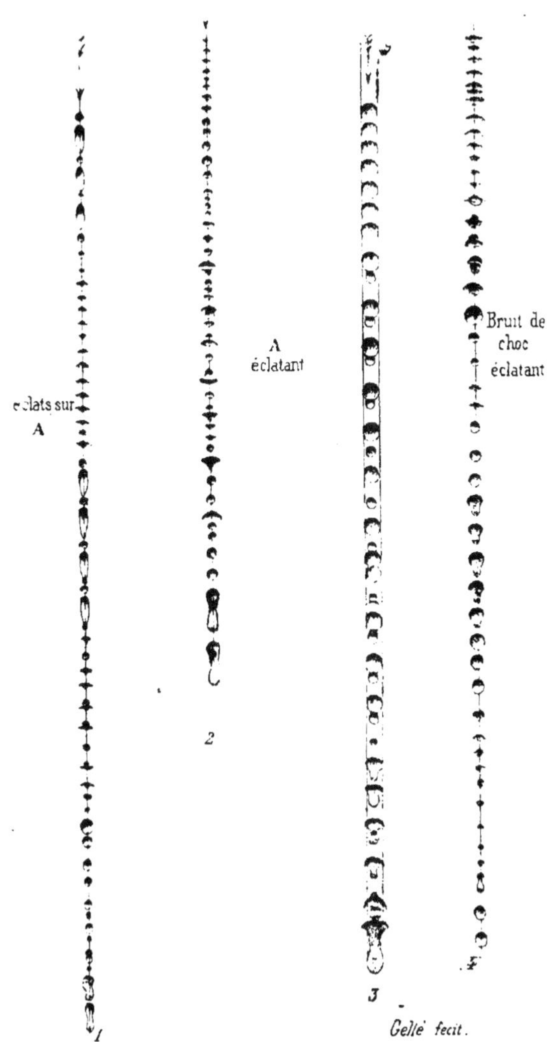

FIG. 2.

1. A a été lancé comme un choc brutal, et les vibrations s'inscrivent
par des points dissociés sans lien. Cependant, même aux endroits
où de simples traits sont marqués sur la cire du rouleau, on observe
des ondulations générales périodiques. — 2. Est à peu près semblable. — 3. Ici les traits sont plus marqués et quelques formes
typiques de A apparaissent. — 4. C'est la succession des traits
marqués pendant le choc de deux plaquettes de bois : les périodes
se dessinent aussi. Ces figures sont schématiques, mais d'après
le tracé aussi exactes que possible.

là d'un bruit de foule, ici d'un bruit de casseroles frappées ou d'assiettes entre-choquées. Or, malgré cette forme franchement heurtée, ataxique, décomposée, vous remarquerez que les ondes sonores en somme s'allongent en systèmes d'ovales réguliers, dont les éléments composants seuls affectent l'aspect de coups distincts, irréguliers, discontinus et sans lien apparent ; en reproduisant le bruit, le phonographe montre là qu'il existe cependant au moins pour une partie une périodicité évidente, irrécusable, bien que dissimulée.

Je montrerai bientôt que l'intensité extrême transforme un son musical en un bruit (1). C'est qu'un bruit est surtout pour nous un son ou une masse complexe de sons indistincts, inappréciables, que leur nombre par trop grand, simultanément ou successivement croissant, et leurs inégalités empêchent de discerner, d'analyser, de reconnaître. Notre attention est inhabile à cette étude ; car ce chaos sonore met aux champs nos facultés sensorielles ; notre besoin de savoir et de comprendre n'est point satisfait.

L'émission de sons simultanés inscrits sur le phonographe est curieuse à entendre à ce point de vue. On y voit que la distinction, la reconnaissance des sons, but définitif de l'audition, est rendue impossible à moins d'un dressage particulier et prolongé, souvent suivi d'insuccès, la confusion des sons pouvant rester indéchiffrable aux plus attentifs.

Les maladresses sont parfois utiles ; et l'on peut en retirer quelque enseignement. C'est ainsi que, si l'on inscrit un air de musique ou de chant surtout sur un rouleau de cire qui a déjà servi, et qu'on a insuffisamment gratté pour enlever le premier tracé, il se produit par place des reviviscences fâcheuses de notes et de sons précédemment gravés, qui causent une confusion complète et une cacophonie intermittentes, désagréables, car leur apparition saugrenue, inattendue, rend le nouveau tracé indistinct, incompréhensible, méconnaissable. Le cas est bien différent dans l'accompagnement d'un soliste (voix ou instrument) par le piano, c'est l'harmonie qui règle alors le rapport entre les sons et les unit agréablement.

(1) Dans le cours de ce travail, nous allons voir quels services nous peuvent rendre les inscriptions du phonographe dans cette analyse des sons.

Ce fait a été signalé dès le début de l'emploi du phonographe par Du Moncel (p. 282, *du Téléphone*).

« Un des résultats, dit-il, que le phonographe a produits, a été la répétition simultanée de plusieurs phrases, en langues différentes, dont l'enregistration avait été superposée. On peut obtenir jusqu'à trois de ces phrases.

« Mais, pour pouvoir les distinguer au milieu du bruit confus résultant de leur superposition, il fallait que des personnes différentes, en faisant une attention spéciale à chacune des phrases, pussent les séparer et les comprendre. »

Là séparation est au reste plus facile à faire entre des paroles chantées ou un air de musique et des sons parlés, des notes, des phrases. L'attention, l'exercice finissent par rendre possibles les distinctions de sons simultanés ; on arrive à isoler du bruit une suite de sons connus par une éducation très pénible.

C'est une fatigue que ces efforts et cette déception ; bien plus, si l'intensité est extrême, nous éprouvons bientôt une lassitude, un épuisement qui peut amener la syncope, le vertige, la migraine, par une sorte de surmenage cérébral, sans profit.

La multiplicité des sons comme leur intensité excessive paralysent nos moyens ; il en résulte un état de dépression, de faiblesse, d'incapacité et d'énervement qui remplit le sujet d'émotion.

A ce propos, P. Bonnier (*l'Oreille*, Physiologie. II, p. 113) remarque que, quand les périodes sont nettement appréciables, le complexe sonore s'appelle *timbre*... ; et quand le caractère périodique tend à s'effacer, le complexe sonore s'appelle *bruit* ; pour lui cependant, le bruit est toujours périodique, si peu qu'il le soit ; car tout bruit a une hauteur déterminée, une acuité tonale qui persiste au sein des combinaisons sonores les plus disparates ; « il est donc illogique d'opposer le bruit au son musical ; — il y a cacophonie si plusieurs sons réunis ne font que du bruit ».

Des sons inconnus sont des bruits ; des sons connus, significatifs sont distingués, nommés ; ce ne sont plus des bruits. Nous leur avons donné une âme, l'idée.

Vigilance du sens de l'ouïe. Sa passivité. Rôle de l'attention. — Le plus souvent, pour cette distinction, on oppose à la douceur des sons de la musique l'âpreté et la confusion des sons qui composent le bruit. Schopenhauer est touché davantage par cette action désagréable du bruit, de tout bruit, qui lui répugne (1).

Il énonce à ce sujet une observation extrêmement juste, l'impressionnabilité excessive des natures d'élite au bruit.

A ce propos, il signale aussi un fait important à connaître; c'est que *l'ouïe est passive*. C'est là une constatation sur laquelle j'insiste vivement depuis longtemps dans mes conférences et mes leçons à la Salpêtrière. C'est pourquoi les bruits agissent avec tant de violence et s'imposent à notre attention. « Les bruits, dit cet auteur, agissent d'une façon hostile sur notre esprit, d'autant plus que celui-ci est plus actif et plus développé ; ils bouleversent nos pensées, troublent momentanément la réflexion. » Il oppose à la tranquille sensation lumineuse le *tambour d'alarme* qu'est l'oreille, d'où partent les excitations de mouvement de tous les membres, des tressaillements, des secousses viscérales après une détonation soudaine; et il note que cela n'arrive pas pour la lumière.

L'ébranlement de l'acoustique se propage très avant dans le cerveau ; et, dit-il, les cerveaux ordinaires seuls supportent le bruit d'une façon stoïque : les intelligences supérieures sont, au contraire, d'une extrême sensibilité auditive ; Kant, Gœthe, Jean Paul étaient, cite-t-il, extrêmement sensibles au bruit ; et j'ajoute, Schopenhauer, qui les cite, sans doute aussi ; mais il y a un beau côté cependant.

La nature passive de l'ouïe explique aussi, à son avis, la puissante action de la musique sur la généralité des individus.

Nous disions que tout son inconnu est un bruit ; en effet, l'oreille entend mieux ce qu'elle reconnaît ; l'éducation et la connaissance ont ici une grande importance.

Il y a un facteur puissant de l'audition dont l'activité est nécessaire à la reconnaissance des choses apprises telles que les mots et les articulations, dialectes, intonations, patois, langues étrangères surtout, etc. : c'est l'attention aidée de la mémoire, la volonté manifestée par l'adaptation des fonctions périphérique et centrale concourant au but unique. Or,

(1) Ch. III, t. II, *Sur les sens.*

si elle fait défaut, il peut ne pas y avoir de sensation perçue ou la perception reste insuffisante.

On sait, par l'étude des enfants sourds, que ces sons appris, significatifs, conventionnels, peuvent disparaître rapidement de la mémoire et facilement de la conscience ; et que c'est là une évolution fatale chez les jeunes enfants sourds ; mais il n'en est pas de même des sons, simples bruits, phénomènes constants, habituels, qui ne demandent ni effort d'attention, ni mémoire, ni éducation (au moins en général), pour être admis et reconnus ; car c'est, en fait, le premier langage ; c'est l'excitation la plus banale de l'acoustique, à ce point qu'un choc, un bruit, un éclat de voix à distance se confondent en une seule et même impression, la sensation sonore vague.

Oui, par le mode d'excitation, le sens de l'ouïe est passif ; tout le pénètre et le touche. La volonté cependant et l'attention peuvent toujours commander à la sensation, l'accroître ou l'éteindre au seuil de la conscience.

L'oreille, toujours béante, est l'organe de la protection des animaux, surtout utile la nuit ; c'est le sens vigilant par excellence, actif même dans le sommeil. Mais une idée fixe, une attention vivement concentrée empêchent l'audition de paroles, fortement lancées et de près, de bruits même violents. On connaît des exemples célèbres de cette inattention auditive ; mais le fait est assez commun.

L'idée préconçue ne nous fait-elle pas voir ou comprendre des choses qu'on n'a pas dites ou qui n'ont pas paru. La préoccupation, l'attention fortement arrêtée nous isolent mieux que tout autre moyen du monde extérieur et de nous-mêmes ; nous devenons alors insensibles à toute autre excitation que celle qui nous accapare ; c'est une « possession ».

Mais le simple bruit a cependant ses entrées libres. En définitive, tout cela nous explique pourquoi l'attente d'un phénomène sonore nous rend plus sensibles à son audition, plus aptes à sa découverte, quand un intérêt quelconque allume notre curiosité et double nos facultés.

La peur fait dresser l'oreille. *Auditus autem patet ; ejus enim sensu etiam dormientes egemus ;... etiam in somno excitamur...* (Lucrèce, *De Natura deorum.*)

L'oreille n'a pas, comme l'œil, de paupières à lever ; chez les animaux le sens de l'ouïe joue, la nuit surtout, le rôle de sens protecteur ; mais il sert le chasseur également. N'est-ce pas à cette passivité même que nous devons de pouvoir encore réveiller l'ouïe chez les sourds-muets, au moyen des *exercices acoustiques*, qui vont porter l'excitation jusqu'aux centres spéciaux ! D'autre part, on sait que le silence de la nuit augmente dans de fortes proportions l'acuité auditive ; c'est une preuve de l'influence du milieu sur la fonction. Le silence est toujours un repos pour le cerveau, une source de calme

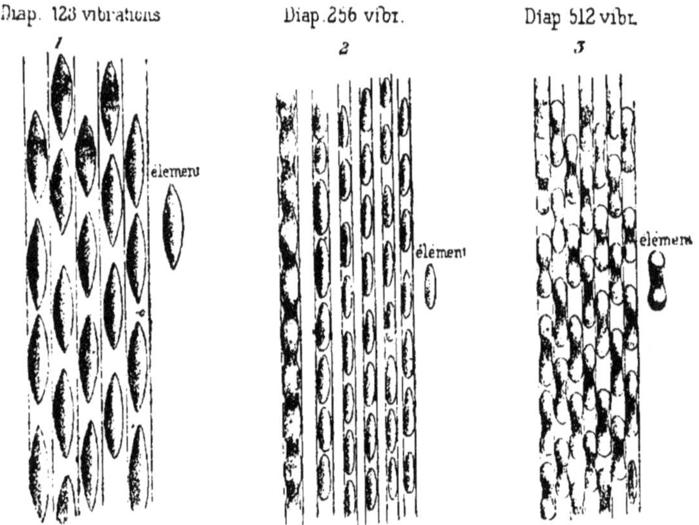

Fig. 3.

et de bien-être pour les agités. Nous étudierons plus longuement ces effets généraux de la sensation sonore à propos du rôle des foyers nerveux de l'audition et de ses effets secondaires.

Analyse des sons. Toute sensation sonore est complexe. — On a pu voir, d'après ce qui précède, que le son est en général produit par des vibrations périodiques, et que c'est presque toujours un complexe, formé par un groupe, une association de sons élémentaires, isochrones ou vibrations partielles, constituées en périodes. En effet, ainsi que Helmholtz l'a montré, les sons simples sont rares (Diapason, V. fig. 3). C'est que les corps élastiques environnants vibrent sympathiquement, harmoniquement avec le son émis, et y ajoutent quelque chose que l'air apporte à l'oreille.

Quant à la sensation élémentaire qui s'unit à des sensations élémentaires de durée différente pour donner la sensation du bruit, ou à des sensations élémentaires semblables pour donner celle du son musical, nous ne pouvons la percevoir (Taine). Cet élément dernier de l'analyse, cet atome de conscience est pour Spencer quelque chose comme « le choc nerveux », l'effet immédiat d'un coup sur le système nerveux, ou d'une décharge électrique (1).

Ces états de conscience manquent de la durée nécessaire pour que l'on puisse les distinguer.

Il existe une sorte de période crépusculaire de l'audition, avant que le son distinct n'émerge dans la conscience, comme le disque du soleil au-dessus de l'horizon.

Les expériences de Savart avec la roue dentée ont montré toutes les phases de la genèse, de l'évolution d'un son musical : le son continu naît de l'incapacité de distinguer les éléments associés par la vitesse de leur succession.

Les sons élémentaires, cependant, peuvent être tellement poussés qu'ils deviennent distincts, tout en formant un son continu. Les graphiques du phonographe rendent visibles ces distinctions dans les tracés de vocalises, des airs vibrants, et surtout pour les voix de femmes qui s'inscrivent alors comme les sons des instruments de musique ; de même, en faisant varier l'intensité du courant dans le microphonographe, on observe des désorganisations de la période sur lesquelles nous reviendrons (fig. 4).

Pour qu'un phénomène surgisse dans la conscience, il faut qu'il ait une certaine durée ou, s'il est passager, qu'il se répète suffisamment ; c'est ce que Richet nomme la « sommation », car l'oreille est le type des organes dont la sensibilité exige pour être sollicitée une rapide succession d'ébranlements aériens, donc extrêmement légers. Leur vitesse et leur synchronisme en forment un faisceau perceptible. L'action d'infiniment petites vibrations moléculaires associées par le mouvement synchronique engendre le son.

Et, même en allant plus loin dans cette analyse, il est évi-

(1) Paulhan, *Physiologie de l'esprit*, p. 57 ; Paris, F. Alcan.

dent que l'état de conscience apparaît plus vite, plus complet, plus distinct, quand les excitations partielles se succèdent dans un ordre méthodique, par une sorte de classement, comme les vibrations périodiques. La supériorité de l'éducation otique par les sons périodiques, rythmiques est des mieux démontrées et des plus démonstratives à ce point de vue.

La sensation produite par un bruit sans durée appréciable est donc, ainsi que le dit Spencer, très comparable à l'effet d'une décharge électrique sur le système nerveux. Ce choc nerveux serait la dernière unité de conscience.

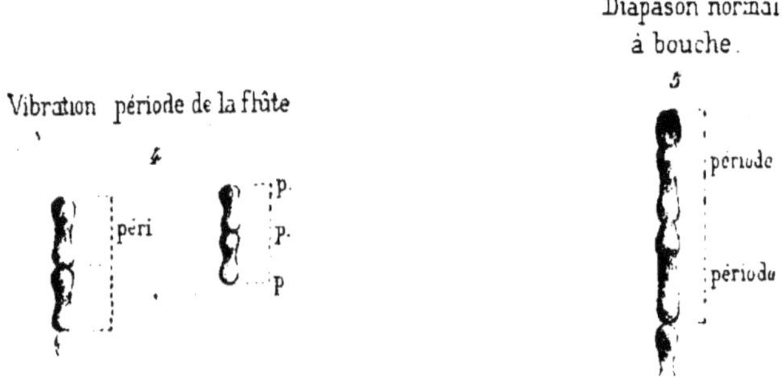

FIG. 4.

Les périodes du diapason de la flûte et de la lettre *A* chantée (par moments) ont la même figure sur le phonogramme. — La 2ᵉ figure ici montre la période modifiée par l'embouchure spéciale (anche) du diapason à bouche.

En réalité, la période est formée de vibrations moléculaires faites de condensations et de raréfactions inconscientes ; et ce groupe harmonique a une vitalité particulière, par contre ; c'est une force.

Le complexe sonore, ainsi décomposable en éléments tellement petits que nous n'avons pas conscience de leur présence, s'offre donc comme un phénomène perceptible, irréductible par l'oreille seule, et d'où elle tire une sensation unique.

Celle-ci est-elle simplement le résultat d'une somme d'éléments d'excitation auriculaire ? N'est-ce pas déjà une représentation née du conflit entre le moi et les phénomènes du dehors multiples, et constituant tout d'abord le produit d'un rapport entre les deux ? Mais les premiers phénomènes vibratoires ne se sont-ils pas primitivement combinés de façon que déjà la période est une résultante, susceptible, il est vrai, de varier, non seulement par l'addition d'éléments partiels nouveaux, mais par les modifications des éléments primaires dans leur intensité, altérant le timbre et la tonalité?

En fait, nous ne saisissons que des rapports ; la sensation éprouvée n'est pas tout le phénomène, puisqu'il est diversement senti ; c'est uniquement l'état de conscience éveillé par lui ; mais sensation sonore, état de conscience, c'est en réalité une unité sensorielle, qui marque la limite de notre pouvoir d'analyse, mais non celle de notre sensibilité.

Disons, avec Paulhan, pour conclure, que nos sensations (la sensation sonore est la plus susceptible d'analyse) ont pour conditions des phénomènes plus simples, qui ne tombent sous aucun de nos moyens de connaissance... « Le fait complexe que nous percevons est bien réel et se distingue de ses éléments ; il n'existe pas indépendamment d'eux ; mais il y a en lui quelque chose qui n'est pas en eux, absolument comme il y a dans une pendule quelque chose qui n'est ni dans le marbre, ni dans le cuivre, ni dans l'émail, ni dans aucune des parties dont elle est formée. »

Ce quelque chose, n'est-ce pas ce rapport intime entre les divers éléments de la construction que le mouvement va utiliser tout à l'heure pour en tirer l'indication de l'heure ?

Le mouvement vibratoire périodique fait-il autrement quand il crée la sensation acoustique? Un son continu naît d'une force continue, d'un effort soutenu de souffle qui réunit les vibrations élémentaires. Avec la sirène on a pu analyser complètement cette formation des tonalités et des intensités.

La grande influence du mouvement se traduit dans le fait suivant.

EXPÉRIENCE. — Voici un rouleau de phonographe sur lequel se trouve inscrite la lettre A, parlée sur un ton bas qui rend plus manifestes les vibrations élémentaires ou sons partiels de la période caractéristique (fig. 5).

Le mouvement de rotation imprimé au rouleau pour l'inscription de l'A était relativement lent ; précipitez ce mouvement d'une façon bien tranchée ; et voici que vous obtenez un son d'une tonalité très différente, d'un timbre modifié même ; cependant ce sont les mêmes éléments partiels inscrits qui se sont présentés par la rotation sous la perle du style du parleur, mais avec une vitesse plus rapide par seconde ; et c'est un A aigu qui sort.

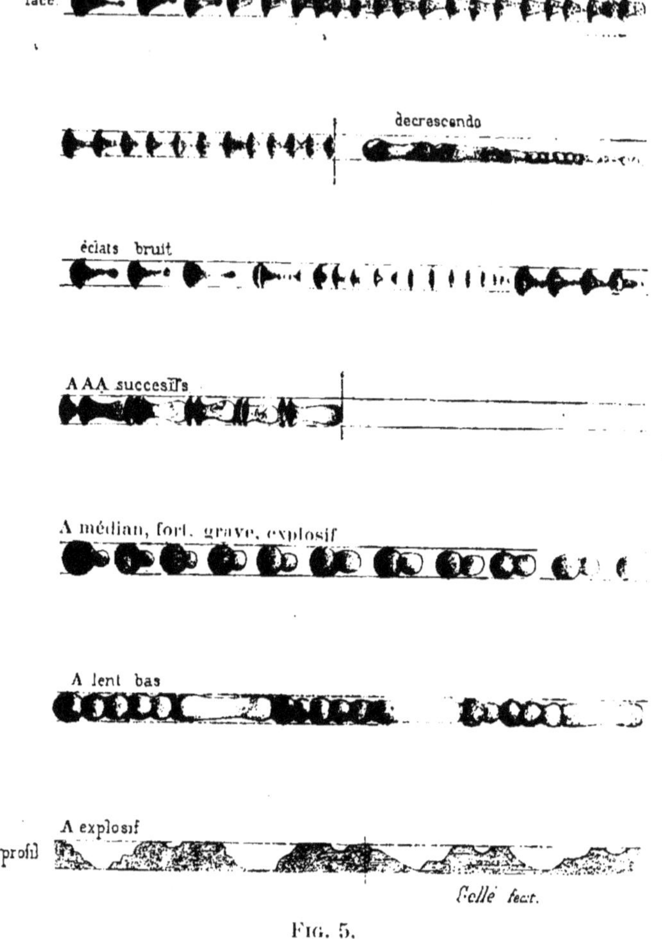

Fig. 5.

Différentes formes des tracés de A, suivant l'intensité et l'acuité.

Or le mouvement seul a été changé, on le voit, dans cette expérience.

L'épreuve inverse (ralentissement de la rotation) amènerait aux mêmes conclusions. La constitution de la période est un facteur ; le mouvement rotatoire en est un autre, tous deux sont actifs ; et l'oreille ne sent qu'un rapide défilé d'excitations ou de chocs. Le mouvement est l'âme de la sensation sonore.

Rapidité de succession, multiplicité des chocs, périodicité des éléments d'excitation ; c'est-à-dire régularité des mouvements : ce sont les conditions d'origine du son musical.

Mouvement périodique ; la période, qualité de la sensation sonore. — Un son musical est un son périodique ; il frappe agréablement l'oreille ; la périodicité de l'excitation, sa régularité sont des conditions qui plaisent et qui facilitent sans doute la fonction sensorielle. La succession des périodes réglées soulage l'attention et repose, car elle exige moins d'efforts d'adaptation de l'organe ou des séries d'efforts analogues et presque égaux.

Le rythme, la mesure, la périodicité sont des formes d'excitations cérébrales et sensorielles par excellence ; ce sont celles de la durée et de la résistance également, comme cela est appréciable pour tous les mouvements, chez l'homme et dans les machines.

Les irrégularités de marche, les ruptures et les décompositions de mouvements sont un mode particulièrement excitant, mais plutôt irritant et surtout fatigant, des phénomènes observés, comme de tout travail effectué. L'énergie des actes extérieurs sollicite celle de l'organisme, leur irrégularité cause la fatigue. Or l'audition est un travail : l'organe subit l'assaut des vibrations sonores, et les centres nerveux éprouvent moins de fatigue à se pénétrer d'impressions régulièrement espacées dont le courant réglé les entraîne sans effort, pour ainsi dire.

L'accoutumance est en effet vite créée par une répétition d'ondes associées par un mouvement musical : c'est le secret de l'action énergique et douce tout à la fois de la musique. J'ajouterai que, l'élasticité de nos tissus et de nos appareils auriculaires jouant le premier rôle dans la réception des excitations sensorielles, la forme pendulaire de ces communications de mouvements de l'extérieur à l'intérieur des instruments de la connaissance ne fait point doute ; et la période qui réunit un certain nombre de ces mouvements vibratoires moléculaires, infiniment petits, devient par suite une caractéristique fondamentale de la sensation.

On peut comprendre au moins que la capacité de notre sensibilité est bien plus grande pour connaître et éprouver ces sortes de mouvements périodiques qui dépendent de la nature même de notre constitution organique et des propriétés physiques générales de nos tissus.

L'élasticité et la mobilité sont les propriétés communes à ceux-ci et aux autres corps extérieurs et par lesquelles ils se joignent et entrent en communication. Le son, essentiellement périodique, doit à ces conditions d'être des plus pénétrants et des plus sympathiques.

D'autre part, l'irrégularité, l'inconnu, la complexité des bruits, des sons qui composent le bruit et en donnent la sensation en sont bien les éléments caractéristiques et étiologiques.

Les expériences des physiologistes, de Wundt surtout, ont permis d'apprécier les différences extrêmes de réceptivité de nos appareils sensoriels et de notre système nerveux pour les bruits et pour les sons périodiques.

Dans les alternances régulières la réponse du sujet à l'excitation expérimentale est bien plus rapide ; et si l'individu connaît le rythme des sons émis par l'action de la mémoire, il advient qu'il réagit encore plus rapidement, même au point qu'il arrive à devancer l'excitation dans ses réponses (1) (sensation attendue).

La sensation du bruit est rendue confuse par suite de la lenteur des impressions, qui peut être comparée avec celle d'un son régulier, dans le rapport de 110 par exemple (pour un son fort) à 189 ; tandis que, pour celui d'un son faible, régulier, à un son faible, irrégulier dans ses alternances, Wundt donne le rapport de 127 à 298.

La périodicité est donc une condition excellente de l'audition.

Un son musical est identique à un autre quand il est dû au même nombre de vibrations dans le même temps à intensités égales.

Un son est différent d'un autre soit par son intensité, soit par sa tonalité, soit par sa durée, soit par sa direction, son timbre, son origine ; soit par sa composition, soit par les sensa-

(1) Richet, *Dictionnaire de physiologie*, p. 27, cerveau ; Paris, F. Alcan.

tions qu'il fait naître dans les organes autres que l'oreille ou dans l'oreille elle-même (douleurs, agacements, peur, souvenir, plaisir, excitation vive motrice, inhibition, etc.). Dans la parole humaine, dans le langage articulé, toutes ces alternatives, toutes les qualités des sons se succèdent avec rapidité, ce qui exige de l'appareil auditif qui les ressent une flexibilité, une élasticité remarquables des parties vibrantes, organes de transmission de ces mouvements, et une sensibilité exquise de la partie nerveuse, chargée de percevoir cette extrême variété de sensations.

§ II. — La durée du phénomène vibratoire sonore

Mais la capacité d'entendre a des limites, et nous avons beau tendre l'oreille, bien des sons passent inaperçus; il y a, il est vrai, par suite de l'éducation du sens, un dressage particulier qui augmente nos aptitudes et les approprie à un but donné (sons musicaux, bruits de la nature, des forêts, langage articulé, etc.); mais le phénomène sonore, pour être perçu, doit durer un certain temps, et posséder une intensité suffisante pour émouvoir l'air, l'oreille et atteindre le nerf acoustique.

Il faut, pour trouver accès, qu'il persiste un moment assez long pour attirer l'attention, pour être manifeste, et apparaître à la conscience. A ce propos, nous ne ferons que rappeler l'importance du milieu aérien dans la propagation des ondes sonores. De toute façon, le son s'éteint plus facilement à l'air libre, l'amplitude des vibrations diminuant alors rapidement (comme le carré des distances). Un son continu, à intensité égale, est plus longtemps perçu, même par le sourd; l'épreuve acoumétrique des diapasons montre bien cette supériorité des sons continus au point de vue de la pénétration au cœur des centres auditifs.

Les expériences suivantes m'ont permis de rendre évidente cette influence de la durée de l'excitation sensorielle qui est nécessaire pour obtenir la sensation sonore.

Expérience I. — Avec la montre : 1° dans un premier

temps, l'observateur s'assure de la portée de l'ouïe du sujet en portant la montre à distance, dans l'axe du conduit, et la rapprochant jusqu'au point où le sujet indique une audition franche ; 2° dans les limites ainsi reconnues, on fait plus ou moins vite passer et repasser la montre, tenue à pleine main, au-devant de l'oreille. On constate alors que, dès que les passages deviennent un peu rapides (2, 3 à 4 par seconde), l'audition cesse ; 3° et cependant au repos, à la même distance du méat, la montre est bien nettement entendue. Le nombre des passages par seconde nécessaire pour arriver à éteindre la sensation, ou la vitesse du passage du son, fournissent la plus petite durée de l'excitation sonore suffisante pour qu'il y ait sensation.

En passant trop vite, l'impression est trop courte pour causer une sensation ; avec un peu plus de lenteur, celle-ci reparaît à chaque passage de la montre au méat.

L'oreille normale perçoit le diapason la 3, s'il ne passe pas plus de quatre fois par seconde à la distance de 4 à 5 centimètres du méat auditif ; plus vite, l'audition reste nulle, et cependant la sensation a lieu à l'arrêt.

Au moyen d'un tube de caoutchouc adapté à l'oreille, on peut aussi exécuter cette expérience. C'est devant l'extrémité du tube qu'on fait passer et repasser la montre ou plutôt un diapason.

Vu l'importance du fait, j'ai cherché à le mesurer d'une façon scientifique et à le rendre pratiquement démonstratif avec le dispositif suivant (t. II, *Études d'otol.*, et *Bull. Société de Biologie*) (V. fig. 6).

EXPÉRIENCE II. *Mensuration avec le ressort pendulaire.* — Une lame d'acier de 60 centimètres de longueur est fixée solidement à une masse immobile par une de ses extrémités. L'autre oscille dans un plan horizontal au-dessus d'un cadran en demi-cercle, gradué, dont le zéro correspond à la position de repos. Cette extrémité libre porte un diapason la 3 volumineux (10 cent. de long), qui se meut avec elle.

En face du zéro, une planche verticale fixe, trouée pour recevoir l'oreille du sujet en observation, l'isole de la lame élastique et du diapason. Tout mis en place, si l'on éloigne le bout de la lame élastique du zéro du cadran, on lui fait exécuter des oscillations d'autant plus grandes qu'on l'a écarté

davantage ; et plus le diapason se trouve ainsi porté loin
du o, plus le temps de passage au-devant de l'oreille du sujet
est court, puisque, d'après les lois du pendule, ces oscillations
ont lieu dans le même temps. La durée de l'impression est
donc mensurable par ce dispositif, et par suite l'acuité auditive mesurée ; car on la juge d'autant meilleure que la sensa-

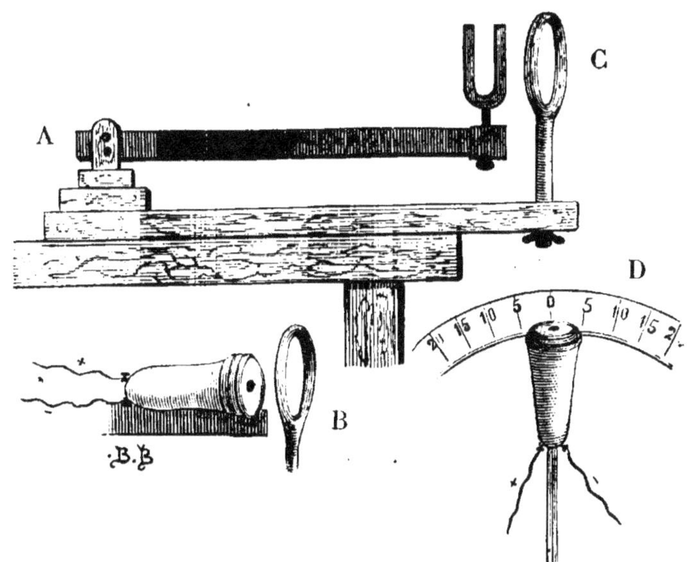

Fig. 6.

A. Lame d'acier longue de 60 centimètres, fixe par une extrémité, dont l'autre
oscille avec le diapason ou avec un téléphone *C* au-dessus de *D.* — *D.* Règle
graduée courbe, dont le zéro médian correspond à la position d'équilibre
de la lame *B*, qui reçoit le pavillon de l'oreille du sujet, dont on examine
l'audition, et l'isole de l'extrémité de la lame élastique qui rase l'oreille
dans ses oscillations.

tion a pu avoir lieu avec un écartement plus étendu, qui
donne une vitesse plus grande et une durée de passage et
d'excitation sonore plus faible.

Comme je l'ai dit, on obtient ainsi la mesure de l'acuité auditive, basée sur la *durée de l'excitation nécessaire à la perception*.

Or, la durée de l'oscillation est à Paris d'un quart de seconde ; si l'on porte le diapason avec la lame à 10 centimètres
du zéro, l'oscillation aura 20 centimètres de longueur totale ;

le diapason, par suite, traversera le zéro à son passage en face de l'oreille, en un 80e de seconde.

Si le sujet perçoit le son de l'instrument vibrant et qu'après des examens réitérés ce soit la limite extrême de sa perception, on conclut qu'une excitation vibratoire de 1/80e de seconde suffit à amener la sensation sonore. A d'autres, il faut 1/20e de seconde, 1/10e, etc. Plus long est le temps de passage nécessaire pour percevoir le son, moins active est l'audition.

L'expérience montre que peu d'oreilles saines peuvent être impressionnées encore au delà de 1/120e de seconde (c'est-à-dire le diapason écarté à 15 centimètres, ce qui donne 30 centimètres d'oscillation totale et un passage devant le méat d'une durée de 1/120e de seconde).

A ce propos, il faut rappeler que Helmholtz, dans ses expériences sur les battements, a pu reconnaître des battements de cent trente-deux à la seconde.

Ce sont les limites de la sensation possible quand les durées d'impression sont si faibles ; encore y faut-il une oreille exercée et savante.

D'après cette expérience, on juge que l'audition est d'autant meilleure qu'elle exige un temps moindre pour chaque impression bien nette. Pour avoir une intensité connue, constante, j'ai utilisé le téléphone mis à la place du diapason ; celui-ci était mû par un courant, et l'intensité du son gradué au moyen de la bobine à chariot.

Les résultats sont identiques aux précédents.

La durée de l'impression est un élément des plus importants pour ouïr. C'est pour cette raison que les gens durs d'oreilles, qui ne perçoivent plus les paroles débitées rapidement, peuvent souvent comprendre les mêmes mots dits avec lenteur.

Mme X... entend et distingue très bien le mot « Chicago », prononcé en une seconde ; si je le parle en une demi-seconde, elle ne sent plus qu'un bruit indistinct.

Une autre personne entendra « go », la dernière syllabe, plus accentuée, mais très insuffisamment. D'autres n'entendent qu'un bruit indistinct, et d'autres rien du tout. Beaucoup d'oreilles ressemblent à un miroir dépoli ou couvert de buée, l'image s'y forme mal ou reste incomplète, et difficilement reconnaissable. On y arrive, mais il faut plus de temps.

Est-il besoin de dire de quelle nécessité est la durée d'une sensation sonore au point de vue de la formation des images acoustiques et de la mémoire des sons? Le son est d'abord perçu, puis l'image est reconnue, et sa signification trouvée.

De la sensation initiale du son-voyelle, puis de la syllabe, puis du mot prononcé à sa compréhension, à sa reconnaissance et au retour de l'idée qu'il exprime, il y a un long chemin parcouru ; et cela prend un temps appréciable, surtout facile à mesurer dans le cas d'affaiblissement de l'ouïe.

L'examen de ces durées de l'impression sonore nécessaire, et des intervalles entre deux impressions indispensables à une bonne audition, est relativement commode à faire au moyen du microphonographe. On constate sans peine l'influence de la vitesse du débit, de la succession des sons, des syllabes, des notes sur leur exacte reconnaissance.

Par un dispositif relativement simple, je suis arrivé à calculer, avec une approximation suffisante, la durée des sons et celle des intervalles, pendant que le rouleau tourne et que les paroles sont reproduites par l'instrument. On comprend que l'inscription sur la cire peut aussi, dès l'abord, être exécutée, le métronome servant de guide, le mouvement de rotation restant le même pendant tout le temps de l'opération.

L'intérêt de savoir le débit par seconde d'un rouleau sur lequel sont inscrites des syllabes, des sons-voyelles simples, est évident puisque le temps joue un rôle majeur dans l'impression que le son fait sur l'oreille du sourd. L'audition sera jugée d'autant plus mauvaise que les sons, pour faire sensation, devront se succéder à intervalles plus longs et posséder eux-mêmes une continuité plus persistante.

Tel sujet qui sent très bien se succéder les sons *té*, *pé*, *sé*, *ré*, dits à une seconde de distance. peut ne point entendre *té té*, *pé pé*, *ré ré*, etc., dits à une demi-seconde l'un de l'autre, ainsi de suite.

Mon dispositif fournit ces renseignements et permet aussi de suivre de près les notes prononcées, pour les choisir, les répéter et reprendre la leçon à un point utile. J'ai pu, par cet artifice, disposer un certain nombre de rouleaux inscrits, où les durées et les vitesses de succession sont connues ; ce qui m'a donné la possibilité de comparer les résultats et d'apprécier les progrès obtenus aussi bien que les degrés de surdité.

La répétition du son peut, on le sait, l'imposer à la conscience et provoquer le retour de sa représentation au point d'en faire une obsession tyrannique. N'est-ce pas ainsi que l'on apprend à parler, à chanter aux enfants, et qu'on réveille l'ouïe des sourds-muets eux-mêmes ? La persistance de l'excitation, la durée prolongée du son, sa répétition à satiété, pour ainsi dire, provoquent, peu à peu, même chez les tout jeunes enfants (à trois mois même), une tendance à l'expression, à l'adaptation, des mouvements d'imitation de la sensation perçue. C'est tout le mystère de l'éducation auditive des sourds-muets par les exercices acoustiques, tels que je les ai institués avec le microphonographe de Dussault. Je me suis rappelé que Taine dit expressément que nous avons des tendances à *nommer*, c'est-à-dire qu'éprouver une sensation sonore ou autre et l'exprimer, la dépeindre, la reproduire sont des actes connexes ; et l'expérience montre que c'est vrai. (Voir plus loin : *Durée de réaction* d'une excitation acoustique.)

§ III. — Intensité du son, portée de l'ouïe

Limite de perception des sons. — L'intensité du son dépend de la densité de l'air au sein duquel il s'est produit, et nullement de celle de l'air où il est entendu (Tyndall). Nous savons que la vitesse du son dans l'air est surtout en proportion de son élasticité, et l'étude de la physiologie de la caisse du tympan nous apprendra que sa conductibilité est également en rapport avec l'élasticité et la mobilité des parties auriculaires.

La limite à laquelle une oreille saine ou affaiblie cesse d'entendre un son donné (voix, parole, montre, diapason, etc.) s'appelle sa portée. La portée de l'ouïe est très variable, et sa connaissance prend une importance particulière au point de vue pratique, notamment en ce qui concerne les signaux sonores (marine, chemins de fer), indispensables quand le brouillard éteint les signaux lumineux. L'étude de la portée de l'ouïe est aussi une partie importante de la sémiotique auriculaire ; ce n'est pas le lieu de dire comment on doit la rechercher.

La loi militaire admet, comme limite de l'audition au-dessous de laquelle le sujet est inadmissible au service militaire, celle de la voix murmurée à vingt-cinq mètres ; mais les conditions du milieu modifient beaucoup cette moyenne et lui ôtent de la valeur ; c'est une limite extrême, de convention. A l'air libre, la force du son diminue rapidement ; son intensité se perd en proportion du carré de la distance de l'oreille au corps sonore ; de plus, elle est proportionnelle au carré de la vitesse de chaque molécule en vibration.

Une expérience de Regnault montre que la propagation des ondes dans l'air continue cependant encore, bien que la sensation auditive n'ait plus lieu. On sait que la propagation d'une onde sonore n'est pas un mouvement de translation des molécules d'air, chaque molécule ne fait qu'une petite excursion de va-et-vient ; c'est la longueur de cette excursion qu'on nomme l'amplitude de la vibration.

Mais ce mouvement peut exister sans influencer l'oreille, parce qu'il n'a pas ou n'a plus l'intensité suffisante.

Regnault, au moyen des membranes tendues placées sur le parcours du courant vibratoire, dans les conduites de la Ville, a constaté que la sensation sonore étant devenue nulle, impossible à 1.150 mètres, par exemple, la membrane révélatrice placée à une très grande distance au delà de ce point indiquait encore par ses oscillations l'action continue des vibrations de l'air : notre capacité auditive a donc des bornes. L'intensité est la première condition pour qu'un son soit perçu. Nous verrons, d'autre part, que certaines portions du tympan vibrent plus facilement, sous l'action des ébranlements les plus légers, et possèdent une vibratilité, une sensibilité plus grandes. L'onde vibratoire chemine donc bien longtemps encore après que l'oreille a cessé d'en être impressionnée ; les vibrations ne sont plus senties, mais elles existent ; c'est-à-dire que le tympan peut continuer à vibrer, mais sans qu'il y ait une action suffisante sur le nerf sensible ; or, le son est le produit des ébranlements perçus par celui-ci.

Ces mouvements insensibles existent aussi chez le sourd, dont l'organe raidi exige une plus forte intensité sonore ; ces légères secousses peuvent être perçues tactilement, mais n'arrivent plus à émouvoir l'acoustique.

Un son, même assez intense, qui dure sans arrêt, le sifflet

d'une machine, le bruit de la roue du moulin, etc., cessent d'être perçus par la puissance de l'habitude ; la continuité de l'excitation finit par émousser la sensibilité et lasser l'attention, surtout pour ce son. Cependant, il y a une sensation ; car la suppression brusque de cette excitation accoutumée amène par contre une secousse particulièrement sentie ; et celui qui dormait au bruit continu s'éveille s'il y a un arrêt. Concluons que nous sentons mieux des différences, des rapports, des successions de nos sensations, et aussi qu'il existe des sensations subconscientes. Les inégalités individuelles de l'audition montrent que le « seuil de l'audition consciente » diffère chez chacun de nous.

Nous sommes de même habitués au bruit de Paris qui incommode les voyageurs venus de province ; c'est que l'intensité du son perçu est en raison inverse du bruit ambiant ; nous saisissons par l'ouïe la différence. Ce travail est difficile ou impossible quand un bruit fort s'impose et même pour le bien entendant. Il est vrai que certaines sensations sonores subjectives (bourdonnements) disparaissent dans ce brouhaha de la grande ville ; c'est une compensation ; mais le bruit de Paris, de toutes façons, est une grande cause d'énervement pour les organismes affaiblis, pour les convalescents et les névrosés. Ils doivent vivre à la campagne, loin des routes, des gares, des usines. Toute sensation vive leur est une source d'émotions, de douleurs, de trouble profond dans la capacité de sentir.

Il en est pareillement des bruits de marteaux, de ferrailles et des sifflets de chemin de fer, etc., pour tous si blessants et si épuisants.

Cependant certains sourds entendent mieux, même assez pour converser, aussitôt que ces bruits, assourdissants pour les entendants, envahissent le milieu. C'est là un cas assez commun, et c'est un des phénomènes paradoxaux les plus curieux. Un homme âgé, intelligent, sourd depuis 20 ans au moins, entend facilement les paroles auprès d'une cascade bruyante voisine ; mais il n'entend pas le bruit de celle-ci cependant. Cette action dynamogénique d'un bruit non perçu ne manque pas d'intérêt, ce me semble.

L'organisme éprouve l'effet des phénomènes avant d'en prendre connaissance.

Il se produit là une excitation nerveuse, une hyperexcitation cérébrale, par les trépidations sans doute.

Politzer pense que celles-ci mettent en branle l'appareil auriculaire raidi et le son passe. En plus de la dynamogénie admise aussi par M. Duval, je crois que la sensation tactile (trépidation) éveille l'attention ; et de plus que les grandes vibrations propagent les petites ; entre les trépidations et les vibrations, c'est l'intensité seule qui diffère. Nous étudierons plus loin les causes de l'amélioration de la surdité dans le bruit. Quand on a l'ouïe bonne, il est connu de tous qu'on entend mieux dans le silence, et plus la nuit.

Ainsi un son trop faible est imperceptible ; mais un son trop fort est indistinct. Les sensations auditives sont donc très variées et non forcément en rapport avec l'intensité. Celle-ci est due à l'amplitude des ondes sonores ; elle est comme le carré de l'amplitude dont l'énergie est commandée par la plus ou moins grande force de l'ébranlement initial, et par la masse du corps générateur du mouvement vibratoire.

L'intensité du son tient d'abord et principalement à la force initiale du phénomène vibratoire ; c'est une action mécanique qui commande la sensation sonore. Un son est plus fort, parce que le nerf acoustique est fortement ébranlé et plus profondément touché. On comprend par là que les conditions de sensibilité dans lesquelles il se trouve influent également sur la sensation perçue.

D'autre part, c'est par l'appareil périphérique de l'audition que le nerf est frappé par le courant, par le choc vibratoire ; c'est lui qui propage les vibrations venues de l'air jusqu'au nerf spécial ; l'influence des propriétés de conduction de ces parties externes de l'oreille est ainsi précisée et bien établie. C'est une troisième condition de l'intensité du son. Enfin l'air apporte les vibrations à l'organe de l'ouïe ; il agit donc énergiquement dans la propagation, puisque celles-ci ont accès dans l'oreille : ainsi la sensation dépend de l'ébranlement initial, de l'air vecteur, de l'oreille qui transmet, du nerf qui reçoit, du centre impressionné enfin. De l'air, le mouvement vibratoire se propage par la membrane du tympan. On connaît tout le parti que Savart a su tirer de la « sensibilité » des membranes aux vibrations. Or, tout l'appareil auditif est constitué par des membranes tendues ; et il est logique d'attri-

buer les propriétés, signalées par Savart, et reconnues par les
auteurs aux membranes, au tympan et aux autres tissus membraneux intérieurs de cet organe. Les membranes tendues
vibrent à l'unisson de tous les sons qui les ébranlent avec la
plus grande facilité.

On comprend alors toute la délicatesse de la conduction de
l'organe auditif, et les lois de cette propagation.

C'est dans cet ordre d'idées que l'application du phonographe à l'étude de l'audition est féconde en résultats d'observation ; aussi en userons-nous dans ce travail, les plaques
minces et les membranes tendues ayant la plus grande analogie au point de vue des propriétés.

Effets produits et leur variation avec l'intensité. — L'inspection des tracés phonographiques montre bien le rôle de l'intensité sonore et les effets de l'action vibratoire quand son
énergie est accentuée.

Dans ce cas, les sillons et les figures sont inscrits en creux
plus marqués ; les périodes sont plus nettement limitées et
dessinées ; mais si le son est émis avec éclats, si la voyelle A
(fig. 5, 7), par exemple, est dite avec une explosive comme T,
dans T A, tout le tableau change. La membrane (disque) du
phonographe a reçu une rapide succession d'ondes vives et
amples ; le soc du style-graveur, qui oscille avec elle, a
entaillé profondément la cire du rouleau, et laissé des
empreintes dont les contours et les creux accusés révèlent
l'intensité des chocs sonores. Si le son est plus violent encore,
il y a plus d'ampleur dans l'ébranlement ; la membrane réagit
en proportion, et, d'abord déplacée vivement du côté du rouleau de cire, elle revient brusquement par l'oscillation de
retour vers le dehors avec la même force ; aussi le soc, ou
pointe du style-graveur, saute-t-il au-dessus de la surface du
rouleau ; il s'en écarte trop, et cesse de la toucher, tandis que
la rotation continue. Alors à l'inspection on constate de très
nettes interruptions du sillon tracé, à ce moment ; et ces intervalles, espacés entre les entailles profondes et courtes, et quelquefois réduites à de simples traits ou crans, par la succession
des ébranlements inégaux en intensité, sont caractéristiques
des déformations de la période par l'excès de l'énergie vibratoire.

Mais comme résultat sonore, au point de vue de la sensation auditive, c'est déplorable.

Ces chocs espacés, discontinus, que les tracés indiquent si nettement dans les éclats de voix et les forte, nous ramènent à la

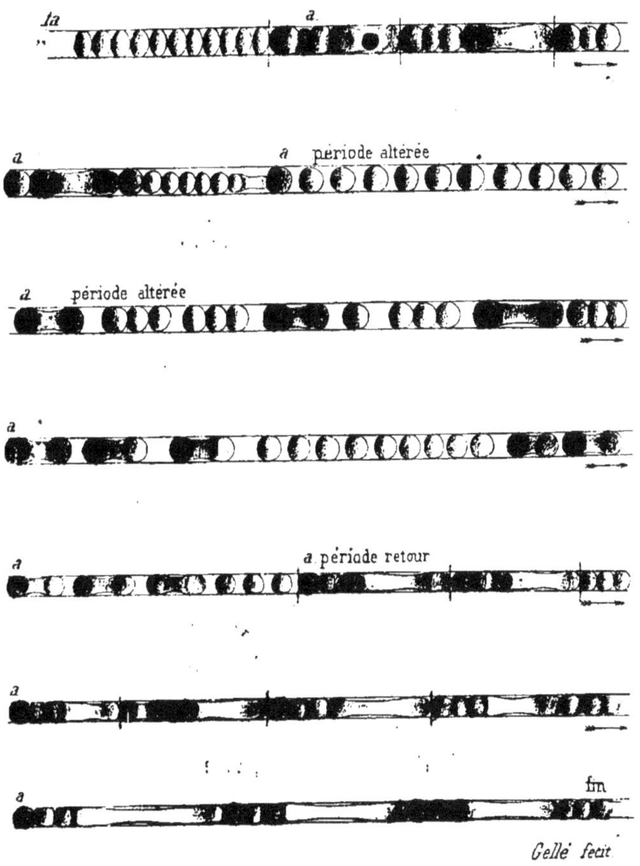

FIG. 7.

Le graphique (schéma) des modifications subies par la voyelle *A* dans *la*, etc., et autres explosives. Les périodes décomposées au début, puis reformées, puis altérées de nouveau dans les forte, enfin reparaissent quand le son moins intense est plus doux.

sensation de sons discontinus que Savart obtenait avec la roue dentée quand elle ne donnait qu'un chiffre de vibrations inférieur à trente-deux, c'est-à-dire un son ronflant, crépitant, avec battements réguliers, mais qui irritent l'oreille et la fatiguent sans permettre une différenciation, une distinction de tonalité, de timbre, une reconnaissance de la sensation éprouvée. C'est là un effet fatal de l'intensité exagérée ; et qui tient à la structure même de l'organe de l'ouïe. Ses membranes vibrantes oscillent avec une amplitude extrême ; l'appareil de transmission est secoué violemment et soumis à des ébranlements anormaux ; il en résulte un martèlement, une trépidation, par suite des interruptions du courant sonore qui empêchent l'audition. Nous verrons que l'excès d'intensité nuit à tout le monde, mais surtout aux organes affaiblis et aux névrosés. Ce sont, en effet, de vraies commotions que l'oreille subit en pareil cas et qu'elle supporte d'autant plus mal qu'elle est plus faible.

L'étude attentive des tracés, aux points où le son devient assez fort pour donner lieu à ces ronflements, à ces crépitations discordantes, éclaire très vivement la question des limites de l'audition au point de vue de l'intensité de la perception. Pour qu'un son soit distinct, il doit être donné avec une force telle que ces écarts d'amplitude de l'appareil conducteur soient évités.

De plus, on constate qu'il existe des limites à notre capacité de sentir, et surtout de distinguer les sensations sonores au rapport de leur énergie ; mais ne voit-on pas qu'il en est ainsi de tous nos organes des sens ; et que leurs capacités ont des bornes au delà desquelles il y a commotion, choc, trouble, émotion, mais sans analyse, sans différenciation, sans reconnaissance, sans rien de précis et d'exact dans la sensation, qui devient douloureuse, en même temps qu'indistincte, comme un bruit violent.

La membrane vibre en proportion des chocs qui lui sont transmis. Malgré ces déformations des périodes caractéristiques, il y a, cependant persistance des ondes avec leur caractère franchement périodique dans le dessin total du son inscrit. Au reste, le son émis par le parleur sort continu, bien clair, bien franc, et ne montre que dans les intensités extrêmes des battements ou un ronflement ; on peut à volonté le reproduire et l'analyser.

Si au lieu d'une syllabe c'est un chant sur A, par exemple, d'une voix de femme, qu'on examine à ce point de vue au microscope (g. 25), on trouve sur la surface du rouleau des creux de profondeurs diverses, en rangées symé-

triques, d'autant plus nombreux que le son est plus aigu,
d'autant plus gros et simples que le son est plus intense.
Avec un débit ordinaire, calme, on aperçoit sur la cire
les périodes à forme pendulaire uniformes, qui constituent

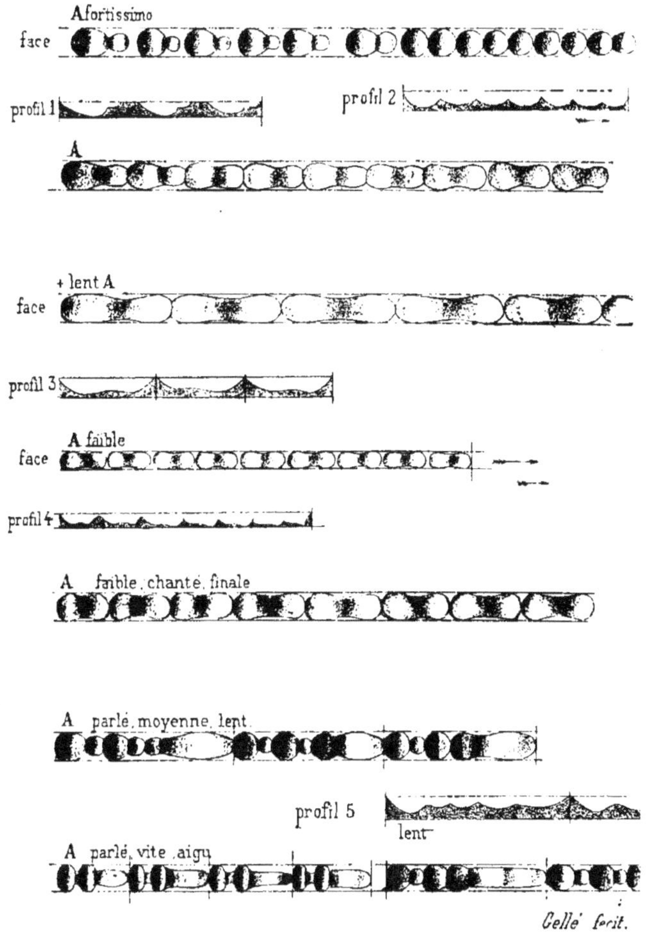

Fig. 8.

les éléments primaires inscrits. Les phases de condensation
et de raréfaction sont indiquées par deux empreintes,
arrondies en forme d'O, jointes ensemble, ou à peine
séparées entre elles, et un peu plus isolées des suivants dans
le sillon (fig. 5, 7, 8),

Cette simplification de la période de A est extrêmement intéressante à constater ; la voix parlée a d'autres caractères, bien nets et typiques au contraire, tandis qu'ici on dirait d'un graphique d'un morceau de musique instrumentale. Il y a là une différence, sur laquelle nous reviendrons bientôt, car elle n'a, que je sache, jamais été signalée. La note en réalité sonne bien mieux ; mais le son-voyelle est presque nul, indistinct, et très mollement inscrit sur le tracé (fig. 8).

Les qualités de résonance dans le chant influencent donc moins le son laryngé qui sort pur et n'offre plus, dans la voix chantée de la femme surtout, un timbre spécial, mais des variations de hauteur seulement : on sait que la tonalité est chez elle au moins d'une octave au-dessus de celle de l'homme.

Cependant on peut reconnaître encore les paroles, si la diction est bonne ; les forte seuls sont peu nets. Dans les tonalités très aiguës, il en est de même pour la plupart des voyelles. Les grands traits de la période caractéristique sont évidents dans les intensités moyennes seules.

Sur les graphiques phonographiques de voix d'homme chantée, on verra plus loin combien, dans les sons élevés, les tracés se rapprochent évidemment de ceux à périodes si simples du diapason même.

Réduction et simplification de la période sont les deux manifestations de la force, de la hauteur des sons et de la vitesse de l'écoulement des périodes. L'artiste, pour obtenir de la force et des sons aigus, suspend la syllabation ou la supprime même (F. 3).

On remarque à ce moment que le son apparaît comme une note pure ; et qu'aussi le son-voyelle est indistinct ou le plus souvent peu reconnaissable. La vocalisation sur la voyelle A montre ces nuances, et les graphiques de cette voyelle qui se dessinent différents suivant la hauteur peuvent perdre absolument leur caractère vocal et garder leur allure musicale seule.

Le graphique indique fidèlement ces modifications ; on doit en conclure que l'articulation et la formation des voyelles qui s'ajoutent au son laryngé, étant de purs artifices appris, cessent de se manifester dans les grandes vitesses de vibrations, qui utilisent le son musical laryngien presque seul.

Une trop grande énergie dans l'émission réduit la voix au son laryngien.

Mes graphiques, mes phonogrammes, sont très démonstratifs de ces effets de l'intensité.

La sensation éprouvée dans ces conditions se rapproche évidemment beaucoup de celle des bruits; les éclats de voix sont peu harmoniques le plus souvent et peu distincts. D'autre part, au moyen de la sirène de Seebeck, on peut se rendre compte de l'influence de la force de la soufflerie sur l'intensité du son; d'ailleurs, chacun sait au reste et sent que les sons qu'il émet lui-même à pleins poumons vibrent avec une vigueur bien différente de ceux donnés sans effort; leur portée est également tout opposée ; les tracés phonographiques révèlent toutes ces nuances, à l'inspection ou à l'oreille.

Formes simples des périodes des sons-voyelles. Périodes de la voix chantée. — Pour comprendre la période, il n'est rien de mieux que de lire le tracé phonographique des sons de voyelles, syllabes ou mots, inscrits sur un ton monotone, sans force, sans effet d'accent, de hauteur et d'intensité ; on trouve la période de la voix et de la parole ordinaire, aussi peu individualisées que possible... On obtient ainsi un type moyen, autour duquel se groupent une foule de variétés plus difficiles à reconnaître, mais qui n'ont pas à nous occuper pour le moment.

Je donne ici les graphiques de sons-voyelles seuls et d'autres où ils sont accompagnés de consonnes par comparaison. Il est visible que chacune des voyelles a un tracé à elle, bien particulier, et c'est par la connaissance de ce tracé qu'il faut débuter, sans cependant croire que c'est une figure immuable; il s'en faut de tout, ainsi que l'inspection du moindre graphique d'une phrase permet de le constater (V. fig. 8 et précédentes).

Intensités diverses des sons-voyelles. — C'est par l'action des mêmes causes, c'est-à-dire par les différences dans le volume et la force de l'air expiré dans la parole, que les voyelles sortent très dissemblables sous le rapport de l'intensité sonore; cela tient à leur mode de formation et d'émission : on sait en effet que l'appareil de résonance buccal se rétrécit de A à I; A sera donc toujours d'une sonorité plus grande que I (F. 5, 8 et profils).

Les inscriptions phonographiques, d'autant plus creuses que la voix est plus forte, traduisent exactement ces différences de sonorité caractéristique de chaque son-voyelle ; ainsi A est aussi creusé et aussi sonore que I l'est peu. Mais, par contre, I supporte sans se déformer ni s'altérer l'effort du souffle qui nuit à la netteté du son pur A et modifie son timbre.

On peut comparer à ce point de vue les tracés ci-joints

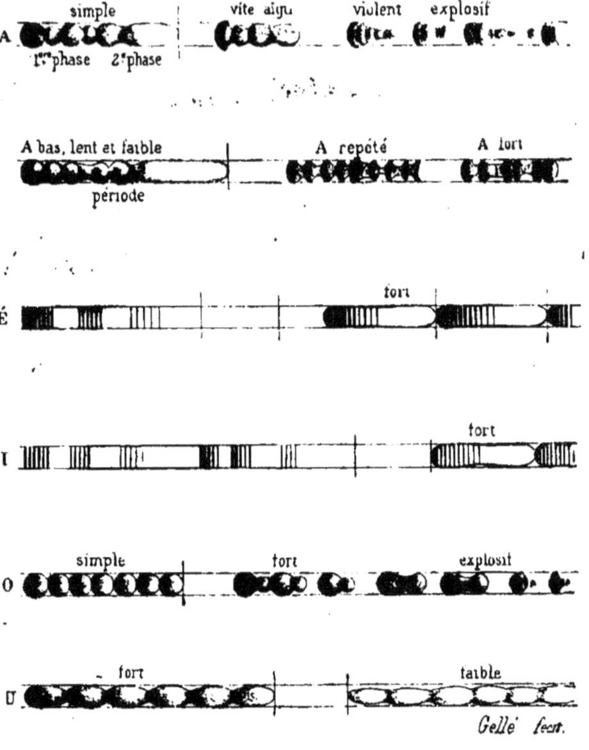

FIG. 9.

On voit la période isolée de A et les modifications imprimées sous l'influence de l'intensité dans le tracé des sons-voyelles : A, E, I, O, U.

de la lettre A par exemple, qui se prononce avec le canal de résonance ouvert, les cavités pharyngo-buccales et la bouche béantes, avec celui de la lettre I ou de É qui se produisent dans les conditions opposées, les voies de l'air très resserrées.

Disons à ce propos qu'il entre un facteur particulier de la finesse et de la faiblesse des creux et stries qui composent la période de ces deux derniers sons (I, É) sur le graphique,

On remarque en effet que le sillon tracé n'est pas superficiel,
tant s'en faut, et que la cire a été profondément entaillée par

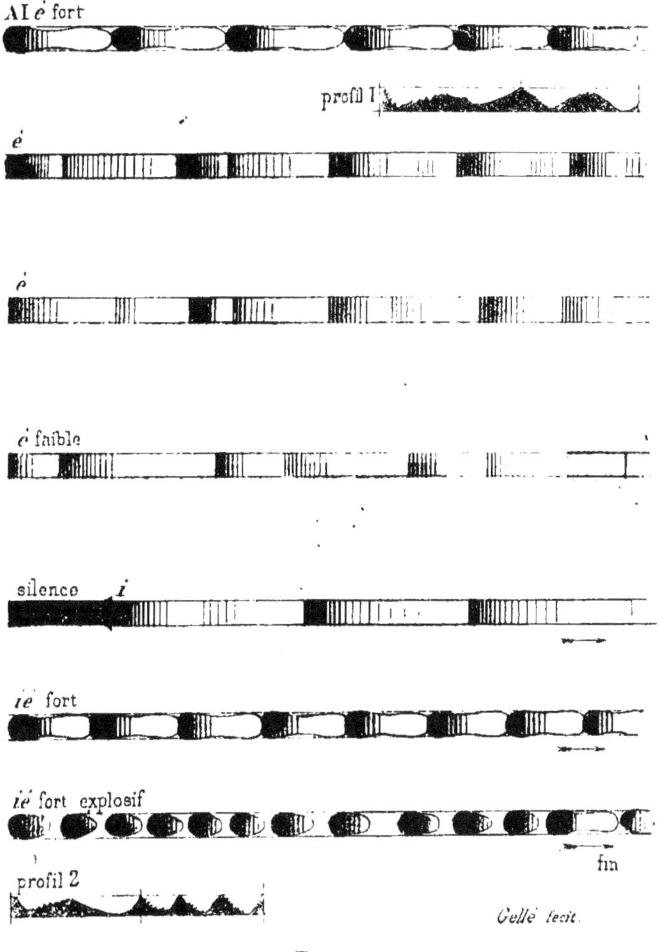

FIG. 10.

C'est le graphique réduit du mot «Ayez!», qui s'inscrit ainsi : É, puis
succède un silence ; c'est-à-dire qu'il y a un intervalle entre cette voyelle
et I qui vient, mais vite suivi de IÉ, très forts, explosifs, et non séparés.

le soc graveur ; mais les détails des éléments partiels sont à
peine indiqués au fond et sur les bords ; et souvent ils ne sont
visibles qu'au début de la période et encore en petit nombre.

Cela s'expliquera si l'on réfléchit qu'il y a une tension forte (une pression même) de la membrane vibrante au moment de la production de ces sons, et que la période montre des limites nettes, tranchées ; ce sont les éléments partiels qui restent peu visibles au microscope par l'effet de cette surtension indispensable, tant ils sont rapides et multiples dans un temps donné (V. fig. 9 et 10).

La deuxième phase de la période de ces sons surtout est insuffisamment écrite et son dessin peu manifeste. Cependant l'onde et ses phases sont encore reconnaissables et indiquées nettement dans le cas où l'on a forcé le son.

Cette faiblesse tient à ce que les voyelles I et É s'obtiennent par une impulsion vive du souffle, mais au moment d'un rétrécissement intense des voies pharyngo-buccales de résonance ; et l'on sait que, sur la cire du phonographe, c'est la profondeur des figures tracées qui caractérise l'intensité des sons émis ; à simple vue, dans une série on reconnaît les forte à la vigueur de l'impression des graphiques. La figure 10 montre dans « Ayez » ces nuances et les déformations des périodes de É, I.

Effets physiologiques de l'intensité. — L'intensité de la sensation sonore est donc en proportion de la force vive du courant aérien sonore, cette notion offre un intérêt particulier dans l'inscription des paroles sur le rouleau, car cette force vive se retrouve dans le son reproduit.

Si un fort courant vibratoire frappe directement l'oreille et de trop près, cela peut prendre les proportions et avoir les suites d'un acte traumatique.

Alors l'ébranlement blesse l'organe comme un coup. Le nerf est excité d'une façon dangereuse ; et le cerveau en éprouve de douloureuses secousses ; on voit, à la suite, la syncope, l'inhibition motrice, le vertige avec chute apparaître chez les sujets prédisposés, absolument comme dans le cas d'une contusion sur l'orifice de l'oreille.

Cette brutale commotion envahit toute la tête. Le tympan est vivement ébranlé, et peut se briser et se déchirer, ou il subit une distension anormale suivie d'un relâchement nuisible à la fonction. D'autre part, les muscles du tympan, protecteurs de l'ouïe, qui jouent un rôle analogue à celui des muscles des paupières pour la vue, sont alors parfois pris de spasmes ou de contractures ; et le sujet est surpris de l'apparition d'une surdité passagère unilatérale ou bilatérale, qui s'explique ainsi. Parfois on constate qu'un affaiblissement de l'audition antérieur s'est subitement aggravé par cet accident (coups de canon, etc.).

Il découle de la connaissance de ces notions des déductions pratiques intéressantes ; une intensité extrême de l'émission des sons n'amène pas forcément l'audition chez les sourds, car sous son impression l'oreille saisie se ferme, comme l'œil, à trop de lumière. De plus, *l'intensité nuit à la distinction et à l'orientation.*

Une trop grande intensité des bruits ou des sons musicaux ou autres met l'auditeur dans l'incapacité de distinguer quoi que ce soit ; les résonances, les échos dans les endroits clos nuisent aussi à l'audition des orateurs ; on voit que l'on parle, mais on ne perçoit rien d'intelligible. On ne saurait non plus, au milieu d'un bruit violent, reconnaître la direction du bruit ; les deux oreilles étant également frappées, la différenciation est rendue impossible ; et si, par exemple, l'on arrive à percevoir un appel, il est difficile de savoir de quel côté il vient, de reconnaître la voix, etc. C'est l'opposition entre le clair et l'ombre qui fait le trait ; distinction c'est comparaison ; constater des différences, dans le bruit, est impossible.

Le défaut de netteté de la sensation acoustique trop forte produit les mêmes incapacités chez qui entend mal.

L'éducation, l'habitude donnent heureusement au médecin pour l'auscultation, aux musiciens, aux chasseurs, etc., pour la distinction précise et la reconnaissance des plus faibles souffles et des bruits les plus légers, une finesse d'ouïe remarquable ; mais un milieu bruyant s'oppose à ces études.

Il y a cependant des compensations ; car, d'autre part, l'attention de l'auditeur est retenue par les sons intenses d'une voix qui porte au loin, par la vigueur de la parole articulée, par le rythme des périodes, de la musique et par l'accent, par l'intonation, qui sont des pulsations actives au moyen desquelles les sons vibrent avec une plus pénétrante énergie ; mais il doit s'y mêler des oppositions, une grande variété dans la force du débit et la succession des sons.

Chacun de nous se rappelle le mordant de certaines voix à accent prononcé ; l'âpreté, le timbre éclatant de certaines déclamations. Le phonographe rend l'influence de ces timbres manifeste. La déclamation est l'art de donner aux paroles la plus grande portée et la plus complète expression ; aussi, ne vous avisez point d'entendre avec le microphonographe de Dussaud, qui enfle tous les sons, une de ces tirades classiques d'*Hernani* ou du *Mariage de Figaro*, hurlées plus que débitées, vibrantes, par un soi-disant acteur des scènes parisiennes ; votre déconvenue serait extrême.

Quelle cacophonie, quelle confusion d'éclats, de grincements et d'oppositions sourdes ou silencieuses, où tout est également indistinct et inintelligible.

Certes, l'intensité est un facteur indispensable de l'audition ; mais il n'en est pas le seul ; et une certaine mesure doit être observée, même dans le traitement de la surdité, sous peine de troubles dans le fonctionnement, et même de suspendre l'ouïe, péniblement affectée. Entendre, comprendre, ce doit être, au moins pour la parole, une seule et même chose.

Le signe sonore, le mot comporte une idée ; ce n'est point entendre que de ne saisir que des sons sans signification.

Ces voix vibrantes, éclatantes s'inscrivent parfaitement sur le rouleau phonographique et sortent tapageusement avec les cornets de métal ; elles sont, pour cela, recherchées des marchands de cylindres inscrits ; mais leurs défauts, amplifiés par le microphone, déforment tous les sons, les rendent criards, mêlés à des bruits de friture, de crépitations atroces à entendre.

C'est là une démonstration pratique de l'inconvénient des excès d'intensité. Une image acoustique est un tableau ; un tableau n'est pas seulement un groupe de couleurs. Kendrik (*Trans. of Royal Soc. of Edimburgh*, p. 768) dit à ce propos : « And althougt these is a loss in intensity, theses is a gain in « quality and distinctness. » Trop de lumière éteint les nuances, qui, je le répète, sont les éléments de la distinction, de la comparaison, de l'analyse, de la différenciation ; de même trop de force vibratoire assourdit et empêche le jugement, déforme le son et nuit à sa reconnaissance.

Dans l'éducation du sourd-muet par les exercices acoustiques, c'est autre chose ; on se trouve bien, au début, de ces excitants déplaisants, dont la pénétration est sans égale et de grande utilité pour provoquer l'apparition d'une sensa-

tion sonore ; encore y faut-il de la prudence et de la mesure,
fruits de l'expérience.

Mesure de l'intensité. — On pourrait utiliser la sirène
pour mesurer l'acuité auditive ; en se basant sur le fait qu'en
multipliant le nombre des pulsations, par l'ouverture (à volonté) d'un plus ou moins grand nombre de trous, on accroît
ou on diminue graduellement l'intensité sans changer le ton
(Tyndall). En tous cas, cette expérience classique montre bien
l'influence de la masse, de l'addition des sources du son dans
la production du phénomène intensité (orchestre, unisson, etc.);
pour modifier au contraire la tonalité du son, il faut augmenter la rotation du disque de la sirène, afin de multiplier la
vitesse des pulsations sonores et leur nombre dans le même
temps : c'est tout différent.

En otologie, Lucœ, de Berlin, a proposé de mesurer l'intensité de la voix dans l'examen de l'acuité auditive chez le sourd.
Son « phonomètre » indique la pression de l'air expiré dans
l'émission d'une voyelle ou d'une syllabe ; et le degré s'en
trouve marqué sur un manomètre à maxima très sensible.

On obtient ainsi une mesure approximative de la force de
l'air expiré en parlant, au moyen de laquelle cet auteur apprécie l'intensité du son émis.

S'il était possible de comparer ces données avec l'intensité
de la sensation obtenue, également mesurée, on aurait la valeur de la perte éprouvée par le sourd dans la fonction de
l'ouïe. Par malheur, cela est de toute impossibilité.

Au point de vue de l'intensité des sons, le volume (la quantité) de l'air expiré dans l'effort qui accompagne le chant ou
la parole est une valeur de premier ordre ; mais le souffle
sonore peut être rendu plus énergique autrement que par
l'augmentation de cette quantité d'air en vibrations qui sort
des poumons ; c'est cette puissance, particulièrement sensible
à l'oreille, qui tient au choc initial du courant, à la tension
même de l'air, à son issue par l'orifice buccal.

Le volume est plutôt en rapport avec la capacité des voies
et cavités pulmonaires et aériennes ; tandis que l'énergie initiale, la tension, s'obtiennent par l'action musculaire, par les
efforts variables suivant les individus, les situations, les états
de l'âme, les émotions, etc., etc.

La mensuration de l'intensité sonore de la parole ou du

chant pourra être aussi indirectement effectuée en utilisant l'instrument et le dispositif de Lennox-Brown et Behnke (*la Voix, le Chant, la Parole*), connus sous le nom de *pneumographe*.

C'est un cylindre métallique muni de chaque côté de courroies dont on entoure le thorax ; un embout auquel s'ajoute un tube de caoutchouc conduit du cylindre à un enregistreur les oscillations de la pression intérieure, variant sous l'influence des mouvements respiratoires, plus ou moins amples, suivant la vigueur du débit et l'intensité sonore. On obtient ainsi les graphiques des efforts, et on peut comparer avec l'intensité du son perçu et, j'ajouterai, avec les empreintes du phonographe.

Sur les rouleaux du phonographe l'intensité est très visible : alors les tracés sont manifestes à l'œil nu à chaque forte, et dans les moments de vive sonorité.

Guillet a étudié le sujet au moyen du spiromètre dans la voix chantée, et conclut : 1° que la dépense d'air expiré pour une note donnée est d'autant plus grande que le son est plus aigu ; 2° que les voyelles exigent pour leur émission moins d'air que les consonnes. (Guillet, *C. R. Acad.*, 1857 ; et Gougenheim et Lermoyez, *Phys. de la voix et chant*, p. 45.)

C'est là un dispositif relativement simple et qui peut être employé dans l'étude des intensités du courant d'air expiré, dans leurs rapports avec l'audition. La seconde conclusion de cet auteur ne semble pas être d'accord avec ce que Marey et Rosapelly ont trouvé dans leurs expériences où ils ont enregistré les vibrations simultanément du larynx et les mouvements de la langue et des lèvres.

La consonne, à leur avis, serait un repos laryngien, une lettre muette durant laquelle la glotte ne vibre pas. Nous reviendrons bientôt sur ce sujet que l'étude des phonogrammes éclaire vivement.

On peut encore mesurer l'intensité des sons au moyen du dispositif employé par Helmholtz ; un diapason est mis en vibration par un électro-aimant ; l'intensité du son est soumise aux variations voulues en modifiant le nombre des décharges électriques.

Dans le même but, on peut utiliser le courant induit ; le bruit, dissimulé au loin, du trembleur est la source sonore ; on

varie à volonté l'intensité du son en changeant la position de
la bobine à chariot, sur la règle graduée ; un téléphone apporte le son à l'oreille du sujet ; ce dispositif fort simple m'a
servi souvent pour l'étude des graves.

Toutes les méthodes ont eu leurs succès en otologie. On
sait que le défaut sérieux de ces procédés de mensuration
consiste en ce qu'un seul son peut être ainsi étudié. On a
cependant beaucoup compliqué ces appareils acoumétriques.
Ceux de Helmholtz et Kœnig, qui amplifient et varient les
sons, au moyen de résonnateurs adaptés successivement ou
simultanément (sons complexes), sont décrits dans tous les
traités d'acoustique. (Helmholtz, *Traité physiologique de la
musique.*)

On peut adresser les mêmes critiques à tous les audiomètres,
qui sont nombreux, et peu pratiques en somme.

J'emploie journellement, pour mesurer l'intensité du son
dans la recherche de l'acuité auditive des sourds, le microphonographe, et c'est alors avec des mots, des chiffres inscrits choisis, de la musique, etc., que l'expérience est faite.

Au moyen d'un dispositif assez simple, le courant, par
l'intercalation de résistances qu'on peut varier à volonté au
moyen d'une manette, transmet à un téléphone, que la personne observée applique à l'oreille en examen, des intensités
différentes qui permettent d'apprécier l'audition pour la
parole, isolément pour chaque oreille. Cet audiomètre utile
ne vaut pas encore la parole directe, au moins pour les surdités moyennes ou légères, mais il rend de grands services
chez les sourds, pour l'étude de la capacité auditive des variations de leur audition, pour reconnaître les sons susceptibles
d'être perçus, ceux qui ne le sont plus, et le retour d'un degré
plus élevé de la perception.

Je pense avec O. Wolf que rien ne vaut, pour explorer
l'acuité auditive, l'épreuve d'audition de la parole, soit directement, soit avec le cornet acoustique ; mais on va plus loin
et plus sûrement avec le microphonographe (1). On s'aperçoit

(1) Le microphonographe est constitué par l'addition d'un microphone au phonographe d'Edison. Ce microphone spécial, œuvre de
MM. Dussaud, Berthon et Jaubert, s'adapte au-dessus du disque du
phonographe, et fait corps avec lui. On obtient par ce moyen une

alors assez vite que l'audition, c'est-à-dire la compréhension des sons perçus, reconnaît d'autres facteurs que l'intensité vibratoire ; car, avec moins de force, des paroles restées d'abord incompréhensibles deviennent faciles à distinguer et dans leurs plus délicates nuances souvent ; ces analyses ne sont possibles qu'avec un instrument délicat.

Les variations rapides d'intensité, de tonalité, de timbre surtout, la vitesse du débit enfin, jouent un rôle majeur dans ces incapacités d'ouïr ; il semble que c'est la mise au point de l'organe qui manque, l'adaptation qui fait défaut.

Certaines oreilles sont de même très remarquables par un phénomène bien particulier, qui semble étrange tout d'abord ; à savoir que, dès que les accents, les intonations, les exclamations, etc., les forte enfin se produisent, dans la parole, l'ouïe se perd, devient confuse, et la sensation désagréable, indistincte et fatigante.

Chez quelques sujets, l'étourdissement même et le vertige apparaissent, s'ils continuent à écouter, à vouloir comprendre, à faire acte d'attention.

Il est à noter que ces troubles dus à l'excès des sensations auditives n'indiquent pas toujours et nécessairement une faiblesse actuelle des organes auriculaires bien qu'ils soient observés souvent dans le cas où l'ouïe est altérée ; mais ils peuvent certainement en faire augurer l'affaiblissement dans un avenir plus ou moins lointain.

EXPÉRIENCE. — Au moyen du dispositif que je décrivais tout à l'heure (le son étant amené à l'oreille du sujet par un téléphone adapté à un courant d'induction, le trembleur ou un diapason mû par le courant électrique formant la source sonore), j'ai pu constater l'effet d'une sensation sonore violente sur l'audition d'un son plus faible consécutif. Si le sujet est bien doué sous le rapport de la sensibilité générale et auriculaire, le son maximum fourni par l'appareil, très assourdissant, n'empêchait pas l'apparition, en apparence immédiatement consécutive, du deuxième son très faible. Il y

amplification de sons des plus remarquables ; et ceux-ci peuvent être portés à l'oreille au moyen de conducteurs téléphoniques, ce qui permet aussi la gradation des intensités suivant les besoins, en variant les résistances interposées. (*Rapport du Dr Laborde à l'Académie.*)

a là sans doute pour le sujet sain une question de mesure ; mais le son, instantanément amoindri par le déplacement de la bobine jusqu'à la limite de sa perception, était perçu sans intervalle appréciable. L'audition n'est possible que si la sensation nouvelle éteint la précédente.

Or, chez certaines personnes atteintes d'affaiblissement peu accusé de l'ouïe, j'ai pu observer l'existence d'un intervalle d'un quart de minute à une minute et demie entre la cessation du premier son violent et l'audition du deuxième son. (Gellé, *Tribune médicale*, Arrêt d'accommodation, 1876.)

Il semble que l'oreille se débarrasse lentement du premier son, ou que la perception centrale en est tellement vive qu'elle dure et qu'elle empêche la sensation sonore suivante ; ou il faut un repos, un intervalle appréciable pour que le nerf soit de nouveau capable de percevoir.

On constate des phénomènes analogues sur les autres organes des sens.

Quand on passe brusquement de la lumière à l'obscurité relative, il faut un certain temps pour voir. Nous discuterons cet intéressant sujet plus loin.

Dans la pratique de l'acoumétrie, on gradue très suffisamment l'intensité sonore en éloignant plus ou moins de l'oreille le corps sonore (montre, diapason, etc.) ou la personne qui parle; on peut ainsi apprécier la portée de l'ouïe sur l'axe auditif.

Influence du milieu. — Cependant il faut toujours tenir compte de l'influence du milieu ambiant qui est également sonore; car nous entendons d'autant mieux que le silence règne autour de nous (la nuit). Un gros bruit couvre tout ; notre sensation représente un rapport entre le bruit écouté et celui du dehors inévitable.

Cela est des plus évidents quand on pratique l'examen des capacités auditives avec la montre chez les sourds ; le moindre roulement de voiture dans la rue, la voix d'une autre personne qui détourne l'attention, suffisent pour faire descendre la portée d'une proportion étonnante, jusqu'à zéro même.

Mais nous savons qu'il se passe quelque chose d'analogue, toutes proportions gardées, chez ceux qui entendent absolument bien : c'est un fait général.

Une grande lumière efface une plus faible ; un son bruyant étouffe le plus petit, et rend la distinction impossible ou difficile. L'habitude triomphe cependant de ces difficultés, et l'audition devient à la fin possible malgré le bruit.

Tout bruit abaisse l'audition d'une certaine quantité, mais, à l'inverse du sourd, l'individu normal a le moyen de perdre sans être incommodé.

Il existe une limite à la portée auditive, au-dessous de laquelle l'individu n'est plus apte ou aussi apte qu'il le faut à un service donné (armée, chemin de fer, usines, etc.), qui exige des signaux sonores et des communications à distance : de là la nécessité de fixer et de reconnaître la portée de l'ouïe.

Portée de la voix. — En otologie également, on a dû convenir d'une moyenne de portée pour l'audition de la voix ; et cela a donné lieu à d'intéressantes constatations que je résume, car nous allons tout à l'heure toucher à fond ce sujet.

L'acoumétrie par la voix parlée ou non est, nous l'avons dit, le meilleur procédé, parce que la parole et la phonation sont les deux fonctions indispensables surtout atteintes par la surdité (surdi-mutité).

On s'est aperçu bientôt que la portée varie non seulement suivant la personne qui parle et le milieu où l'on parle, mais également suivant la voyelle parlée (Donders), suivant la syllabe, suivant le mot. Ainsi, par exemple, *ban* est sourd, comme on dit, et *chat* s'entend de loin. Les nasales, les consonnes sont peu sonores. O. Wolf (1) a classé ainsi la portée des sons-voyelles et des sons articulés ; on pourra juger par ce tableau curieux des intensités différentes des sons émis dans la parole :

Portées des sons de la voix

A	s'entend à	252^{m}
O	—	245
Ei Ai	—	238
F	—	231
I	—	21
Eu	—	203

(1) O. Wolf, in *Urbantschitsch.*, trad. Calmettes.

Au . . . . s'entend à 199^m,5
Ou . . . . — 19^m,6
Sch . . . . — 140
S . . . . — 122^m,5
G et ch doux . . . . — 91
Ch rude et R palatin . . . . . — 63
F . . . . — 48^m,9
K G dur. . . . . — 44^m,1
T et D. . . . . — 44^m,1
R lingual sans son glottique. 28
B et P. . . . . — 12^m,16
H aspirée . . . . — 8

On conclut de la lecture de ce tableau qu'il est indispensable d'employer plusieurs tons pour juger de la portée de l'ouïe, sous peine d'erreurs grossières.

D'après Wolf, la voix murmurée s'entendrait à 30 mètres ; tous les auristes admettent la portée de 25 mètres. On peut par ce tableau s'expliquer aussi que les sourds entendent certains mots et point d'autres dans un débit de paroles qui semblent égales cependant en intensité vocale.

Applications. — L'oreille étant un organe aérien, baignant dans l'air vecteur des sons, et plein d'air aussi, on comprend qu'il est d'utilité grande, chez les individus dont l'ouïe est affaiblie, de renforcer les vibrations aériennes auprès du conduit auditif en associant aux sources sonores de très larges surfaces vibrantes, c'est-à-dire des surfaces qui emmagasinent les vibrations et les transmettent à l'air environnant ; c'est le rôle que remplissent les tables d'harmonie des harpes, des violons, etc., l'audiphone tenu serré entre les dents, et tous les résonnateurs classiques. Par exemple, on sait que le son du diapason, à peine perceptible, est renforcé aussitôt qu'on en pose le pied sur une table, sur une boîte ouverte quelconque. Il s'ajoute, par ce seul fait, des sons harmoniques au ton de la source sonore fondamentale ; et en choisissant les résonnateurs, on peut faciliter l'audition de certains sons plus particulièrement.

Le principe est susceptible d'applications journalières, quand il s'agit d'accroître une sonorité ; et il indique également les contacts à éviter quand il s'agit, problème opposé et fréquemment posé dans une grande ville, d'empêcher la propagation des bruits d'usines et des machines dans le voisinage. Éteindre un bruit n'est point œuvre facile ; le son, comme le feu, se propage au moyen des solides, des liquides et des gaz. Quand on peut l'arrêter par un rideau d'arbres, par un mur à distance dans un sous-sol, c'est beaucoup.

S'il est proche, comment en éviter la propagation ? Il faudra modifier les résonances des machines métalliques, les isoler (au loin) des maisons voisines, des planchers et du sol même (tranchée) ; un autre moyen serait d'absorber le bruit solidien dans une masse interposée, qui arrête le courant vibratoire et l'éteint au passage (caoutchouc interposé) ; mais tout cela n'est pas simple à exécuter et le résultat est faible le plus souvent.

Altérations du son par la distance. — L'intensité de la sensation sonore est recherchée dans les constructions des salles de théâtre et de concert ; les qualités de sonorité d'une pièce sont sans doute très connues, mais elles se trouvent changées par des conditions en apparence futiles ou sans importance.

Tyndall ne dit-il pas qu'il fut un moment très anxieux des propriétés acoustiques de l'amphithéâtre où il faisait ses fameuses leçons de physique ; il avait constaté des résonances fâcheuses et des échos tout à fait désagréables dans un premier essai ; et ces phénomènes disparurent, quand l'amphithéâtre fut plein de monde, au grand contentement du professeur. (Tyndall, *le Son*, p. 18.)

Les tapis épais, les tentures, les vêtements de laine, amortissent les sons ; les incidences produites par les dispositions locales des portes et des pièces communicantes peuvent changer totalement les conditions acoustiques.

Les personnes placées trop loin de la source sonore ne peuvent recevoir l'influence des vibrations que tardivement ; et cette lenteur de succession de sons peut suffire à changer le timbre, l'allure et la tonalité des harmonies, et de la voix tout aussi sérieusement ; car, ainsi que nous l'avons dit, tous les sons composants n'ont pas une égale énergie, ni une égale portée ; il en est qui se perdent en route (les consonnes par exemple) (1). De là, sur les scènes antiques, devant les arènes

(1) Les sourds ressentent cela vivement ; ainsi, dans le mot *chicard*, c'est *ar* qu'ils entendent : quelquefois *A* seulement.

immenses, la nécessité du masque tragique, véritable instrument d'amplification au moyen duquel la portée de la voix de l'acteur se trouvait augmentée suffisamment pour qu'il fût partout entendu et compris.

Par les mêmes raisons, les soldats qui marchent à la queue d'une colonne n'entendent pas le rythme de la même façon que ceux qui marchent en tête, auprès des musiciens; et leur pas ne saurait être scandé sur le même mouvement, sur la même cadence. (Tyndall, *loc. cit.*)

Ces altérations du rythme de la tonalité, du timbre quand l'intensité du son s'affaiblit par la distance ou autrement sont rendues absolument analysables au moyen du microphonographe.

En effet, quand le courant faiblit, que les accumulateurs ou les piles sont usés, et ne fournissent plus qu'une insuffisante circulation, les vibrations partielles les plus délicates, celles que l'exploration visuelle, au microscope, découvre à peine dans les sillons de la cire, ne parlent plus ou très insuffisamment; et le son sort dépouillé d'une plus ou moins grande partie de son bouquet d'harmoniques; la période est ainsi décomposée; le son fondamental sourd reste isolé et nu. Dans un air de musique, les forte seuls arrivent encore à provoquer l'audition; la première phase, plus fortement imprimée sur la cire, sonne assez, puis très incomplètement; puis le ton, le timbre deviennent méconnaissables, et la musique fausse et incohérente; mais on voit que les paroles sont moins altérées.

Il est clair que tout se tient dans ces qualités du son que notre analyse isole et qui constituent le son même. Notre façon d'envisager le phénomène a fini par supplanter dans notre esprit le phénomène lui-même, et nous croyons que l'une des qualités fondamentales est susceptible d'être changée sans que cela modifie les autres.

L'épreuve de ralentissement des sons par le microphonographe rend manifeste le lien étroitement serré des qualités qui font la sensation sonore, de ce faisceau que nous décomposons ensuite par l'étude analytique.

Helmholtz, Kœnig ont reconstitué le timbre en ajoutant au son fondamental les harmoniques; mais quelle différence entre le son ainsi accompagné et le son primitif! Deux sons semblables résonnant dans le même moment donnent une sensation identique, au point de vue de la hauteur, mais avec accroissement évident de la force du son ; plusieurs sons harmoniques, c'est-à-dire en rapports simples avec le fondamental, ne donnent également qu'une seule impression sonore, mais qui se différencie nettement du son premier par l'intensité aussi, mais par une autre qualité encore qu'on nomme le timbre (*klang-farbe* en Allemagne, et en anglais *clang-tint*).

L'intensité de la voix tient à des conditions multiples. La structure de l'appareil phonateur et la puissance développée dans l'émission de la voix, dans la phonation varient suivant les individus et avec les circonstances. L'énergie initiale du mouvement vibratoire en est le facteur le plus important. Je veux surtout attirer l'attention sur les intensités inégales de la parole, du langage articulé, et sur les modes de production de ses variétés curieuses (articulations, accents, etc., etc.).

J'ai déjà signalé la sonorité propre des sons-voyelles, la supériorité des éclats de A, la finesse du dessin et du son de I et de É si voisines.

Les auteurs expliquent cette différence par l'opposition très sensible entre les modes de production de ces voyelles, entre les conditions dans lesquelles elles sont émises.

A éclatant trouve toutes les voies béantes pour le passage des sons laryngiens et la bouche ouverte en pavillon, tandis que les autres voyelles sont formées par un resserrement de plus en plus complet du canal de résonance. Cet étranglement du souffle expiré cause l'amortissement forcé du son émis *en même temps que le timbre* qui caractérise chaque voyelle ; de là aussi leurs différences de sonorité et de portée, si manifestes dans le cas d'affaiblissement de l'ouïe.

Effets de l'intensité sonore sur la période. — L'énergie vibratoire est signalée par la profondeur des empreintes, ainsi que nous l'avons déjà dit ; mais, sous cette influence, on remarque à la lecture du graphique une métamorphose de la période, et cela quelle que soit la voyelle observée.

On peut même dire d'ores et déjà que tous les sons-voyelles subissent à peu près la même forme d'altération, manifeste à la vue, par l'effet de l'excès de l'intensité vibratoire. Cette modification du tracé consiste d'abord dans le changement de la deuxième phase, qui devient totalement marquée, et presque égale à la première dans les degrés les plus légers, mais dont l'aspect effacé disparaît absolument dans les sons éclatants. (V. schémas de É, fig. 8, 9 et 10.)

De plus, un phénomène important se produit ; la première phase s'imprime avec une force extrême, donne en plus creux l'image de la demi-période à l'état de calme ; puis bientôt les demi-périodes cessent de se toucher, les creux s'espacent, le tracé se raréfie en même temps que les bruits éclatent ; et ces traits isolés bientôt ne se forment plus qu'au début et au milieu de la période, puis au début seul, avec une ou deux vibrations espacées ; enfin on ne voit plus que des incisures simples séparées de distance en distance par des empreintes puncti-formes. (V. fig. 2, 5 et profils.)

Le mécanisme même de l'articulation, de la formation des voyelles, c'est-à-dire les degrés et le siège des strictures du conduit pharyngo-buccal sont les causes vraies des variations de leur intensité (1).

(1) La formation des voyelles dans la voix humaine a provoqué depuis longtemps les recherches des physiciens.

Nous savons distinguer parfaitement les sons de deux voyelles, même alors qu'elles ont le même ton et la même intensité. Quelle est donc la qualité qui rend cette distinction possible? Dans l'année 1779, l'Académie de Saint-Pétersbourg fit de cette question un sujet de prix, décerné à Kratzenstein, qui était heureusement parvenu à imiter les sons de voyelle par des dispositions mécaniques. A la même époque, Von Kempelez, de Vienne, fit des expériences sem-blables, mais mieux organisées.

La question fut reprise plus tard par Willis, qui dépassa tous ses prédécesseurs dans sa solution expérimentale. La théorie des *sons-voyelles* a été établie pour la première fois par M. Wheastone, et tout récemment M. Helmholtz en a fait une étude approfondie qui ne laisse rien à désirer.

Origine de ces sons mystérieux. — Expérience : Une anche libre est ajustée dans une cloison, sans tuyau adapté, on l'installe sur un sommier acoustique et on pompe l'air à travers ; aussitôt elle parle avec force. Appuyant un tuyau pyramidal à la cloison, on constate un changement de timbre, et, en appliquant la main à plat sur l'ex-trémité ouverte du tube, on est frappé de la ressemblance du son rendu avec la voix humaine.

En enlevant rapidement deux fois la main avec force et la reposant, on perçoit *maman* très clairement.

A ce tube pyramidal substituons-en un plus court, et répétons les

Les sons fermés OU, I, U sont en même temps les plus sourds et les moins visibles sur le rouleau du phonographe.

Effets de la consonne sur l'intensité. — Mais, dans un mot, la force vibratoire, chose curieuse, ne tient pas uniquement à ce son-voyelle, elle ne dépend pas au moins de lui seul. Il se produit au moment de la syllabation un travail curieux, qui agit sur la force du courant sonore ; c'est un morcellement du souffle, une rapide segmentation du courant, d'où naît l'articulation. Or, c'est la consonne qui est l'élément actif et nouveau de cette modification. La consonne, ce petit bruit, ce souffle insensible presque? disent les définitions ; oui, certes !

La consonne a des effets de force vive qui dynamogénisent le son-voyelle, et lui donnent une vigueur d'émission nouvelle, et cela se produit par la tension et la détente obtenues par les fermetures et les ouvertures alternatives du canal pharyngo-buccal, ainsi que la physiologie l'apprend.

Voyez les tracés ci-joints : les modifications de la période, caractéristiques du son-voyelle, sont uniquement dues à l'action de la pulsation consonante.

La consonne est une pulsation ; elle cause une petite explosion d'air comprimé, et la combinaison syllabique ne peut naître que de cette explosion caractéristique. Czermak et Passavant les premiers, Marey, Rosapelly (1), depuis, ont expérimentalement démontré l'accroissement de la pression intérieure au moment de la formation de la consonne.

Le phénomène est facile à observer avec les consonnes explosives P, T, C ; mais il existe tout autant, bien que moins marqué, dans toutes les consonnes, même dans celles qu'on nomme sonores (V. fig. 11).

allées et venues de la main posée sur l'orifice libre du tube, on entend encore « maman », mais c'est un son nasal comme le dirait un enfant enrhumé. Il est évident que, en associant à une anche vibrante un tuyau convenable, nous pouvons donner aux sons de l'anche les qualités de la voix humaine.

Dans l'organe de la voix humaine, les cordes vocales forment une anche associée à la voix sonore de la bouche, dont la forme se modifie de manière à résonner à l'unisson soit du ton fondamental, soit de l'un de ses harmoniques (Tyndall).

(1) Rosapelly, *Mém. Soc. ling.*, Paris, t. IX et X.

En effet, quand nous voulons émettre une consonne, nous rétrécissons considérablement le canal buccal, les cavités de résonance de la voix afin de retenir et de condenser le

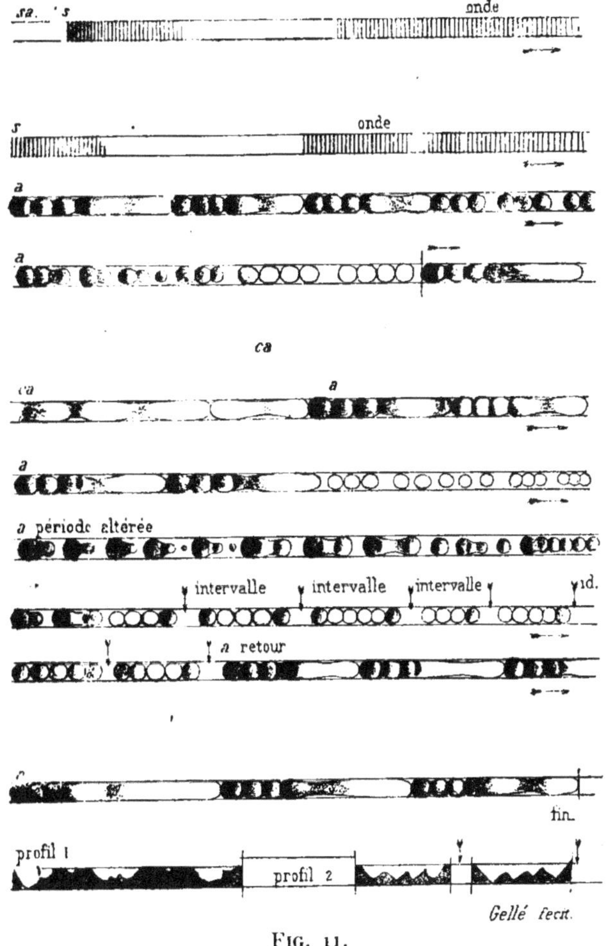

Fig. 11.

souffle sonore. La consonne en effet opère un resserrement des voies pharyngo-buccales et même leur fermeture ; et toujours l'occlusion est plus accusée que celles qui s'observent pour la formation des voyelles. Fermeture et ouverture du courant sonore, c'est le jeu articulatoire.

A ce point de vue, tous les éléments de la parole, consonnes et voyelles, ont d'intimes relations d'origine. ·

La fermeture de l'orifice générateur est complète avec P, T, C ; et, à l'ouverture, l'explosion par suite plus vive, dans PA, TA, CA ; mais elle a lieu également dans CHA, SA, FA, etc., car la segmentation du son, qui forme l'articulation, ne peut être obtenue que par celle du courant aérien (V. fig. 7, 11).

Derrière cet obstacle au souffle, la pression intérieure de l'air s'accroît, et quand l'ouverture a lieu, le courant jaillit, et la voyelle fait explosion ; c'est ainsi que la faible ou muette consonne dynamogénise l'éclatante voyelle, qu'elle bouscule les éléments constitutifs de la voyelle si curieuse dans ses altérations évidentes sur les phonogrammes, bien qu'elle-même reste peu visible et appréciable seulement par ses effets.

D'après cela, on comprend pourquoi les malformations du voile qui le rendent inapte à fermer l'orifice pharyngo-nasal, ou les perforations du voile, sont l'origine de troubles du langage et d'assourdissement de la parole. Les sons nasaux, qui ont leur écoulement en partie par les cavités nasales, toujours ouvertes alors, doivent à cette circonstance, en plus de leur timbre particulier, une sonorité sourde et basse (NOU, PAN), puisque l'augmentation de pression de l'air intérieur reste faible.

L'intensité sonore de la voix, absolument nulle au moment où le resserrement buccal se produit pour donner P, T, C, B, D, G, atteint son maximum avec les sons A, O, E, È, AN, etc., c'est-à-dire que la force de la voix est en rapport surtout avec l'ouverture des voies aériennes ; elle s'affaiblit graduellement suivant les degrés de l'occlusion du canal résonnateur. On trouve dans les auteurs un classement des sons de la parole suivant leur intensité ; nous avons donné celui du Dr Wolf.

On a construit une sorte de gamme de la sonorité vocale où les sons, consonnes et voyelles, sont classés avec ordre ; voici pour les consonnes.

Il y a six consonnes muettes et instantanées, fortes : P, T, C, F, S, CH ; six sont douces ou faibles : B, D G, V, Z, J ; six sont sonores : H, R, Y, M, N, GN. Dans ces dernières, la fermeture est incomplète ; et la pression intérieure s'abaisse continuellement ; aussi l'intensité de la voix diminue d'autant. Les consonnes, dites *sonores*, sont donc les plus faibles; tandis que P, T, C, B, D, G, T, K, CH, sont des explosives types et renforcent le son au maximum; F, S, CH sont des sifflantes, et R une vibrante.

Pour les voyelles, on les classe ainsi : trois voyelles fermées : OU, I, U; trois demi-fermées : AN, E, EU; huit voyelles ouvertes, A, O, È, É et les nasales : AN, ON, IN, IM. Les voies sont de plus en plus largement ouvertes de OU à A (1).

Le tableau suivant emprunté au *Traité de physiologie* de Beaunis montre les rapports entre les points ou régions d'articulations et le mode de formation pour les consonnes :

Régions d'articulation

MODES DE FORMATION		RÉGIONS D'ARTICULATION		
		labiale	linguale	gutturale
Continues	dures. .	F	S	Ch
	molles .	V. W.	Sch. Z	J
Explosives . . { simples . . .	dures. .	P	T	K
	molles .	B	D	G
{ aspirées. . .	dures. .	Ph	TH	Rh
	molles .	Bh	Dh	GN
Vibrantes		R	LR	R
Nasales		N	M	WG

Ce tableau aide à la compréhension de ce qui précède, si l'on se rend compte que l'occlusion est plus forte pour les explosives, et plus faible pour les continues, les sifflantes, les vibrantes et les nasales, puisque l'arrêt du courant sonore n'est pas complet avec elles; mais, dans l'articulation énergique, elles y ajoutent cependant encore un appoint sérieux.

Dans la phonation, l'intensité du son s'abaisse à mesure que la fermeture des voies de l'air devient plus complète.

---

(1) Il semblerait logique d'en induire un classement des sons que, par échelons, la surdité enlève à la perception; or, d'autres éléments d'audition empêchent que le fait soit général, et font que certains sons éclatants ne sont pas perçus, tandis que les sons sourds sont conservés.

Nous donnerons les voyelles et les consonnes réunies en un classement, puisqu'il est clair qu'il n'existe que des nuances dans la progression des mouvements d'occlusion buccale qui leur donnent naissance.

Ainsi on trouve les six groupes suivants en allant du plus fermé au plus ouvert :

1° P, T, C — F, S, CH ; 2° V, Z, J ; 3° M, N, GN, L, R, Y ; 4° OU, I, U ; 5° AU, E, EU ; 6° A, O, É, E. — AN, ON, IN, UN (Marichelle, p. 65).

C'est ainsi, suivant l'image de cet auteur, que le fleuve sonore coule en s'élargissant peu à peu, des consonnes les plus fermées aux voyelles les plus ouvertes.

En somme, il est intéressant de constater que voyelles et consonnes s'obtiennent par le même mécanisme.

Mais le rôle affecté à la consonne est de segmenter le son, de l'articuler ; il est donc totalement l'opposé de celui de la voyelle qui représente le courant sonore. C'est à cette action que l'articulation est due, par elle que la syllabe est créée, et c'est la pulsation consonante qui opère et la division nécessaire et la modification voulue.

A ce moment fugitif, il se produit toujours un affaiblissement de son, puisque le courant d'air est ou aminci ou arrêté. Cela explique sans doute la grande différence entre la voix parlée et la voix chantée, des femmes surtout, que les graphiques mettent en saillie. Pour avoir de l'intensité, il n'y a plus d'articulation, et par suite ni arrêt, ni affaiblissement du son, mais il n'y a plus de mots formés reconnaissables ; on entend le chant, non les paroles.

Mais on peut envisager la consonne à un point de vue différent, qui n'a pas à mon sens été assez mis en lumière ; c'est que. grâce à son mécanisme de production simple et facile, elle multiplie les sons par un mode de débit du courant sonore exempt de fatigue et d'une exécution prompte. En effet, c'est un arrêt du souffle expiré sonore sans effort aucun.

Le renouveau du son, la syllabation, sont ainsi obtenus d'une manière totalement différente de la formation des sons successifs dus à des efforts répétés coup sur coup, expirations saccadées qu'il serait impossible de faire longtemps et d'exécuter aussi vite surtout que l'émission de la parole l'exige.

Intensité, tonalité, timbre, sont à la fois modifiés par l'articulation.

Si l'on se rend compte de la rapide succession des syllabes constituant les mots d'une phrase, et des variations promptes et multiples, incessantes que l'action des consonnes inflige aux sons-voyelles, eux-mêmes variés, en timbre, en intensité et en tonalité, on comprend mieux qu'un appareil auditif malade ou affaibli, raidi, devienne inapte à se prêter à des transmissions aussi rapides et aussi diverses, et pourquoi l'audition du langage articulé se perd plus promptement que celle de la musique par exemple, qui ne demande pas tous ces efforts d'adaptation de l'organe.

Le premier langage des humains fut une succession à intervalles divers de sons vocaux éclatants ou sourds ; l'articulation a accru le nombre de signes et rendu leur émission prompte et facile ; le langage articulé est la supériorité de l'homme.

L'intensité étudiée sur les phonogrammes. — L'intensité du son se manifeste, dans les graphiques du phonographe, par une vive accentuation des dépressions ou indentations que marque le style graveur de la membrane (ou du disque). On a essayé de divers côtés de mesurer les creux et d'apprécier ainsi l'intensité relative des sons inscrits. Ce n'est point le lieu de retracer l'historique des efforts faits dans ce but ; j'ai dit plus haut qu'à simple vue on différenciait fort bien les forte et les piano sur un rouleau donné ; mais ces recherches vont de pair avec la détermination du nombre de périodes et surtout, à mon avis, sont importantes pour découvrir l'action de la consonne et la formation des timbres ; j'en dirai donc quelques mots, à leur place, dans une étude de l'intensité sonore.

C'est en 1856 que Léon Scott inventa le phonautographe, qu'on peut regarder comme la source de la découverte du phonographe ; en 1870, Donders donne ses études sur les sons-voyelles ; Barlow se servait (1874) d'une peau de batteur d'or ; en 1873, Kœnig introduit la méthode des flammes et donne les figures des vibrations par ce procédé ; en 1876, Clarence J. Blake emploie comme logographe le tympan de l'homme ; la même année, Stein photographie les vibrations des diapasons. Edison vient alors, invente le phonographe qui reproduit les sons. En 1878, Fleeming, Jenkin et Ewing obtiennent des tracés de sons-voyelles sur le phonographe ; la même année, E.-W. Blake photographie les vibrations en attachant un miroir au disque de l'instrument.

Depuis, ces recherches expérimentales ont été poursuivies par Grutzner, Mayer, Graham Bell, Preece et Larh (1).

Il y a peu de progrès dans cette voie jusqu'à l'emploi des rouleaux de cire par Edison et Graham Bell ; et en 1890, Hermann, de Kœnigsberg, publie une maîtresse étude sur la photographie des vibrations des voyelles au moyen d'un miroir adapté au disque du phonographe. Les courbes qu'il a obtenues sont très belles et éveillent l'idée des photographies des flammes de Kœnig.

En 1891, Bœke, d'Alkmar, mesure le diamètre transverse

(1) E.-L. Scott. *Comptes rendus*, t. LIII, p. 108.

Donders. *De phys. de spraachklanken in het bijonder van die d. nederlandische taa* ; Utrecht, 1878.

Barlow. *Trans. of Royal Society*, 1874.

C.-J. Blake. *Arch. of. Opht. and Otol.*, VI.

Stein. *Die Photographie der Tons.* (*Ann. Poggendorf's*, t. 1876, p. 142).

Fleeming, Jenkin and Ewing. *On the Harmonie analyses of certain vowel sounds* (*Trans. of Royal Society*, Ed., V, 28, p. 145).

Blake, E.-W. *A method. of recording articulate vibrations by means of photography* (*Amer. Journ. of Sc. and Arts 3 dr. ser.*, V, 16, p. 54).

Prescott, G.-B. *The speaking Telephone and talking Phonograph* ; New-York, 1878.

Dr B.-J. Lloyd. *D. Lit. M. A. phonetische Studien*, vol. IV, p. 41. *The interpretation of the phonogram. of Vowels, and the geieen of Vowells* (*Journ. of that. and phys.*, janv. 1897).

Hermann. *Ueber des Verhalten des Vocale and neuen Edisonische Phonographen* (*Pfluger's Arch.*, V, 47, 1890).

Pipping. *Im Klangfargen hov sjungua Vokaler pynisjer in Dr Lloyd's papes* (ci-dessus).

Hermann. *Ueber der Verhalten des vocale am nemen Edisonschen Phonographen* (*Pfluger's Arch.*, V, 47, 1890, p. 42), etc., et *Phonophotografische Untersuchungen ii*, p. 44.

Pipping. *Curves of the phonograph* (*Zeitschrift f. Biologie*, V, 22 pl. 1890).

Bœke. *Mikrosapische phonogramms Studien* (*Pflüger's Arch.*, V, 50, p. 297, 1891).

Halloch'. *Photographic record of sound analysis* (*The american Journ., Ann. of photograph*, 1896).

Kendrick, de Glascow. *On the phologra phe*, 1890.

Dr Marage, de Paris. *Photographie des flammes de Kœnig*, 1897.

Marichelle, de Paris. *La Parole d'après le tracé du phonographe*, 1897.

des dépressions de la cire, et en déduit le tracé des courbes. Halloch, de Colomba, publie des photographies des flammes comme Kœnig. Kendrick, de Glascow, donne à la Société

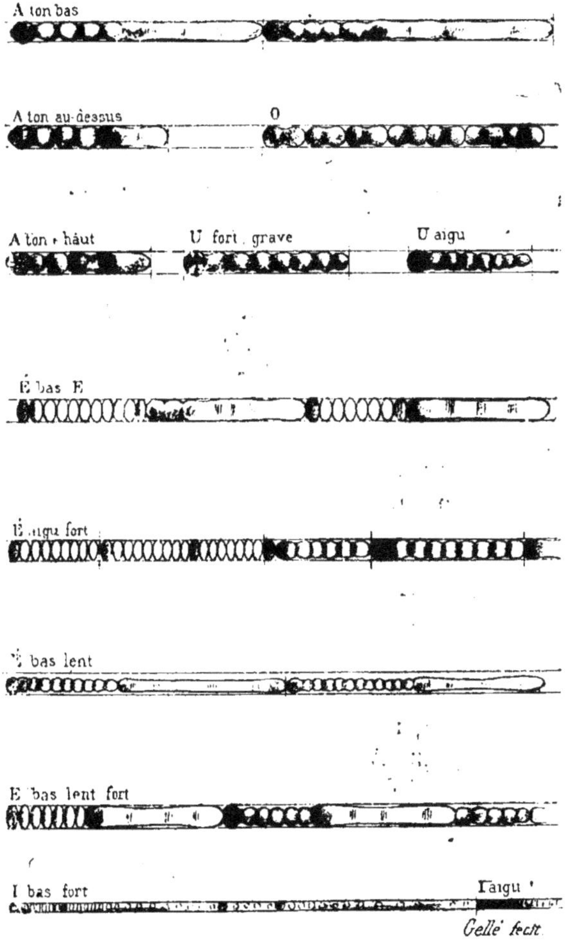

FIG. 12.

royale d'Edimbourg deux études sur le phonographe et la disposition de l'appareil avec lequel il a reproduit les dépressions et saillies du tracé phonographique, soit de la parole, soit de divers instruments, avec figures.

GELLÉ.   5

Le livre de M. Marichelle, dernier venu, est à la fois plus méthodique et plus complet que tous ceux qui l'ont précédé ; c'est un travail très supérieur à tous égards ; et les questions de tonalité, de timbre, d'intensité, la structure des voyelles et des consonnes, la formation des syllabes, des diphtongues, etc., y sont traitées à fond ; des figures excellentes en ornent et en éclairent le texte d'une grande netteté. Cette étude phonographique de la parole rendra abordable et facile pour tous les questions de la phonation et de ses accidents pathologiques ; elle est extrêmement instructive au point de vue de l'éducation de l'ouïe, de la cure des défauts de parole et des méthodes à employer pour le traitement de la surdité et de la surdi-mutité. J'ai moi-même enfin, dès l'invention du microphonographe, étudié les graphiques, l'inscription des voyelles, l'action perturbatrice et dynamogénique des consonnes et dessiné les tracés dont je donne ici les extraits schématiques.

Il reste cependant beaucoup de desiderata, et les efforts de Kendrick pour rendre manifeste la profondeur des empreintes de la cire, les travaux de Bœke, pour en trouver l'étendue en surface et la mesurer, devront être repris par les observateurs. Mais il sera toujours bien difficile de rendre appréciables et sensibles une foule d'éléments partiels des périodes que le tracé indique à peine, et que les procédés d'étude ne peuvent saisir tant les nuances d'intensité sont légèrement marquées, quand elles ne sont pas imperceptibles. (Voir ici les variations et délicatesses de tracés de I et de É, à ce point de vue). (Fig. 5, 8, 10, 12.)

Mais le mouvement est donné par ces travaux sur le phonographe, envisagé au point de vue scientifique, et non plus seulement comme un joujou ; et l'avenir nous dévoilera tous ses secrets.

Profils des phonogrammes. Leur technique. — J'ai, pour ma part, lu et dessiné sous le microscope un grand nombre de ces graphiques phonographiques ; j'ai étudié ainsi la période et ses éléments partiels, ses phases, ses variations et ses variétés. J'ai bientôt compris que, si la figure plane avait son prix, il y avait intérêt absolu à posséder le trait des accidents de niveau de la profondeur du sillon, et que cela égalait en utilité la ligne sinueuse des bords du sillon de cire déjà connue. J'ai dit les chercheurs qui m'ont précédé dans cette voie, voici mon dispositif :

Deux lignes parallèles, l'une supérieure, l'autre inférieure, me donnèrent schématiquement le sillon fictif, image de celui tracé par le style graveur du phonographe, sur lequel je dessinai les creux et les saillies grossis au microscope (gr. 25, 35), j'obtenais ainsi la ligne, ou mieux le profil des dépressions du fond du sillon, en rapport exact avec les varia. tions d'intensité, de ton, de forme et de nombre des éléments (V. fig. 5, 7, 8, 10, 11, 18). J'ai eu depuis la satisfaction de trouver dans les graphiques obtenus si méthodiquement, et si peu éloquents cependant, de Kendrick, absolument les mêmes ondulations typiques de A par exemple. J'avoue que j'aime mieux les miens, tout schématiques qu'ils soient. Bien qu'approximatifs, leur valeur au point de vue de l'exactitude ne fait point de doute, tant ils concordent et forment un tout avec le dessin de la figure de la surface du rouleau que j'associe toujours avec eux.

Des ombres savamment dessinées ne valent pas ces lignes infléchies sinueuses, suivant les ondulations du fond du sillon, différentes suivant l'espèce de période, modifiée par les actions complexes des consonnes sur la voyelle, etc., de l'intensité, du timbre et du ton, etc.

Il faut méthodiquement limiter son champ d'étude. Après avoir inscrit des mots, et fait parler le phonographe sur ces mots; armé du microscope, on suit le sillon, d'abord vide; puis onduleux à un moment; et bientôt tatoué d'empreintes successives qu'on apprend avec le temps à suivre, à analyser, à reconnaître, à isoler; et plus tard, graduellement, on y associe d'autres empreintes; puis une enfilade de syllabes constituant des mots qui se succèdent comme les perles d'un chapelet. On comprendra plus aisément les sons forts, plus facilement les tracés de tons bas et lents. On dessine une période de face; puis on relève à part chaque inflexion sur le fond du sillon fictif dans un dessin où les intervalles entre les périodes, entre les vibrations partielles intenses, entre les voyelles au moment de la consonne, etc. sont indiqués parallèlement.

Il faut savoir s'éclairer toujours sous un angle égal; les saillants sont parfois peu visibles, même à un grossissement de 10, de 25; mais c'est aussi là un caractère significatif.

C'est ainsi que j'ai pris les figures 5, 7, 8, 10 où j'ai placé

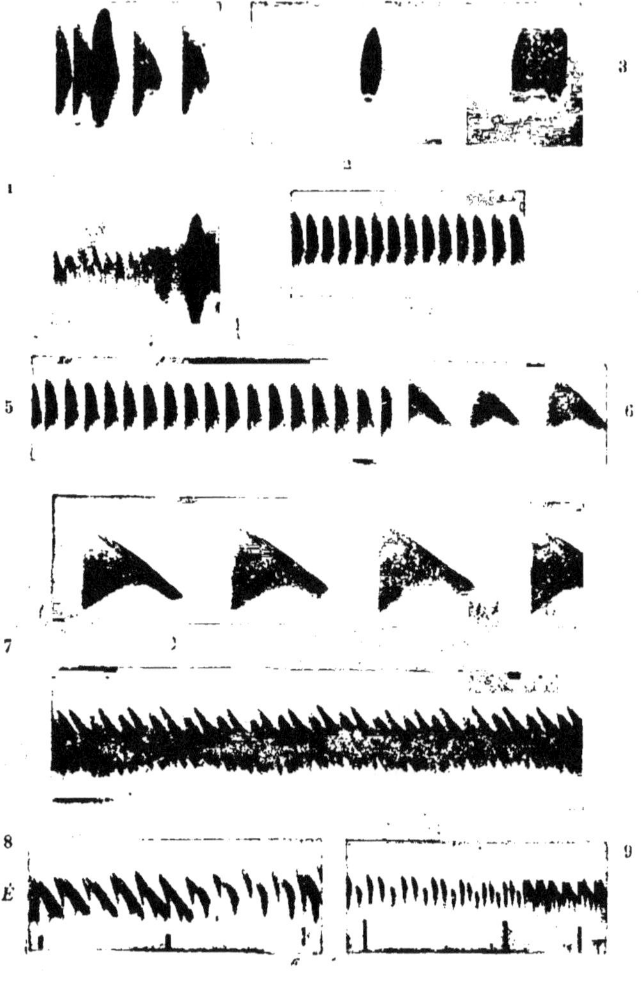

FIG. 13.

Fig. 2. Vibration du diapason sans vitesse. — Fig. 3, 4, 5, 6. Vitesse de l'inscription graduellement croissante. — Fig. 7. Vitesse nécessaire pour séparer nettement les flammes (1m,45 à la seconde). — Fig. 8 et 9. Montrant l'influence de la vitesse sur la netteté des flammes de A, É.

en parallèle la période vue et dessinée de face, et le profil mis au-dessous immédiatement.

La voyelle A d'une tonalité assez basse, prononcée sans effort, puis, plus loin, dite avec force ou associée à P dans PA, montre ses deux phases indiquées dans les figures de face et de profil de la note grave ; mais la deuxième phase manque dans la note aiguë (fig. 5, 7, 9).

L'A intense montre les profondeurs de son tracé, surtout au début de la première phase, et dans la première vibration partielle de la deuxième phase (V. fig. 5).

Si A est criée, le tableau change et les empreintes différentes, inégales, puis séparées par des espaces très appréciables, sont extrêmement creuses et anfractueuses, et le profil montre très bien ces saccades du tracé et la profondeur des entailles.

Il en est de même des autres voyelles dans les mêmes cir-

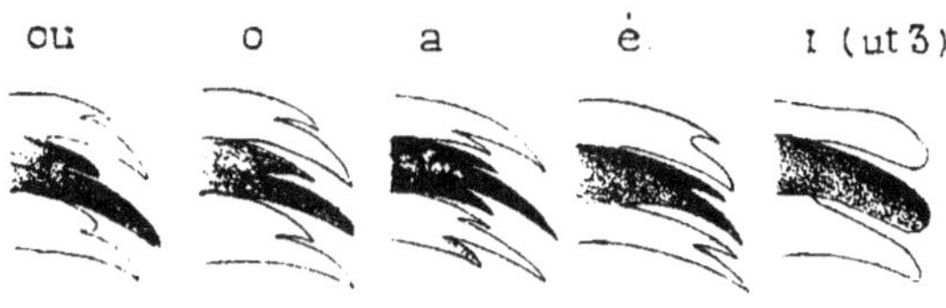

FIG. 14.

La partie ombrée montre une flamme isolée, on la voit simple pour *I*, bifide pour *É, O, OU*, et à trois langues pour *A*.

constances ; leurs dessins sont plus précis, leurs périodes plus marquées d'abord, puis décomposées en quelque sorte en leurs éléments énormément creusés dans la cire et enfin distants les uns des autres, quand la voyelle est lancée avec vigueur, comme dans les exclamations, les interjections (Ah ! Oh !).

La vivacité des chocs se traduit par des crans véritables imprimés dans la cire du rouleau ; à ce point que la période n'est plus reconnaissable ; on la lit avant et après les forte.

Il est clair que la vue de ces tracés des niveaux, de ces profils schématiques explique mieux que tout le reste l'intensité des voyelles ; et la formation des sons si variés, et leur reviviscence impressionnante par le phonographe, et l'exactitude étonnante de la reproduction de la parole se comprennent.

Mais ce qu'ils montrent bien également, c'est le côté mécanique de la fonction auditive, les chocs subits et transmis par la membrane à la cire et la vigueur du tracé bien en proportion avec l'intensité du son émis.

Le tympan n'est en rien différent, on le verra, de cette membrane vibrante (disque) du phonographe qui inscrit si fidèlement toutes les vibrations, et toute la force des vibrations des sons qui la frappent.

Or, au point de vue de l'amplitude des mouvements ondulatoires que les tracés mettent en évidence, l'organe de l'ouïe a une supériorité heureuse sur l'instrument fabriqué ; la sensibilité exquise du nerf auditif labyrinthique est en effet protégée contre les excès de vibrations par la division en plusieurs tronçons du levier ou style, qui transmet les ébranlements et les mouvements de la membrane réceptrice. Ces tracés phonographiques en indiquent bien la nécessité et précisent la fonction de la chaîne des osselets articulés, et le pourquoi de sa discontinuité à ce point de vue particulier. (V. chaîne des osselets.)

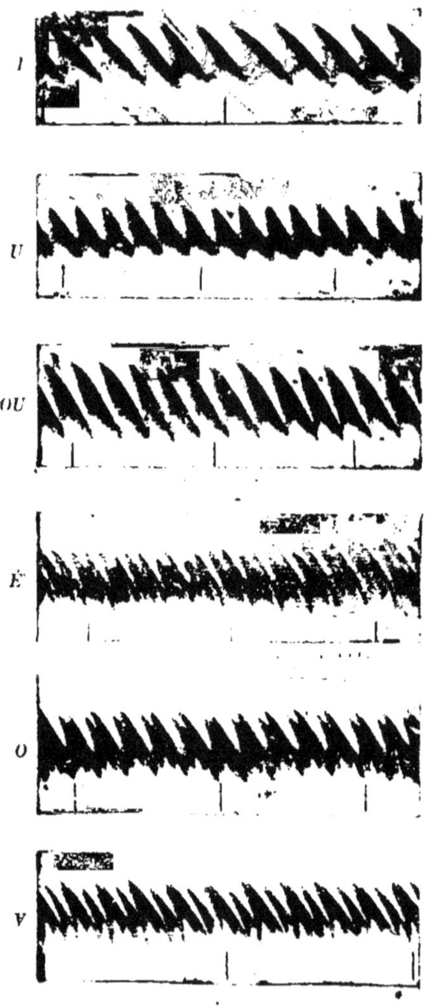

Fig. 15. — Flammes manométriques obtenues sans embouchure par M. Marage.

L'intensité et les flammes manométriques. — M. le Dr Marage vient de publier une étude des voyelles par la méthode des flammes manométriques de Kœnig, et il les a photographiées avec un plein succès. Entre autres conclusions qui découlent de ce travail, et de la comparaison des figures qu'il contient en abondance et très belles, avec celles que j'ai obtenues, après Kendrick, Marichelle, Hermann, etc., des tracés du phonographe, il paraît évident que ceux-ci donnent des résultats supérieurs (V. fig. 13).

Il est facile de vérifier des différences saillantes entre la période de A, inscrite sur le rouleau, par exemple, et les flammes qui répondent à la voyelle A.

Les éléments partiels, les vibrations moléculaires, sont indiqués avec une plus grande fidélité au point de vue de leur nombre, de leur forme, des caractères types et des variations de ton, de timbre, d'intensité dans le phonogramme ; et

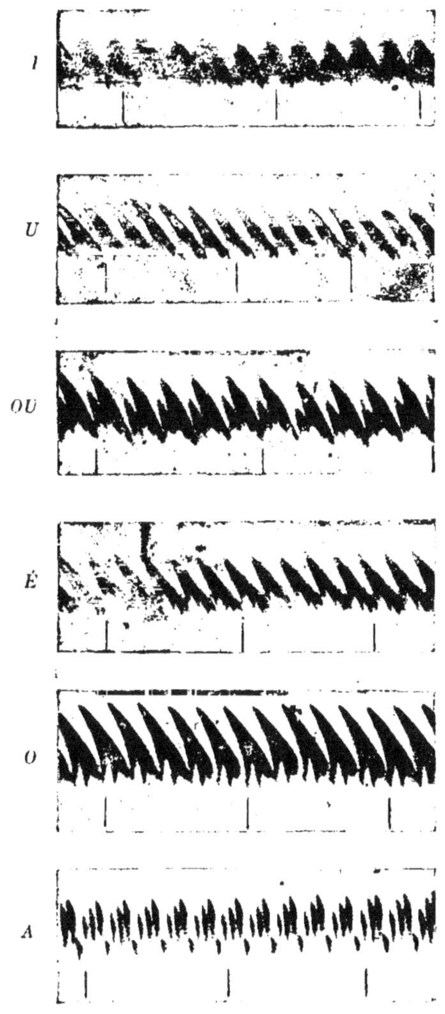

Fig. 16. — Voyelles prononcées avec l'embouchure de Kœnig, exécutées par le Dr Marage. (Comparer avec la planche 15.)

les dessins qui en sont tirés ont de ce fait une grande

supériorité sur les belles planches de l'atlas des flammes vibrantes (1).

C'est ainsi qu'avec les flammes la lettre A, qui comporte deux phases très marquées, n'en possède aucune; de plus, le groupe complexe et abondant de vibrations partielles qui rend, dans nos dessins, la période caractéristique, n'est représenté que par trois flammes seulement, bien typiques, il est vrai, sur les photographies si exactes et si nettes cependant de ce travail (fig. 16).

Dans la figure 14, on voit la flamme manométrique répondant à une période de ces sons-voyelles qui est teintée en noir.

A l'égard des effets de l'intensité sonore, il est remarquable que la lettre I, si faible d'inscription sur le rouleau et de portée acoustique tout à la fois, soit une de celles qui donnent une flamme manométrique qui indiquerait une forte intensité sonore, supérieure à celle de A par exemple (Marage, Pl. II).

Au rapport du nombre des tons partiels manifestes, des vibrations élémentaires, constitutives de la période, on jugera combien la différence est grande en comparant le phonogramme de É (fig., 10, 12) avec la flamme manométrique de Kœnig. Il y a évidemment une insuffisance marquée du procédé des flammes manométriques au point de vue de la pénétration dans l'analyse du phénomène acoustique. Le phonogramme au contraire en saisit tous les détails.

Nous reparlerons de ce sujet à propos des tons et du timbre des sons. La même critique du reste a été faite par M. Marichelle (*loc. cit.*, p. 51). J'ajouterai que la supériorité de l'étude au moyen des inscriptions du phonographe, en plus de la simplicité du procédé, s'affirme encore par la possibilité de répéter le son et ainsi d'avoir le contrôle de l'oreille à volonté.

Application de ces notions sur l'intensité sonore à l'explication des troubles d'audition. L'intensité excessive nuit à l'audition de la parole. — On vient de voir combien l'intensité des sons de la parole poussée à l'excès, et même dans les forte du chant ordinaire, modifie les graphiques et altère la période, cette unité, que j'ai montrée si intéressante parce qu'elle est acceptée avec la plus grande sympathie par l'appareil auditif.

(1) Ma critique ne s'adresse ici qu'à la méthode, c'est une comparaison de méthodes.

Chez les personnes dures d'oreilles, l'action de l'intensité est, nous l'avons dit, souvent très nuisible; la distinction, la compréhension deviennent impossibles; l'oreille est inondée de vibrations confuses et entremêlées; il n'y a plus moyen d'entendre la parole; et c'est bien affaire d'intensité sonore, car les mêmes mots articulés lentement et modérément sont immédiatement entendus sans effort, par les mêmes personnes.

Les déformations que la période subit quand l'énergie du courant sonore dépasse certaines limites, particulières à chaque cas, rendent donc toute différenciation impossible. Nous avons montré le pourquoi de ce phénomène au moyen de nos phonogrammes; l'articulation est alors inégale, incomplète et même nulle, effacée; les formes de la période disparues, méconnaissables, ressemblent tantôt au tracé d'un bruit, soit à l'inscription d'un morceau de musique instrumental quelconque. Les sujets bien entendants eux-mêmes, quand les sons arrivent à un certain degré d'intensité, souffrent de la même façon; et, pour les mêmes raisons, ne peuvent non plus percevoir les mots, les paroles articulées; tout est son-voyelle, éclat ou modulation, sans modification articulatoire aucune, sans syllabe saillante; et tout est devenu indistinct au point de vue du langage articulé. Les sons intermittents donnent l'impression d'un râclement ou d'un grincement.

Entre le sourd et l'entendant, il n'existe pas, à cet égard, d'autre différence que le degré que chacun d'eux est susceptible de supporter sans altération grave de l'audition et avant de perdre la compréhension du discours.

L'articulation, la syllabation disparaissent par le fait de l'émission exagérément forte des paroles; et les mots, les phrases forment des sons sans signification; il ne reste en effet que les sons laryngés, la voix; encore se porte-t-elle sur un timbre uniforme, si l'effort vocal continue excessif.

Cette excursion sur le domaine de la pathologie me semble préciser mieux l'action de l'intensité et ses inconvénients.

Dans le chant, au moment des forte et dans les tons élevés surtout, le son buccal, la transformation consonante, la syllabe cessent de se faire entendre; le son laryngien sort pur, musical, mais dénué de sens et inintelligible (fig. 26).

Les chanteurs sont même insciemment ou sciemment conduits à substituer dans le chant certaines voyelles, certaines

consonances à d'autres ; ils disent facilement dans les sons bas O et OU pour A, et dans les notes élevées É devient facilement I ; nous en reparlerons à propos des tonalités. Helmholtz (p. 140) dit que précisément pour A on est frappé des petites modifications dans la hauteur de la résonance, qui font dévier d'une façon considérable le timbre de la voyelle (1).

La prononciation est par le fait très négligée dans certains passages du chant, dont les artistes, d'instinct, modifient les voyelles et les sons qui obscurcissent leur voix ; or, c'est ce qu'avant tout ils cherchent à faire valoir.

Les compositeurs sont quelquefois aussi très embarrassés pour faire sortir un son sourd (AN, ON), au moment désirable ; et le chanteur obéit à la nécessité de faire sortir la note en changeant la syllabe écrite au-dessous ; l'harmonie est sauve, mais le vers est souvent faux (Lermoyez, Gougenheim, *loc. cit.*, p. 90 en note). Le travail buccal d'articulation est une fatigue et la syllabation cause surtout un certain affaiblissement du son ; c'est là un empêchement sérieux au développement des airs de force : l'artiste s'en dispense.

Amplification du son. Stéthoscope, microphone. — Il est souvent important de constater, de rendre manifeste l'existence de sons que leur faible intensité fait d'une audition difficile ; tout appareil de renforcement devra, pour rendre service, laisser au son étudié la plus grande partie des caractères qui le distinguaient, ou mieux qui permettent de le distinguer, c'est-à-dire de l'isoler, au point d'en comprendre la signification au milieu du concert des autres bruits. Par malheur, tout instrument capable d'amplifier les bruits, qu'on cherche à percevoir mieux avec lui, augmente aussi fatalement la foule des petits bruits ambiants qui accompagnent le phénomène qui seul nous importe.

La reconnaissance des sons, dont l'intensité est accrue ainsi, est dès lors rendue plus difficile et l'on s'aperçoit que c'est toute une éducation à faire ; toute l'auscultation, c'est-à-dire tous les rapports entre les divers bruits sont à réapprendre, quand on use de ces procédés de grossissement des phéno-

______

(1) Au-dessous de *ut₂*, les voix de femme ont toutes une tendance à chanter sur un O sourd, ou OU, dont les tons propres sont à cette hauteur. (H., *loc. cit.*) Cela se voit clairement sur les graphiques de A forcé. (F. 5, 7.)

mêmes sonores dans la pratique. Aussi sera-t-on peu étonné
que les stéthoscopes (instruments qui servent aux médecins
dans l'auscultation des malades), qu'on a voulu construire
sur les principes du microphone, n'ont pas rendu les services
attendus ; on entendait trop de choses et les bruits offraient
un autre timbre, une autre tonalité ; le son, enfin, n'était plus
aussi reconnaissable après avoir traversé l'instrument ampli-
ficateur. Nos organes des sens sont bornés dans leur puissance ; quand nous leur en donnons une plus grande, nous
entendons et voyons autre chose.

Stein, de Moscou, cependant, a réussi à reconstituer ainsi les
bruits de nos organes sains ou pathologiques ; mais cela n'est
pas pratique et vulgarisable ; le dispositif est trop compliqué.

Les stéthoscopes sont des instruments de transmission et
d'amplification des sons qui doivent propager à l'oreille de l'observateur sans déperdition les bruits d'auscultation, ceux des
organes superficiels ou profonds. Ils doivent, par conséquent,
isoler celui-ci du milieu bruyant, ambiant, conduire le son sans
le dénaturer ou l'affaiblir et au besoin le rendre plus intense.

La conduction se fait soit par un solide (Laënnec), soit surtout par un solide creux (le cylindre classique évasé à ses deux
extrémités) et par l'air inclus. Le pavillon de l'oreille et la
conque appuyés sur la plaque terminale de l'instrument font
d'ailleurs simplement un résonnateur excellent. Si c'est par un
tube de caoutchouc adapté à l'oreille que l'on ausculte, l'extrémité adhérente au corps ausculté peut être une cloche, ou toute
autre partie évasée capable de collecter les ondes sonores solidiennes. De toutes façons, on doit l'accoler sérieusement à la
surface du corps pour assurer l'isolement et la conduction.

En fermant l'oreille libre avec le doigt, on augmente la sensation par l'isolement complet ; on peut aussi employer un
tube biauriculaire, lequel donne l'audition plus intense et
l'isolement indispensable. Certains instruments résument d'une
façon pratique ces diverses dispositions et sont les meilleurs
stéthoscopes actuels. (V. Chauveau, *Soc. Biologie*, 1898.)

Un son n'est pas distinct uniquement parce qu'il est intense,
bien que ce soit la condition fondamentale de son audition ;
c'est ainsi que les résonnateurs d'Helmholtz ont une propriété
spéciale pour le renforcement d'un ton donné, mais nuisent
à l'audition des autres tons concomitants. L'instrument am-

plificateur ne doit pas trop changer le phénomène au point de vue de sa tonalité ni de son timbre, sans quoi le son restera méconnu et méconnaissable, puisqu'il n'est plus le même.

Il est difficile d'altérer l'une des qualités de la sensation sans nuire quelque peu aux autres, aussi le renforcement du son a-t-il ses limites dans les analyses délicates des phénomènes acoustiques. (V. Traités d'auscultation) (1).

Le *phonendoscope* de Bianchi, cependant, est intéressant à signaler dans ce travail. Il est en effet construit de telle façon qu'il transmet, amplifiés, les bruits de frottements exécutés sur la peau des régions du corps qu'on explore. Les frottements, chose curieuse, sont des bruits des plus pénétrants ; ils varient d'intensité suivant la nature des organes sous-jacents (solides, gazeux, etc.) et par les modifications dans leur intensité que le phonendoscope transmet à l'oreille de l'observateur, il peut juger des limites des viscères, des vaisseaux, des épanchements, etc. C'est un instrument très sûr pour l'exploration des organes.

Augmentation de l'intensité par les cornets et appareils acoustiques. — Les cornets et les tuyaux acoustiques sont bien connus. Le choix de ces instruments prothétiques découle des notions que nous exposons, et qui font la matière de ce travail. Il est cependant opportun d'en parler au moment où nous faisons une sorte d'étude critique de l'intensité sonore ; les appareils chargés d'accroître la sensation auditive seront mieux jugés et leur valeur mieux appréciée après la lecture de ce que je viens d'écrire, sur les portées différentes des voyelles, sur la perception des sons très intenses et sur la destruction de la période articulatoire dans les violents efforts du chant. Beaucoup de sourds en effet entendent avec le cornet le débit lent et calme, et ne perçoivent plus la parole haute ou criée dans l'instrument. Car, si les sons faibles sont renforcés, les éclatants ne le sont pas moins et leur sonorité domine toujours.

(1) Nous ne pouvons entrer dans le détail de la description des divers stéthoscopes, cela nous entraînerait beaucoup trop loin ; nous signalons l'instrument de Boudet de Paris, celui de Chauveau, celui biauriculaire de Constantin Paul, ceux de Bianchi et de Capitan, etc.

Nous nous bornons ici à quelques notions générales ; nous ferons de même à propos des instruments, cornets, tuyaux acoustiques, etc.

L'indication et le choix des appareils prothétiques ne peuvent être qu'une déduction des notions acquises sur l'audition et l'acoustique, et une application de ces connaissances à un cas donné. Les plus doux sont les meilleurs.

C'est tantôt par la faute de l'auditeur, tantôt par la faiblesse du son parlé que l'audition cesse. La perception auditive peut être exaltée par diverses conditions pathologiques auriculaires, ainsi que nous l'avons dit, ou par certains états névropathiques généraux (hyperesthésie, névrose, manie) ; mais il est aussi des qualités des sons qui les rendent plus pénétrants. Il en est qui agacent les dents comme un acide, qui sont douloureux, énervants, criards, fatigants ; d'autres s'installent dans la mémoire auditive, et obsèdent le patient, etc. Le médecin instruit, pose certains diagnostics avec l'oreille, comme on reconnaît quelqu'un au timbre de la voix. Les cornets métalliques, à parois minces, donnent des sons insupportables, et sont rejetés par les sourds nerveux.

Enfin, certains bruits simples, que nous avons signalés, sont surtout entendus avec une grande facilité malgré leur faiblesse, tels les bruits de scie, de grattage, du liège coupé, etc. ; les crépitations, les frottements, et autres sons plus ou moins désagréables arrivent bien à l'oreille et facilitent l'entrée des sons complexes.

Ailleurs la mémoire auditive s'aide des variations d'intensité du rythme de la parole ou des airs de musique. Nous étudierons la sensation acoustique à tous ces points de vue, comme effet et comme cause, efficace stimulus d'activités nerveuses, dans le dernier chapitre de ce travail.

§ IV. — Tonalité, hauteur des sons

Hauteur du son. — L'oreille sait reconnaître dans les sons, assez énergiques pour l'émouvoir, d'autres différences et d'autres rapports que ceux d'intensité. La fréquence des excitations, la vitesse de leurs répétitions, tout autant que la masse en vibration et de même que l'ampleur des vibrations donnent un caractère particulier à la sensation.

On décrit en acoustique l'expérience de Savart, qui, au moyen de la roue dentée, a analysé la formation des tons et ses rapports avec la vitesse des excitations.

En opérant avec une roue à une seule dent, un seul choc se produit, mais le son n'a rien de musical. Si la roue a deux dents peu distantes, il naît, par la rotation, une suite de sons notables, discontinus, entrecoupés par des intervalles de silence; en augmentant le chiffre des dents, on accroît le nombre de chocs, et on obtient peu à peu un son qui a un caractère de continuité et de force, et une qualité nouvelle, la tonalité. 16 chocs (32 vibrations françaises) produisent un son continu, le plus bas dans la série; car au-dessous de ce chiffre on n'entend que des chocs. Savart a montré que la hauteur du son s'accroît en proportion du nombre des dents, et des chocs par conséquent. Chacun de ces chocs donne naissance à une condensation, puis à une raréfaction des molécules d'air, et c'est le mode de formation des vibrations et des sons.

Comme, avec le dispositif de Savart, condensations et raréfactions se produisent périodiquement, régulièrement, il est clair que le son musical est formé de vibrations périodiques; et qu'il résulte de la production, en un temps donné, d'un même nombre d'ébranlements vibratoires. Ainsi, *un ton est un complexe*, un composé de vibrations partielles, causes multiples, inconnues d'une sensation unique, d'un ton.

La période est une association de vibrations moléculaires synchrones.

La hauteur d'un son dépend donc uniquement du nombre plus ou moins grand de vibrations qu'exécutent à la fois le corps sonore et les milieux, à l'aide desquels le son se propage. Plus le son est aigu, plus ce nombre est considérable; moins est grand le nombre des vibrations par seconde, plus le son produit est grave; mais la sensation est influencée aussi par la conductibilité plus ou moins adéquate de l'appareil de transmission auditif; c'est l'oreille fausse, si la sensation perçue diffère du phénomène sonore écouté.

Cette loi des tonalités a été vérifiée au moyen de la sirène de Cagniard-Latour, modifiée par Seebeck. On a rendu aussi les phénomènes manifestes, visibles, au moyen des procédés graphiques, des flammes chantantes ou sensibles, si bien décrites par Tyndall, ou par la méthode de Lissajoux, ou enfin au moyen des flammes manométriques de Kœnig.

Nous renvoyons aux traités spéciaux, aux classiques pour l'étude de ces notions d'acoustique que nous ne pouvons qu'effleurer par instant, à propos de certains phénomènes d'audition.

Chacun connaît les vibrations d'une tige ou d'une corde. Pour peu qu'elles soient amples, on les voit ; et on peut en sentir, avec la main, les frémissements.

De même, la carte, sur laquelle frappent les dents de la roue de Savart, exécute une succession d'allées et venues, qui constituent la période ou vibration complète (allemande) ou les vibrations simples (françaises) à chaque dent qui passe. L'allée et le retour élastique sont les conditions mêmes de la continuité du son et des vibrations ; mais nous voyons que le nerf acoustique ne perçoit un son continu que s'il reçoit trente-deux chocs au moins par seconde ; c'est-à-dire qu'avec cette vitesse ceux-ci se fondent en une sensation unique, musicale, grave. Ces alternatives de condensations et de raréfactions moléculaires ont lieu pour les liquides comme pour l'air.

Avec la sirène qui fonctionne dans l'eau (son nom l'indique), on démontre que la formation des sons dans le liquide obéit aux mêmes lois, pour la genèse de la hauteur des sons, qui dépend uniquement de la fréquence des vibrations par seconde. De là une importante déduction ; la partie de l'oreille, où s'épanouissent les fibres terminales de l'acoustique, est pleine de liquide ; celui-ci peut donc recevoir et transmettre les ébranlements vibratoires, quels qu'ils soient, que l'oreille moyenne lui apporte ; nous aurons occasion d'en reparler.

La rapidité des chocs entraîne la diminution de l'amplitude des oscillations, surtout si la plaque vibrante ou la membrane ne sont pas libres, mais fixées dans un cadre.

Limites des sons. — Nous avons dit que l'oreille perçoit un son continu quand le chiffre des excitations de l'acoustique atteint 16 (A.) par seconde (32 F.) ; dès ce moment naissent les sensations de sons graves, d'abord un peu ronflants et moins purs, puis d'une plus grande netteté à mesure que le son s'élève. Au-dessus de 32 vibrations (françaises), 40 en chiffres ronds, les intervalles entre les chocs ne sont plus perceptibles : il y a fusion ; il est plus juste d'admettre une concentration, l'unification par le synchronisme.

Cette limite inférieure de la perception des sons graves tient certainement, comme le dit Helmholtz, à l'organisation même de l'appareil auditif humain, car l'éducation est impuissante à la changer.

L'audition des sons élevés est également limitée, mais la faculté de percevoir les sons aigus (vibrations de courte durée ou vitesse des vibrations) est très développée.

C'est ainsi que Savart, au moyen de la roue dentée, a pu entendre des sons aigus de 38.000 vibrations par seconde. Helmholtz, Despretz admettent aussi 38.000 vibrations comme la limite supérieure de l'audition des sons élevés. Avec la sirène également, il est possible de déterminer le chiffre des vibrations correspondant à un ton donné ; et l'on sait, avec précision, le nombre des vibrations d'un corps sonore quelconque, diapason, corde, tuyau d'orgues, anche ou voix humaine. Or, quand la vitesse des vibrations est connue, on calcule sans peine la longueur correspondante de l'onde sonore : nous allons en parler bientôt.

En prenant la limite d'audition des sons élevés assignée par Helmholtz (38.000 vibr.), on trouve que l'oreille humaine embrasse une échelle de tonalités de 11 octaves. Cela donne une idée de la puissance et de l'étendue du champ de l'audition. L'oreille exercée apprécie un intervalle d'un 64e de demi-ton ; comme chacune des 7 octaves est constituée par 12 demi-tons, il en résulte que l'oreille distingue 5.376 sons musicaux.

Mais on remarquera que les sons les plus graves, comme les plus élevés, sont peu harmonieux et même désagréables à l'oreille.

La musique n'utilise au reste que la série des tons compris de 16 à 4.000 vibrations allemandes (32 à 8.000 françaises), ce qui correspond à 7 octaves.

Le son le plus grave des sons d'orchestre est le *mi* de la contrebasse, qui a 41 vibrations 1/4. Les pianos et orgues modernes descendent ordinairement à l'*ut* de 33 vibrations par seconde.

Dans les grands pianos, on trouve même un *la* de 27 vibrations 1/2 ; et dans les grandes orgues, toute une octave inférieure qui descend à l'*ut* — 1 de 16 vibrations 1/2.

Mais, ainsi que je l'ai dit plus haut, le caractère musical des notes au-dessous de *mi* — 1 laisse à désirer, parce qu'elles touchent à la limite où l'oreille cesse de pouvoir fondre les vibrations dans une sensation unique de son, où elle distingue la discontinuité (ronflement du son, etc.). C'est la sensation de trépidation qui apparaît.

A la limite opposée, le piano va jusqu'au la_6 de 3.520 vibrations, quelquefois même jusqu'à l'ut_7 de 4.224 vibrations.

La note d'orchestre la plus élevée est probablement le *ré* 6 de la petite flûte de 4.752 vibrations (Helmholtz).

Voici dans les notations allemandes et françaises l'étendue de l'échelle des sons d'orchestre avec les nombres de vibrations simples et doubles :

	C^{II}	C^{I}	C	c	c^{I}	c^{II}	c^{III}	c^{IV}	c^{V}
	ut_{-1}	ut_{-2}	ut	ut_2	ut_3	ut_4	ut_5	ut_6	ut_7
A. .	16 1/2 vibr.	33	66	132	264	528	1.056	2.112	4.224
F. .	33 vibr.	66	132	264	528	1.056	2.112	4.224	8.448

La sensibilité de l'organe de l'ouïe pour les tonalités élevées est très variable suivant les individus, et les maladies amènent à ce point de vue de grandes différences.

Certaines personnes sont plus aptes à entendre les sons graves ; d'autres ont une plus grande étendue de l'audition pour les tons élevés ; cela fait penser aux flammes de Tyndall qui sont sensibles à un sifflet et obéissent au son émis et à lui seul. Les observateurs ont constaté des sensibilités tonales d'étendues très diverses chez les individus qui possédaient cependant une audition en apparence égale. Les différences individuelles sont parfois curieuses par la netteté brusque de la limite d'audition, chez l'un, tandis que l'autre entend tout également mal, etc. Tyndall écrit que certains sujets n'entendent pas le cri de la chauve-souris, le chant du grillon, ni le piaillement aigu du moineau, et sont très impressionnés par les voix graves et les sons bas (Wollaston, J. Herschel). L'âge et la maladie causent ces variétés.

Nous verrons plus loin (appareil de conduction) qu'un

excès de tension de la membrane du tympan, qui peut résulter d'un vide relatif de la caisse ou d'une réplétion exagérée, au contraire, de cette cavité auriculaire, amène l'affaiblissement de l'audition des sons graves. Le phénomène peut se produire instantanément au grand étonnement du patient dans certaines conditions pathologiques ou expérimentales. (Valsalva, action de se *moucher*, d'avaler.)

Fusion des vibrations. Rapidité du mouvement vibratoire. — La sensation aiguë ou grave donnée par un son est exclusivement en rapport avec la durée de la vibration, c'est-à-dire avec le nombre de vibrations exécutées en une seconde. Quand les excitations se répètent avec rapidité, le nerf acoustique transmet une impression unique, née d'excitations nombreuses, d'origines multiples, caractérisée par la hauteur du son. Un train lancé à toute vapeur paraît d'une seule pièce ; au départ les wagons sont distincts ; la vitesse fond les sensations élémentaires. L'oreille réagit mieux aux excitations multipliées, ainsi qu'on le voit par l'étendue du clavier des sons aigus perceptibles, qui est énorme. Au point de vue de cette capacité de fusionner, de fondre les sons partiels, le sens de l'ouïe est d'une rare puissance.

Ces sons ainsi produits forment une suite continue, du plus grave au plus aigu. Dans cette gradation insensible, nous avons noté les tons, ces échelons conventionnels, et les gammes. Par cette étendue de la perception, l'organe de l'ouïe l'emporte, dit Tyndall, de beaucoup sur l'œil ; car, tandis que la sensibilité de l'oreille s'étend à plus de onze octaves, celle de l'œil dépasse à peine une octave.

Les vibrations lumineuses, les plus rapides que l'œil est susceptible de percevoir (violet) en tant que lumière, ont à peine une vitesse double des vibrations lumineuses les plus lentes (rouge) ; au contraire, les vibrations les plus rapides perceptibles à l'oreille ont plus de 2.000 fois la vitesse des plus lentes (graves) (Helmholtz).

On est étonné de la perception de vibrations aussi rapides. Je ne puis ici exposer le chapitre de l'acoustique sur la genèse et la propagation des vibrations sonores. Cependant, je crois utile de montrer par la citation suivante avec quelle rapidité et quelle énergie la transmission du son a lieu ; il suffira de penser que les fibrilles nerveuses de l'acoustique remplacent les flammes dont Tyndall va nous parler, pour comprendre l'action si prompte et si délicate des ondes vibratoires dans la production des excitations nerveuses et de la sensation sonore.

Sensibilité des flammes chantantes. — Les flammes brûlant à l'air libre sont douées, dans de certaines conditions, d'une sensibilité extrême aux sons et aux notes prédominantes dans les sons composés, de sorte qu'elles jouent le rôle des résonnateurs d'Helmholtz et celui des flammes manométriques de Kœnig.

« La plus merveilleuse des flammes observées jusqu'ici est actuellement sous vos yeux. Elle sort de l'orifice unique d'un bec de stéatite, et s'élève à la hauteur de 6o centimètres (grâce à la haute pression du gaz).

« Le coup le plus léger frappé sur une enclume, placée à une grande distance, le réduit à 17 centimètres. Les chocs d'un trousseau de clefs l'agitent violemment et vous entendez ses ronflements énergiques.

« A la distance de 2o mètres, faisons tomber une pièce de cinquante centimes sur quelques gros sous tenus dans la main; ce choc si léger abat la flamme. Je ne puis pas marcher sur le plancher sans l'agiter. Les craquements de mes bottes la mettent en commotion violente. Le chiffonnement ou la déchirure d'un morceau de papier, le frôlement d'une étoffe de soie produisent le même effet... ; on a placé près d'elle une montre dont aucun de vous ne perçoit le tic-tac ; voyez cependant quel effet il exerce sur la flamme, chaque battement l'écrase.

« Le chant d'un moineau perché très loin suffit à l'abattre ; à 3o mètres, j'ai chuchoté et aussitôt la flamme s'est raccourcie en ronflant. » (Tyndall, *loc. cit.*)

Plus loin, le savant professeur montre la sensibilité d'une flamme, qu'il nomme, vu ses propriétés, « la flamme aux voyelles ». Les voyelles en effet excitent cette sensibilité curieuse de différentes façons. Ce n'est pas au son fondamental, mais à l'harmonique prédominant qui en constitue le timbre, que la flamme en question est sensible. « J'articule, dit Tyndall, d'une voix forte et sonore la diphtongue OU, la flamme ne bouge pas; je prononce O, elle tremble; j'articule É, elle est très affectée. Je prononce successivement les mots *boot* (*bout'*), *boat* (pr. *bôt'*), *beat* (pr. *bît'*), le premier reste sans réponse ; au deuxième, la flamme s'ébranle ; le troisième produit sur elle une commotion violente ; le son ah ! est encore plus puissant.

« Les sifflements agissent encore plus énergiquement. Je pose sur cette table une boîte à musique qui joue un air ; la flamme se comporte comme un être sensible, faisant un léger salut à certains sons et accueillant les autres avec une courtoisie profonde. »

N'est-ce pas un tableau fidèle de l'activité des vibrations, de leur transport par l'air et de leur mode d'action sur la sensibilité si vive et si délicate de l'appareil nerveux chargé de la perception : le son, ce complexe, agit ici comme une unité.

Formation de la période (tonalité). — Nous savons ce qu'est une vibration, condensation suivie de raréfaction de la molécule d'air. L'acoustique nous a expliqué la genèse de l'onde sonore, sa longueur, sa propagation. On sait que le temps exigé par une molécule d'air, sur laquelle l'onde sonore passe, pour exécuter une vibration complète (allée et venue) est le temps que l'onde emploie pour parcourir un espace égal à sa propre longueur. De plus, on obtient la longueur de l'onde sonore en divisant le chemin parcouru par le son en une seconde (340 mètres) par le nombre de vibrations exécutées dans le même temps (chiffre fourni par la sirène) ; c'est énoncer ce fait que l'onde ou période est d'autant plus courte que le son est plus élevé, et les vibrations élémentaires plus nombreuses par seconde. L'étude des graphiques du phonographe est très instructive à cet égard.

C'est ainsi qu'un diapason qui vibre 256 fois par seconde produit dans l'air à 15 degrés, où la vitesse du son est de 341 mètres par seconde, des ondes dont la longueur est de $1^m,320$, et un autre diapason qui vibre 384 fois par seconde engendre des ondes dont la longueur est seulement de $0^m,889$.

Le diapason normal (la_3) donne 435 vibrations complètes (allemandes) ou 870 (françaises) par seconde ; tandis que ul_4 présente 522 vibrations par seconde (1.044 françaises). Au moyen des deux quantités déterminées, la vitesse de propagation et le chiffre de vibrations, on calcule aisément la période de chacun de ces sons, ainsi des autres.

La période sur le phonographe. — J'ai dit combien la

période est intéressante à étudier sur les graphiques du phonographe.

Grâce à la vitesse de rotation du rouleau de cire qu'on

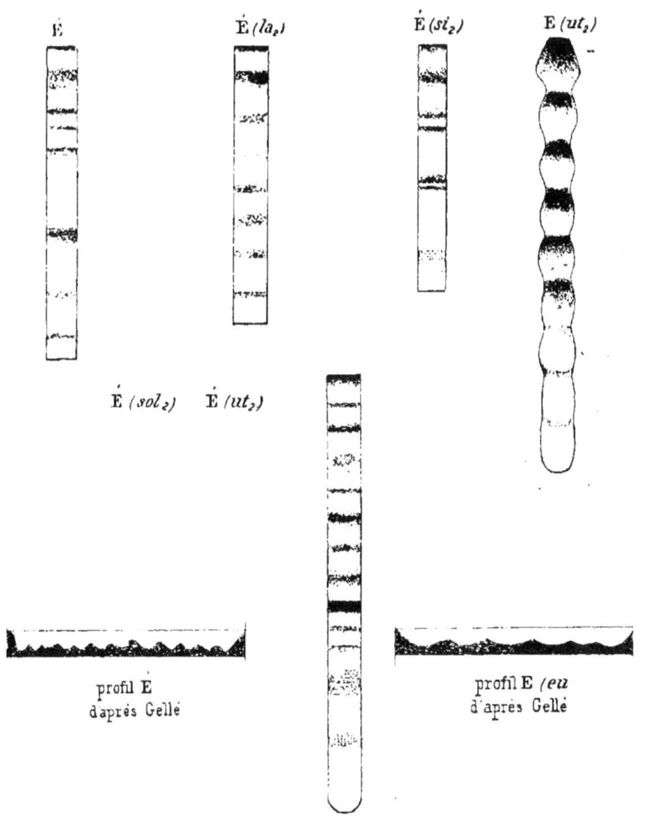

FIG. 17.

peut varier à volonté, on obtient des tracés en creux très visibles des vibrations périodiques; c'est ainsi que le la_3, par exemple, donne naissance à 435 ondes et à 435 dessins de périodes caractérisées (Bœke, Kendrick, Marichelle, Gellé).

Envisagée au point de vue de la hauteur du ton, la période est très nettement modifiée suivant que le son est aigu ou grave; on saisit bien la différence entre le la_2 et le la_3, etc.;

non seulement à cause de la plus grande fréquence et de la diminution de longueur des périodes à mesure que le son s'élève, mais par la manière même dont s'inscrivent les vibrations partielles composantes dans les deux phases du phénomène sonore périodique.

En étudiant sous ce rapport les périodes des sons-voyelles, les oppositions ressortent des plus manifestes. Autant les sons graves offrent des périodes allongées, étalées, autant les sons aigus donnent un dessin étroit et raccourci. (Les figures 1, 2, 3, 4 de la planche I de Marichelle sont très démonstratives à cet égard.) — (V. fig. 17, 18.)

L'ut_2 montre inscrites 7 périodes 62; tandis que l'ut_1 en a plus de 15,24; et le la_3, 12,7, dans le même espace (un centimètre) avec une vitesse de rotation constante ($0^m,342$ par seconde) du cylindre, c'est-à-dire dans le même temps.

Les figures de Kendrick, moins claires, parlent le même langage, bien qu'obtenues par d'autres procédés (pl. I et II).

Sur les empreintes de sons graves, on trouve les deux phases de la période très marquées; la première a ses vibrations partielles bien dessinées; la deuxième est plate, ondulée, ses éléments sont peu distincts.

J'ai montré déjà les phases de la lettre A à propos de l'étude de l'intensité du son (fig. 6).

Cette seconde phase devient rapidement peu visible; et elle n'existe plus d'une façon appréciable dans les notes élevées.

Les graphiques de la gamme des sons sur lesquels on a prononcé la lettre A se succèdent graduellement plus courts, mais aux dépens plutôt de la deuxième phase de la période (fig. 5, 8, 12).

L'unité, que représente la période, change donc suivant la hauteur des sons; si la sensation est très différente, il ne faut donc point s'étonner absolument, car le phénomène vibratoire ne se présente plus le même. Non seulement il est plus fréquent dans le même temps (vitesse de vibrations, cause reconnue de sons aigus), mais l'excitant lui-même s'est modifié; sa forme a changé; il doit donc produire un autre effet sur le système nerveux, car il représente un groupement nouveau, plus nombreux bien que plus tassé, et dont les phases sont altérées.

Dans l'idée de vitesse (source des tonalités), il entre l'idée de temps ; la vitesse est le rapport entre l'espace parcouru et le temps employé à le parcourir ; le temps sert à mesurer le mouvement et, réciproquement, le mouvement, le temps.

Mais le temps peut-il être distingué de la chose, du son qui dure ? Dire qu'un son élevé est un complexe de vibrations vite exécutées, vite disparues, c'est peu clair.

Le temps n'est qu'une forme de notre sensibilité ; si l'audition a lieu par la succession rapide d'une série de phénomènes, les vibrations, en réalité ce sont les molécules vibrantes qui causent le son ; car le temps n'est qu'un rapport de succession.

Les éléments extrêmement réduits dans leur masse, agités de vibrations, se succèdent avec une grande vitesse (MV), ce qui leur donne l'existence sonore ; sans cela, ils passeraient inaperçus. C'est dire que, grâce à la vitesse de leur mouvement oscillatoire et de leur succession même, l'excitation devient assez intense et dure suffisamment pour arriver à la conscience et faire une impression. La répétition rapide amène la continuité et la durée nécessaires à la pénétration, à la sommation.

Le mouvement fait donc ici d'un infime phénomène physique moléculaire une somme tangible, comme la pointe de feu qui devient un trait de feu par le mouvement vif qu'on lui imprime dans l'air.

Ainsi la vitesse multiplie l'effort, et la sensation du groupe de la période a lieu, grâce au synchronisme.

La sensation est d'autant plus aiguë que l'excitation est plus courte et plus répétée, que les éléments plus petits sont assemblés et dynamisés par une vitesse plus grande du mouvement périodique.

La vitesse remplace la masse (MV). Les expériences au moyen de la sirène montrent que le son s'élève suivant la rapidité avec laquelle tourne le disque et se succèdent les vibrations primaires.

« On peut observer à chaque station de chemin de fer, dit Tyndall (p. 83), un effet de ce genre extrêmement instructif au moment du passage d'un train de grande vitesse.

« Pendant qu'il approche, les ondes sonores émises par le sifflet sont virtuellement et équivalemment raccourcies, parce qu'il en arrive un plus grand nombre à l'oreille dans un temps donné. Quand il s'éloigne, au contraire, les ondes sonores sont virtuellement ou équivalemment rendues plus longues. La conséquence de ce raccourcissement et de cet allongement est que, lorsque le train approche, le sifflet rend un son plus aigu, et lorsqu'il s'éloigne, le sifflet rend un son plus grave que quand le train est au repos. » (Expériences de Buys-Ballot et de Scott-Russel.)

Tracés des sons aigus. Chant. — La vitesse des vibrations, dans les voix de femmes chantées, altère facilement le timbre des sons ; on remarque que les vocalises sortent pures, mais les sons perdent vite leur valeur phonique, la diction est oubliée, les voyelles et consonnes disparaissent et les paroles de la romance deviennent peu compréhensibles (V. fig. 8 et 12).

L'examen des empreintes du rouleau fait constater un aspect tout particulier des tracés ; la plus grande partie de ceux-ci est absolument comparable aux graphiques des sons musicaux, des instruments de musique (violon, flûte, piston) (fig. 25, 26).

On voit que les types des périodes de la parole se dessinent plus rarement et seulement dans les notes graves et dans les passages de faible intensité sonore.

Les périodes, réduites et régulièrement pendulaires, sont courtes, multiples, simples ; à première vue, on ne distingue pas les types, il faut les chercher. É et I se reconnaissent volontiers mieux que A et O, OU, etc. ; cependant celles-ci ne disparaissent pas partout ni totalement ; mais c'est la forme pendulaire du diapason qui prédomine.

La voix de femme étant d'une octave plus élevée que la voix d'homme, les périodes offrent, par le fait seul de la tonalité, une forme très tassée et courte, habituelle, mais que le chant accroît encore fortement (fig. 3, 4, 8, 25, 26).

Cette unification des types périodiques, ce retour à la forme du diapason, du piano, de la flûte, est extrêmement remarquable.

Le chant a précédé le langage articulé ; celui-ci est une différenciation plus nouvelle, ajoutée, un grand perfectionnement, certes ; mais un travail cependant, que le chant tend à simplifier et à supprimer même, en cessant les mouvements articulatoires qui causent une diminution de la sonorité et se prêtent mal aux modulations et aux sons continus, filés, ainsi que je l'ai dit.

M. Marage a observé au moyen de flammes que, dans les
voix de soprano, les voyelles n'ont plus de flammes caractéristiques et qu'il n'y a aucune différence entre les vibrations

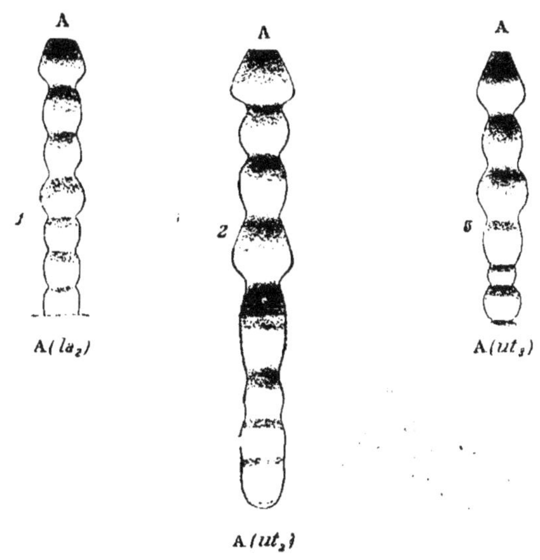

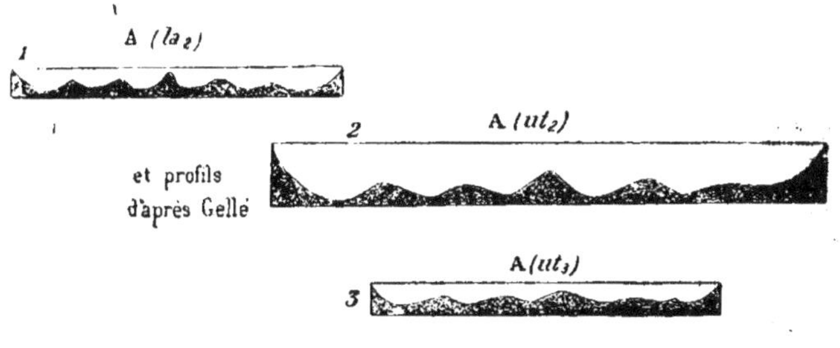

Fig. 18.

du diapason et celles de la voix ; toutes sont égales et d'égales
distances. L'auteur l'explique ainsi : ce sont les cordes vocales
qui chantent, et l'appareil de résonance reste inerte. (Marage,
Soc. franç. phy., 17 décembre 1897.)

Les graphiques du phonographe nous ont déjà montré ces

modifications par l'intensité. La grande rapidité du débit des paroles nuit aussi à leur audition. La formation des tons exige la vitesse vibratoire, et leur hauteur augmente avec celle-ci ; de sorte que la propriété *fusionnante* de l'ouïe, si curieuse, est la condition même de l'immense clavier des sons aigus. Mais l'homme a créé le langage articulé, c'est-à-dire des signes vocaux conventionnels, produits par certaines adaptations du canal de résonance pharyngo-buccal, dont l'effet est la segmentation du courant sonore surtout, sa division en fragments sonores divers de tonalité, de timbre et d'intensité, ce qu'on appelle la syllabation ou l'articulation.

Or, avec la tendance à fusionner les vibrations rapides pour en faire des unités durables, massives, que l'oreille discerne dans la production des tonalités, il arrive forcément que, si le débit du langage articulé est trop rapide — et il l'est toujours trop pour un organe mal entendant, affaibli, lent à percevoir bien — la confusion régnera ; les syllabes ne seront plus distinctes, se mêleront ; et le sourd n'entendra qu'un bruit confus, inintelligible.

Le graphique du phonographe montre encore ici supérieurement qu'il est exagéré de conclure à la suppression totale du rôle du canal de résonance que le courant sonore traverse.

Comme l'intensité des sons, la vitesse produit les mêmes modifications transitoires de la période. (V. *Intensité*, fig. 5, 7, 11.)

Transformation des voyelles l'une en l'autre. — Quelques expériences phonographiques rendent évidentes cette activité du mouvement, cette diversité d'excitation et cette puissance de la vitesse pour organiser. En effet, il est possible, en accentuant celle-ci, de changer un son-voyelle en un autre. Le phénomène est des plus saillants et des plus démonstratifs, si l'on use d'un tracé bien net de l'U, par exemple, qui se transforme peu à peu dans le son I par l'accroissement de la vitesse de rotation du rouleau (fig. 10, 22, 23).

U et I sont des voyelles fermées, c'est-à-dire peu sonores, formées au moyen d'un rétrécissement accusé du canal buccal ou bucco-labial, et dont les dessins phonographiques trahissent au surplus un air de famille ; à cet effet, les profils sont encore plus parlants.

On y voit que du fond du sillon s'élèvent de fines saillies linéaires plus espacées pour U, plus rapprochées pour I ; ainsi

s'explique la possibilité de transmuer l'un en l'autre, en augmentant la vitesse qui rapproche certainement les petites sail
lies de U au point de les placer en position de celles qu'elles
occupent naturellement dans la lettre I dans un temps donné.

Labr (*Med. am.*, 28, 94, 1886, et *Refered to in the telephone,
the microphone and the phonograph*, by the count du Moncel
(London, 1884), et *the Speaking telephone and Talking phonograph*, by G.-B. Prescott; New-York, 1898) a pu faire entendre ce changement de timbre si curieux, en augmentant
graduellement la vitesse rotative, au moyen du graphique de
OU; il obtint d'abord un U, puis I.

On sait que les voyelles I, OU, U ont de grands liens de paren-
té, et nos dessins de profils rendent la chose manifeste. A ce
propos encore, je trouve dans Marichelle qu'il a observé que O
inscrit sur le phonographe peut, par l'accélération de la vitesse,
donner E et même l'É (p. 49). Je produis le même effet à chaque
instant au cours de mes exercices acoustiques pour É, I, U.

Ajoutons d'ores et déjà que, par la gradation des procédés
d'ouverture et de fermeture du canal de résonance bucco-
pharyngien, par des nuances insensibles, on peut créer successivement la série des sons-voyelles et consonnes, qui ne
diffèrent essentiellement que par l'étendue et le siège des
points d'arrêt du courant sonore. Les phonogrammes montrent la suite A, É, I, dans A-I.

Ainsi, si l'oreille distingue bien un la_2 d'un la_3, un ul_3 d'un
ul_6, l'analyse des éléments primordiaux de la sensation acoustique fait voir des dissemblances très tranchées entre les
groupes périodiques qui évoluent et frappent l'appareil de
l'ouïe dans ces circonstances; ainsi la vitesse de la succession
des vibrations n'est pas le seul facteur de la différenciation.

Il est bon de rappeler que les sons se propagent de l'air à
l'organe sensitif auriculaire au moyen de membranes absolument comparables, à tous égards, à la membrane du phonographe inscripteur; la rotation du cylindre allonge assez la
figure de l'élément périodique pour la rendre visible; et c'est
ainsi qu'elle facilite cette étude.

L'analyse des flammes manométriques, si intéressante cependant, ne donne pas de résultats aussi complets et ne peut
pénétrer aussi loin dans cette recherche de la constitution des
éléments phénoménaux d'où la sensation auditive tire son

origine. Le phonogramme, au reste, garde cette supériorité déjà signalée de permettre la reproduction du son à l'étude ; celui-ci est fixé ; on l'a sous les yeux ; il se prête à des recherches sérieuses et continues ; on a à sa disposition à la fois le phénomène sonore et le procédé qui le produit ; et l'on peut contrôler à chaque moment la netteté du son et la qualité du graphique.

Cette association de l'oreille et de l'œil, cette sensation sonore, fugace, qui a pris corps, la possibilité du contrôle enfin, expliquent l'importance que nous attachons au phonographe comme moyen d'étude de la sensation sonore (1).

Nous ignorons encore, et sans doute on ignorera longtemps, la constitution de la période qui donne des sons aigus, et en quoi leur combinaison diffère de celle de la période des sons graves autrement que par le nombre des vibrations par seconde, ainsi que les instruments classiques ont permis de le démontrer; mais on est cependant frappé de cette concentration des éléments périodiques, qui coïncide avec une plus grande quantité d'éléments partiels dans les sons aigus. Aussi M. Marichelle (p. 48) est-il, à mon sens, autorisé à dire que la notion de timbre ne doit pas se séparer de la notion de hauteur; j'ai déjà dit mon avis à ce sujet, basé sur l'étude et l'interprétation des graphiques du phonographe ; il suffit de voir sur le rouleau de cire la même voyelle, chantée sur une note de plus en plus élevée, donner un tracé de périodes de plus en plus étroites, pour être porté à conclure dans le même sens (fig. 5, 8, 17, 18). Le timbre des sons suraigus s'unifie ; les sons partiels sont éteints par la rapidité des vibrations.

On est ainsi conduit, par la lecture de ces dessins, à dire qu'il faut tenir compte, non seulement du *nombre* des condensations élémentaires composant la période, mais encore de la valeur relative de ces condensations au double point de vue de l'*intensité* et de la *durée*.

En résumé, il faut savoir que les sons aigus n'offrent pas la

______

(1) M. Delbœuf n'a-t-il pas dit : « L'âme est un cahier de feuilles phonographiques » C'est au phonographe qu'il faut penser pour, comme dit Guyau, trouver l'instrument délicat, réceptacle et moteur tout ensemble, qui peut être comparé au cerveau (Guyau, *Genèse de l'idée de temps*, p. 51); et plus loin : « Le cerveau est un phonographe conscient » (p. 57).

même période que les graves, et que la différence est tout aussi *nette* à la vue du tracé qu'à l'audition du phonogramme.

C'est grâce à ces nuances que nous savons reconnaître les voix aiguës des enfants et des femmes, au prononcé de la même phrase ou du même nom ; cependant il est vrai de dire que beaucoup de ces nuances phoniques échappent encore à nos moyens d'investigation ; le tracé n'est pas toujours facile à lire, s'il est facile à entendre.

Depuis les expériences de Kœnig, on sait, du reste, que les mêmes sons partiels, s'ils présentent des différences de phases, ne procurent pas la même sensation auditive exactement.

Or, chaque voyelle, pour préciser, offre une forme typique, dont les variations sont nombreuses évidemment, mais qui reparaît dans le courant sonore dès que les causes de ces variations perdent de leur influence. Après une consonne explosive, un A ne se reconnaît souvent qu'après un certain nombre de tours du rouleau (fig. 5, 20) ; et alors quelques tracés bien typiques apparaissent, qu'il faut savoir découvrir patiemment au milieu de tous les changements passagers imposés à la période par la formation de la syllabe, par les modifications d'intensité, de timbre, de hauteur, etc. C'est de là que le son sort avec son timbre particulier, A, É, I, O, U.

Analyse des tonalités par les flammes manométriques. — La hauteur des sons a été analysée au moyen des flammes manométriques de Kœnig, tout récemment par M. Marage.

Il a confirmé tous les faits avancés par Kœnig, le père de la méthode (fig. 15, 16).

Nous pouvons placer sous les yeux les planches de son travail qui ont rapport avec le sujet que nous traitons (1) ; elles montrent la complexité des phénomènes sonores et les variations bien évidentes des formes de vibrations des flammes suivant que le son est grave ou aigu. Mais, après avoir fait les compliments mérités à l'auteur de la méthode et à celui qui a publié les planches ci-jointes, nous ne pouvons que répéter ce qui a été dit plus haut : le tracé phonographique donne une épreuve plus fouillée, plus complète et plus rapprochée de la vérité.

(1) Nous remercions de nouveau M. Marage de la communication si gracieuse de ses belles planches.

Dans la planche X on voit un fait précieux à enregistrer : c'est, dans la figure 5, la flamme modifiée par le changement de ton.

Le son OU donne des flammes d'un cachet spécial ; or, au moment où a lieu le passage du grave à l'aigu, on voit que la flamme s'atténue et disparaît presque ; puis le nombre des groupes de flammes augmente (ton aigu), mais la voyelle conserve toujours sa flamme caractéristique.

Le nombre des groupes augmente avec la hauteur du son ; ceci est à noter : I, U, OU sont caractérisés par une seule flamme ; É et O, par deux ; A, par trois flammes (fig. 14).

Les premières sont plus nettes dans les sons aigus ; É se divise dans les graves ; O et A varient peu. Pour Marage, comme pour la plupart des auteurs, I, U, OU appartiennent au même groupe (p. 16) et ont pour vocable fa_3 ; É et O auraient le même vocable *si* b_3 ; et A, *si* b_5 ; I, d'après Helmholtz, aurait $ré_6$ pour vocable ; OU, fa_3 (Donders) ; O, *si* b_3 pour Kœnig et Helmholtz. Comme tous les auteurs, M. Marage est embarrassé pour trouver le vocable de É ; É est aussi varié qu'il est multiple de tonalités et de timbres (E, É, È, Ê, AI, etc.) (fig. 13, 14, 15, 16).

Sur la planche des flammes manométriques de Kœnig, où il met en parallèle les images des flammes des voyelles et leurs formes variées suivant la note qui leur a servi de vocable, on voit clairement que le nombre et la forme des découpures de ces flammes sensibles sont très remarquablement modifiées par la note que l'auteur met en marge du dessin de chacune d'elles.

Les figures des flammes manométriques de Kœnig, qui correspondent aux voyelles A, O, OU (fig. 169, *le Son*, Tyndall, p. 391), montrent combien elles sont modifiées suivant les tonalités.

A, O, OU chantées sur les tons de ut_1, sol_1 et ut_2, offrent des changements évidents dans le nombre et dans la forme des flammes correspondantes, suivant le vocable, sans qu'il existe aucun rapport entre eux. — On peut s'apercevoir également qu'elles n'ont aucun rapport entre elles, ni avec les tonalités, sinon la multiplicité des languettes évidemment croissante avec la hauteur des sons. Les voyelles A, O et OU ainsi dessinées, caractérisées, ont été chantées aussi par Marage sur trois notes UT, SOL et UT_2; les figures diffèrent.

Kœnig donne encore les images des timbres de ces voyelles, telles qu'elles résultent de la superposition de tous les sons harmoniques qui les composent ; je rappelle que Kœnig se servait d'une embouchure particulière dont l'influence va être démontrée tout à l'heure (fig. 16).

La hauteur de la vocable influe fortement sur la constitution de la flamme ; car cet expérimentateur a constaté qu'au-dessous de *sol₃* toutes les voyelles ont des groupes à une flamme ; entre *si b₃* et *si b₄* exclusivement, des groupes de deux ; et de *si b₄* à *si b₆*, des groupes de trois (I fait exception) ; il a une flamme avec *ré₆* (p. 19).

Aussi Marage conclut à la multiplicité des vocables des sons-voyelles ; Kœnig, grâce à une embouchure en forme de cornet acoustique, a obtenu des groupes de flammes bien plus nombreux ; OU a trois flammes ; É, quatre ; O, trois aussi ; A en a quatre ; U, une seule ; I et A, une principale flanquée de deux plus petites.

Marage, avec la baudruche, sans embouchure, n'a plus obtenu ces mêmes flammes ; son tracé est plus simple et obéit davantage à la tonalité du vocable, qui n'est pas absolument fixe d'ailleurs (fig. 15, 16).

Avec les flammes manométriques, Marage comme Helmholtz classe les voyelles ainsi :

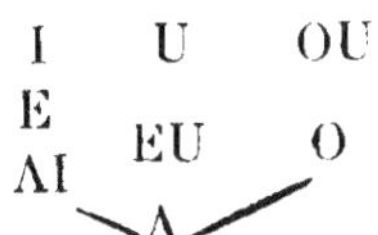

Or, ce groupement doit être rapproché du classement physiologique, basé sur la localisation des rétrécissements des voies vocales qui est génératrice des sons, et classique (Withney, de Mayer, Beaunis, etc.).

Avec la méthode graphique pure, au moyen d'un dispositif qui permet de tracer les vibrations de la plaque du graphophone, Marey a obtenu des graphiques intéressants à mettre en face des précédents : I, U et OU donnent une courbe sinusoïdale, qu'on peut mettre, dit-il, en parallèle avec une seule flamme ; É et O donnent des tracés à deux périodes, et la courbe de A est manifestement formée de trois parties.

Il y a donc, ajoute Marage, auquel j'emprunte ces notions, complète concordance entre la méthode graphique et la méthode de Kœnig : les tons différents offrent des traits distincts.

L'abbé Rousselot, d'autre part, a étudié expérimentalement, au moyen d'appareils enregistreurs et inscripteurs, les sons de la parole et les mouvements complexes de la langue, du voile, du larynx, du thorax, etc., qui les forment ; comme Rosapelly l'a déjà fait du reste. Cet observateur constate les variations innombrables, individuelles et journalières dans les sons des mots prononcés, suivant l'accent, l'émotion, la place du mot dans la phrase, suivant qu'il est dit isolément ; les nuances observées sont infinies pour une même lettre ou une même syllabe, etc., ainsi que le montrent si bien les expériences phonographiques. Au reste, ces recherches continuent et sont pleines d'intérêt au point de vue des études de linguistique, de la formation des patois, de la formation des mots, des langues et de leurs modifications phoniques.

En définitive, un fait général se dégage de ces études faites dans des directions et par des moyens différents ; c'est la diversité des sons qui correspondent à chacune de nos lettres, des syllabes, etc., et leur instabilité chez le même individu, même dans la suite du discours, sous les influences les plus variées et surtout par celle des tonalités.

Ces résultats expérimentaux sont en effet fort remarquables, et leur similitude et leur unanimité sont faites pour entraîner la conviction (1).

§ V. — LE TIMBRE

Origines de cette sensation. — Un choc, deux, plusieurs chocs jusqu'à seize par seconde, se succédant, ne provoquent qu'une série discontinue de sensations de bruits ; au-dessus,

______

(1) Je n'ai pu me procurer les graphiques exécutés par les résonnateurs et les flammes par William Hallock of Columbia College (V. Plattaut), ni les tracés obtenus par un procédé analogue à celui de Marey par Hermann, et par Bœke.

peu à peu les sons s'assemblent et un son continu prend naissance ; s'il est périodique, voilà un son musical.

Mais un son simple (fig. 3) pendulaire est un produit artificiel, de laboratoire (le diapason donne un son simple) ; tous les sons de la nature sont complexes et formés d'une foule de vibrations associées périodiques. On peut bien, au moyen de la sirène, obtenir un phénomène sonore que l'on fait varier à volonté, uniquement au point de vue de la hauteur, mais en ajoutant des vibrations et en multipliant la vitesse du mouvement vibratoire.

Dans le milieu extérieur, en plus de l'intensité et de la hauteur, les sons se différencient encore nettement par d'autres qualités bien typiques, frappantes, car, grâce à elles, il est possible presque toujours de reconnaître le corps qui est la source du son.

Le son est un groupe complexe de vibrations inégales, périodiques cependant, nées des multiples ébranlements des molécules de la masse des corps, et qui ont des rapports intimes, par suite, avec la cohésion, avec l'élasticité propre du corps sonore, avec sa constitution, sa forme et sa nature même.

C'est ainsi que le son du fer que l'on frappe est différent si la moindre fissure divise le métal ; qu'un verre, un vase, sonnent faux s'ils sont ébréchés ou fêlés. Dans mon pays de potiers, l'ouvrier dit de ce vase qu'il est « étoné », c'est-à-dire qu'il détone au choc qui le sonde avant l'envoi au client.

Cette qualité, c'est ce qu'on nomme le timbre, qui naît de la complexité même du son, en dehors de sa tonalité, de son intensité et de sa durée ; ainsi que je viens de le dire, le timbre est tellement lié à la constitution du corps sonore, à la matière elle-même, qu'il en est devenu la caractéristique. C'est ainsi que l'oreille instruite reconnaît le son d'un violon, d'un alto, d'un piano, d'une flûte, de la voix d'une personne, etc., etc., grâce à cette sensation particulière à l'objet qui a fourni le son perçu.

Dans tout phénomène sonore il y a coexistence d'une foule de vibrations ; des notes plus élevées se mêlent en grand nombre aux notes fondamentales ; et c'est cette coordination de sons partiels, harmoniques, avec le son fondamental, qui cause la sensation du timbre.

GELLÉ.   7

Par celle-ci tous les corps et tous les instruments employés à produire des sons musicaux sont reconnaissables pour l'oreille, parce qu'ils émettent, outre leur note fondamentale, des sons plus élevés dus à des ordres de vibrations plus rapides (hypertons des Allemands, harmoniques).

Le mot qui, dans la langue allemande, signifie le timbre veut dire « couleur du son ». Tyndall regrette que la langue anglaise n'ait pas son équivalent. Th. Young, parlant des qualités du son, nomme sa couleur ou timbre ; d'Alembert appelle cette qualité de la sensation, qui l'individualise, le coloris du son.

Ainsi plusieurs corps peuvent être animés de vibrations isochrones et aussi intenses et dissemblables cependant ; l'*ut* du violon, celui de la flûte ou du hautbois ne sauraient être confondus.

C'est par le timbre qu'ils sont alors reconnaissables et différenciés par un caractère autre que la hauteur et l'intensité. La période qui est le signe du timbre est plus nombreuse et plus compliquée.

L'adjonction au ton fondamental de vibrations élémentaires faibles, qui se fondent avec lui, modifie la période en formant un groupement nouveau, et change ainsi le mode de l'excitation acoustique.

Il en résulte que les sensations qui paraissent, à première vue, des phénomènes simples, sont au contraire très complexes. Taine et A. Spencer, s'appuyant sur les expériences d'Helmholtz, se sont attachés à mettre en lumière ce caractère de la sensation et à en montrer les facteurs multiples (1).

Tout vibre, les vibrations périodiques s'associent les vibrations voisines ; de cette coopération naît une sensation composite, celle du timbre.

La sensation auditive se prêtait davantage à cette étude analytique et c'est surtout sur son domaine que la démonstration est possible. On sait depuis longtemps que le timbre d'un son est dû à la coordination synchrone de sons accessoires, plus aigus et plus faibles. Les travaux d'Helmholtz prouvent

(1) Taine, *De l'intelligence*, t. I, titre III, ch. i et ii ; Paris, Hachette. Spencer, *Principes de psychologie*, t. I et II, ch. i ; Paris, F. Alcan.

qu'un son musical qui paraît simple est aussi un complexe ; il est fait de sensations plus simples agglomérées, coordonnées et fondues en une seule. C'est toute la théorie du timbre.

Nous avons déjà montré, par l'analyse des phonogrammes, cette complexité de la période des sons-voyelles que nous avons choisis à dessein, puisque l'audition de la parole nous importe plus qu'aucune autre. Entrons dans quelques détails.

Comment s'opère cette fusion magique des éléments partiels composant le son unique qui présente cette qualité, « le timbre »?

C'est une association harmonique de mouvements vibratoires divers ; et le lien est la loi acoustique qui préside aux rapports des vibrations sonores les plus simples.

On a pu voir par l'étude des vibrations des cordes, dans les splendides expériences de Tyndall, par exemple, au moyen de cordes rendues lumineuses, que non seulement la corde ondule et vibre en son entier donnant le son fondamental, non seulement dans ses moitiés, dans ses divisions sensibles, mais dans toutes ses parties, produisant une armée de mouvements plus petits, dit le professeur anglais.

Sauveur, avec des chevalets de papier posés sur les nœuds et les ventres de la corde en vibration, avait d'autre part rendu constatable l'existence concomitante d'ébranlements périodiques partiels et multiples ; on a trouvé qu'ils sont avec le premier dans un rapport simple, de 1, 2, 3, 4, etc.

Ces tons naissent des vibrations de segments aliquotes en lesquels se partage la corde sous certaines influences. Ces sons secondaires sont les harmoniques, nés de vibrations partielles, qui s'associent et se fondent dans le ton général, pour le colorer ; d'où cette sensation nouvelle, le timbre.

C'est le synchronisme qui groupe ces vibrations multiples en périodes.

On a eu pendant longtemps des idées assez vagues sur les causes de la formation du timbre.

En 1775, dans l'*Encyclopédie* (article « Son ») Rousseau écrivait : « Quant à la différence qui se trouve encore entre les sons par la qualité du timbre, il est évident qu'elle ne tient ni au degré de gravité, ni même à celui de force. Un hautbois aura beau se mettre à l'unisson d'une flûte, il aura beau radoucir le son au même degré, le son de la flûte aura toujours

je ne sais quoi de doux et de moelleux, celui du hautbois je
ne sais quoi de sec et d'aigre, qui empêchera qu'on puisse
jamais les confondre. Que devons-nous dire des différents
timbres des voix de même force et de même portée? Chacun
est juge de la variété prodigieuse qui s'y trouve.

« Cependant, personne, que je sache, n'a encore examiné
cette partie qui peut-être, aussi bien que les autres, se trouvera
avoir des difficultés ; car la qualité du timbre ne peut dépendre
ni du *nombre des vibrations* qui font le degré du grave à
l'aigu, ni de la grandeur ou de la force de ces mêmes vibrations, qui fait le degré du fort au faible. Il faudra donc trouver dans les corps sonores une troisième modification différente de ces deux, pour expliquer cette dernière propriété, ce
qui ne me paraît pas une chose trop aisée. »

En 1793, un officier, Suremain-Missery, dans un opuscule
lu à l'Académie des sciences de Dijon, rappela que Monge
avait conçu, sinon la théorie du timbre, telle que Helmholtz
l'a expérimentalement si bien établie, du moins le principe
sur lequel repose sa théorie. Voici le texte (cité par Guillemin, *le Son*, p. 226) : « J'ai ouï dire à M. Monge de l'Académie des sciences que ce qui déterminait tel ou tel timbre,
ce ne devait être que tel ou tel ordre, et tel ou tel nombre de
vibrations des aliquotes de la corde qui produit un son de
ce timbre-là ; il ajoutait que, si l'on pouvait parvenir à supprimer les vibrations aliquotes, toutes les cordes sonores, de
quelques différentes matières qu'elles fussent, auraient sûrement le même timbre. »

En 1817, Biot, élève de Monge à l'École polytechnique sans
doute, disait dans son *Précis élémentaire de physique expérimentale :* « Tous les corps vibrants font entendre à la fois,
outre leurs sons fondamentaux, une série infinie de sons
d'une intensité graduellement décroissante. Ce phénomène
est pareil à celui des sons harmoniques des cordes, mais la
loi de la série des harmoniques est différente pour les différentes formes de corps. Ne serait-ce pas cette différence qui
produirait le caractère particulier du son produit par chaque
forme de corps, ce qu'on appelle le *timbre ;* et qui fait, par
exemple, que le son d'une corde et celui d'un vase ne produisent pas en nous la même sensation ?

« Ne serait-ce pas la dégradation d'intensité des harmoniques de chaque série, qui nous y ferait trouver agréables des accords que nous ne supporterions pas s'ils étaient produits par des sons égaux ; et le timbre particulier de chaque substance, de bois et du métal, par exemple, ne viendrait-il pas de l'excès d'intensité donné à tel ou tel harmonique ? »

Cette idée que la cause du timbre est dans la concomitance de sons faibles accompagnant le son principal a donc été émise et développée par Monge et par Biot, bien avant les travaux d'Helmholtz (1874).

Il est à ce propos très intéressant de trouver, avec Guillemin qui le cite tout au long, dans le *Traité de physique de Daguin* (première édition, 1815), le passage suivant bien suggestif : « Le timbre peut être dû encore à la manière dont varie la vitesse des parties du corps vibrant, pendant qu'il parcourt l'amplitude de chaque vibration.

Dans les instruments de musique, le timbre est dû le plus souvent à des sons faibles qui accompagnent celui que l'on cherche à produire seul ; tantôt ces sons concomitants proviennent des parties vibrantes elles-mêmes, qui font ainsi entendre quelques sons à la fois ; d'autres fois le corps vibrant transmet ces vibrations aux autres parties de l'instrument.....

« Les courbes qui représentent les ondes sonores peuvent être de forme variable, et *l'onde dilatante peut être différente de l'onde condensante ;* il peut même se faire qu'il y ait *des interruptions entre les ondes successives.* » La lecture des phonogrammes montre réalisée cette opinion que je souligne à dessein dans cette citation.

La réalité de ces hypothèses a été démontrée par les belles expériences d'Helmholtz : c'est là, dit Guillemin, le mérite de celui-ci.

Magendie (*Précis de physique*, 1833, t. II, p. 127) dit expressément : « Le timbre dépend de la nature du corps sonore ainsi que du plus ou moins grand nombre d'harmoniques, qui se produisent en même temps que le ton principal. » Dès 1823, Savart et Seebeck avaient démontré, dans leurs recherches sur les membranes sensibles, leur existence dans les masses d'air mises en vibration.

Helmholtz dit que Rameau, dans ses études sur la voix humaine, aurait énoncé les mêmes idées. (Rameau, *Éléments de musique* ; Lyon, 1762. Helmholtz, *loc. cit.*) En 1864, Gavarret, dans l'article « Acoustique » du *Dictionnaire de médecine* (1864, p. 625), pouvait encore écrire ceci : « Les véritables causes des variations de timbre ne sont pas encore connues. »

Cependant la sensation elle-même était différenciée depuis bien longtemps ; et les constructeurs d'orgues, entre autres, savaient donner du corps, du velouté, un timbre particulier à un son, en associant au tuyau qui donne le ton fondamental une série particulière de tuyaux émettant des sons plus légers (jeu de fourniture), qui se combinaient et se fondaient dans la sensation générale et lui donnaient la qualité recherchée, le timbre, c'est-à-dire du corps, de l'éclat, sans cependant altérer la hauteur du son.

En 1874, Helmholtz d'Heidelberg, dans sa *Théorie physiologique de la musique*, a complètement renouvelé le sujet, et a proposé et démontré sa théorie de la formation du timbre, devenue classique ; et la genèse de ce phénomène est ainsi sortie du domaine de l'hypothèse et scientifiquement expliquée.

Au moyen d'expériences nombreuses sur les cordes, sur les diapasons, on montre en acoustique physique la grande influence que les vibrations d'ordre supérieur, ou les sons harmoniques (ici harmonique ne veut point dire accord, car il y a parfois dissonance), exercent sur la qualité du son.

On peut isoler ces tons harmoniques, ces sons partiels et les produire seuls. On remarque alors que le timbre du son change. En effet, c'est tantôt l'octave du son fondamental, tantôt la quinte, la tierce, etc., etc., qui résonnent suivant la longueur de la corde qui est mise en vibration, quand le son fondamental s'évanouit.

Une des conséquences de la connaissance de la formation du timbre, tel que les tracés phonographiques permettent de l'étudier, c'est que l'origine de leurs différences est dans la complexité même des éléments sonores ; la sensation du timbre est en rapport exact et étroit avec le nombre et la nature des vibrations élémentaires dont l'addition forme la période typique. (Gellé. *Bull. Soc. biol.*, novembre 1898, et *Trib. méd.*, De la constitution de la période.)

Nous avons vu que l'oreille distingue nettement les plus légères modifications de ces éléments moléculaires, additions, changement d'intensité (constatables sur les graphiques) ; ce mécanisme de la formation des timbres, ou sons composés, nous indique logiquement comment doit s'opérer la soustraction, au contraire, des éléments constitutifs de la sensation, qui amène la surdité.

Il est probable que la perte de l'audition doit suivre la progression en sens inverse, c'est-à-dire que le nombre des sons additionnels, qui donnent du corps au fondamental, et constituent la sensation du timbre, ainsi que nous l'avons expliqué, et qui possèdent peu d'intensité, doit diminuer peu à peu par les progrès du mal ; il advient un moment où le son fondamental, lequel est faible et sourd, reste dépouillé de ses tonalités de soutien, seul, nu, peu sonore, et susceptible de disparaître à son tour fatalement de la conscience. C'est ainsi, par portions, élément par élément, que l'audition se perd, et que le silence se fait dans le sens de l'ouïe, que la reconnaissance, la mémoire des mots, des sons-voyelles, etc., s'éteignent avec le temps et par l'absence d'exercice.

Sons inharmoniques ; timbres désagréables. — Remarquons que les tons plus élevés (les harmoniques sont toujours plus élevés de ton que le son fondamental, puisqu'ils sont fournis par les parties ou divisions du corps sonore [corde, etc.], celui-ci résultant de l'ébranlement de la totalité du corps sonore), qui deviennent si clairs et si pleins après l'extinction de la note fondamentale, se mêlaient et se fondaient en quelque sorte avec elle pendant qu'elle résonnait : c'est en effet le ton fondamental qui détermine la hauteur et la force des hypertons.

Il peut sembler étrange, dit Tyndall, que des sons si énergiques, si distincts, quand ils sonnent seuls, soient tellement effacés, absorbés par le son fondamental, que l'oreille exercée d'un musicien soit impuissante à les séparer les uns des autres.

Mais Helmholtz montre d'une façon positive que cette impuissance de notre sensibilité tient au défaut d'éducation, de pratique et d'attention.

Avec l'attention, il est certains effets de ces sons accessoires qui frappent l'oreille et les signalent, quand on sait d'avance quels phénomènes on doit s'attendre à percevoir. C'est ainsi que, sans artifice, on peut entendre, suivant le savant physicien, les bruits de râpe, de grincement, de frottement qui accompagnent les sons des violons et autres instruments.

Les cordes vibrantes, les sons des tuyaux sonores, ceux de la voix humaine, sont riches en harmoniques ; mais il existe aussi des sons partiels discordants et désagréables.

Entre tous les sons partiels ce sont ceux de la voix humaine qu'il est, en général, plus difficile d'isoler et de distinguer.

Les voyelles, ainsi que Helmholtz et Kœnig l'ont démontré, sont des harmoniques, dont l'intensité est grossie et exagérée par la résonance de la cavité buccale.

Les sons dépourvus d'harmoniques sont plats et sourds, et, si les sons partiels sont inharmoniques, les timbres sont divers mais non musicaux. Helmholtz a signalé l'existence de sons légers, de bruits de frôlement, de râpement, qui accompagnent l'attaque des instruments à corde, à vent, à anche ; et Donders avait montré que des bruits semblables se forment lors de l'émission de la voix, suivant la façon de parler et surtout pour l'I, l'U, l'OU, le J allemand, le W anglais et pour B, D, GU, T, P, K. Ces tons inharmoniques désagréables parfois sont très pénétrants et facilitent l'audition.

J'insisterai sur l'action particulièrement excitante de ces sons partiels, qui sont certainement susceptibles d'une utilisation sérieuse dans l'éducation des sourds.

Les *résonnateurs*, au moyen desquels Helmholtz a étudié et rendu manifestes les composants du son, n'ont pas à être décrits ici ; on sait que, dès qu'un son semblable à celui de ce résonnateur (sphère creuse, béante en dehors et qu'on adapte à l'oreille par l'ouverture opposée saillante) est produit dans le milieu aérien, il vibre et augmente l'intensité du son ; et tout autre ton, que celui pour lequel le résonnateur est accordé, disparaît. Cette sélection artificielle permet donc d'étudier les sons partiels à volonté et de les noter en hauteur et en intensité.

Le résultat des recherches de Helmholtz est celui-ci :

« La généralité des instruments de musique produisent des tons accompagnés de sons harmoniques ; et ceux-ci sont différents en nombre et en force suivant les divers instruments ; ce qui explique leurs timbres particuliers. »

Pour les mêmes raisons, les timbres vocaux, les sons-voyelles offrent une variété extrême, soit chez les personnes différentes, soit chez la même personne à des moments divers.

Grâce à ces additions, il se produit donc une forme toute nouvelle de la période, qui doit faire sur notre oreille une impression particulière et totalement différente.

La figure théorique de l'onde sonore modifiée par les tons partiels, que l'on trouve dans tous les livres classiques (Helmholtz, Bernstein), montre combien la forme de l'onde résultante est changée par ces annexions d'éléments vibratoires, d'ébranlements nouveaux moléculaires. On rend ainsi sensible le pourquoi des sensations acoustiques de timbres différents suivant le nombre, la qualité et la force des sons surajoutés et associés au fondamental ; là ou l'excitant change, la sensation ne saurait être la même.

A ce propos, Bonnier (*loc. cit.*, Fonction, t. III) émet la critique suivante, que l'étude de nos tracés phonographiques nous autorise à trouver fort juste : « Les différences de phase, d'après Helmholtz (1), font varier la forme de l'ébranlement, mais n'altèrent pas le timbre, c'est-à-dire la sensation complexe qui résulte de la composition de la courbe ondulatoire. Il est difficile d'admettre que la différence de phase n'altère pas plus ou moins l'intensité et la forme de l'ébranlement. Cette opinion est incompatible avec sa théorie (de Helmholtz) et la nôtre. L'intensité et le timbre sont sous la dépendance des différences de phases et des interférences. »

Nos graphiques viennent à l'appui de cette opinion.

Chaque instrument de musique et chaque voix sont d'ailleurs représentés par des courbes spéciales caractéristiques de leur timbre, dont la description et l'analyse sont la matière de l'acoustique physique ; mais cela nous entraînerait au delà des limites de ce travail (fig. 25).

Concluons avec Helmholtz que le timbre est dû à la forme de l'onde sonore ; or, cette forme résulte de la coordination des périodes et de leurs éléments composants.

Le timbre étudié sur les phonogrammes. — Dans la lecture des graphiques du phonographe, j'ai déjà dit qu'on pouvait

____

(1) Cet auteur dit ceci : « L'oreille ne distingue donc pas les diverses formes des vibrations, elle subdivise plutôt, d'après une loi déterminée, les formes d'ondes en éléments plus simples, qu'elle perçoit isolément, comme son harmonique. L'oreille ne considère comme timbres différents que les différentes combinaisons de ces sensations simples » (page 164).

voir tout cela ; et la démonstration est fournie avec évidence de l'importance et de l'activité des éléments de la période.

Le phonogramme, c'est le phénomène sonore lui-même,

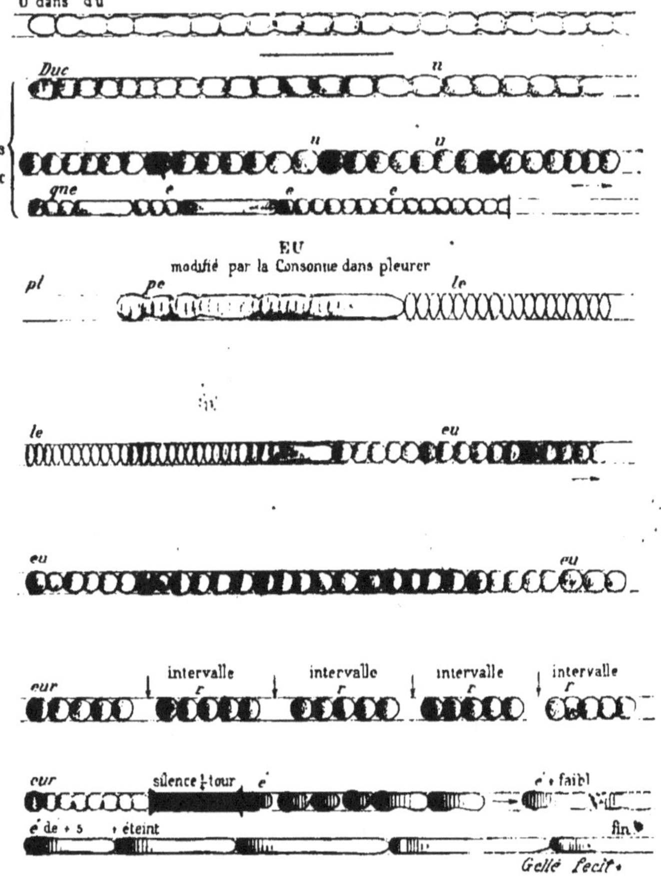

FIG. 19.

dont la période a été fixée, saisie, pour ainsi dire cristallisée, et de plus susceptible de renaître par la puissance du mouvement, à la volonté de l'observateur ; lequel peut alors voir la forme type du timbre et en éprouver la sensation.

Nous pouvons à ce propos rappeler que déjà, dans le précédent chapitre, analysant la nature de la sensation de tonalité, nous étions arrivés, d'après l'analyse des phonogrammes, à conclure que la période du son aigu diffère de forme et de nature de celle du son grave, au point d'être parfois méconnaissable dans un son identique au point de vue phonique et alphabétique (A, par exemple). L'analyse de la formation du timbre amène à de pareilles conclusions : tout changement de timbre coïncide avec une différence de forme de la période (V. fig. 9, 10, 12, comparer les tracés de piano, violon, flûte, piston, hautbois); la période se complique du violon au hautbois (anche) et rappelle celles de la voie chantée de femme (fig. 25, 26).

L'oreille perçoit donc toutes ces différences qui ne tiennent qu'à l'adjonction de certaines condensations et raréfactions moléculaires, et à leur coordination suivant les lois de l'acoustique.

L'influence des infiniment petits éléments réunis par l'association, et entraînés par un mouvement synergique, isochrone, qui constitue la périodicité, a donc une puissance de premier ordre, et domine la genèse de nos sensations auditives. La démonstration en a été donnée par Helmholtz, partant d'un son simple pour arriver à former un timbre, par l'addition des harmoniques nécessaires; et Kœnig, par la même méthode, est arrivé à reconstituer le son-voyelle et à le reproduire.

Influence de la consonne sur le timbre de la voyelle d'après les phonogrammes. — Dans le langage articulé cette adjonction de vibrations nouvelles au son-voyelle est le fait de la consonne. Les tracés phonographiques mettent en évidence ce mode d'influence de la consonne sur la voyelle dans la syllabation.

En étudiant ces modifications sur une période d'un type bien distinct, on voit celle-ci à ce moment, et suivant l'élément ajouté, subir une déformation partielle simple, parfois unique, limitée à la dernière vibration partielle de son groupe par exemple, soit à celle du début de cette unité typique.

Les figures semblent plus creuses, plus marquées, mieux dessinées en ces points et cette simple modification de forme, en rapport avec un accroissement d'intensité habituellement, prépare la venue du son syllabique et en est la première et initiale indication sur le phonogramme. Souvent la déformation s'étend à plusieurs périodes, souvent à toutes les vibrations de celles-ci.

En voici quelques exemples :

La figure 19 est un tracé (schéma) du son-voyelle EU modifié par l'intervention très caractérisée de la consonne vibrante R

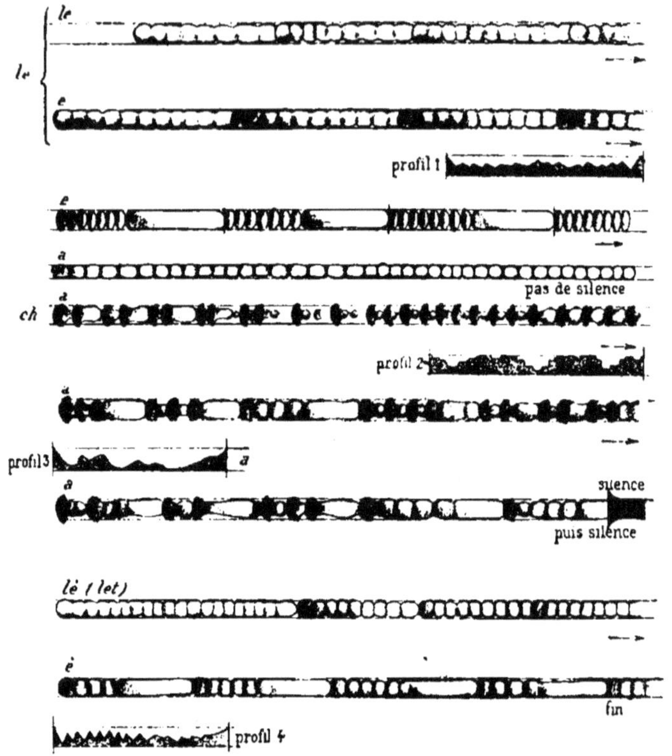

FIG. 20. — Graphique schématique des mots « le chalet ».

le est un son bas et sans éclat. *cha* est explosif ; à quelques périodes courtes bien marquées succèdent des empreintes séparées et resserrées, puis des hachures courtes ; enfin l'*a* complet reparaît, quand l'intensité diminue. — Un silence, vide du sillon, indique la consonne *l*, qui coupe le courant ; puis, peu à peu *è* se montre, de mieux en mieux écrit et distinct. — Les profils dessinent les oscillations du fond du sillon pour *l* (profil 1), pour A (profil 2, 3,) et pour *è* (profil 4).

On remarque tout d'abord les empreintes de EU régulières ; puis, plus loin, déjà altérées dans quelques périodes et enfin segmentées par les vibrations de R, et séparées par quelques sons partiels de la vibrante par excellence.

Autre exemple, dans l'È de Chalet (fig. 20) et aussi pour A de Bar (fig. 21). De même (fig. 11), dans C*a*.

Dans la figure 19, on voit la voyelle U du mot « du » très floue, très peu distincte ; et au-dessous dans Duc, la même voyelle affirmée par des empreintes plus creuses, plus nettes, grâce à une intensité de voix plus grande et relevée surtout par la consonne légèrement explosive D du début ; mais de

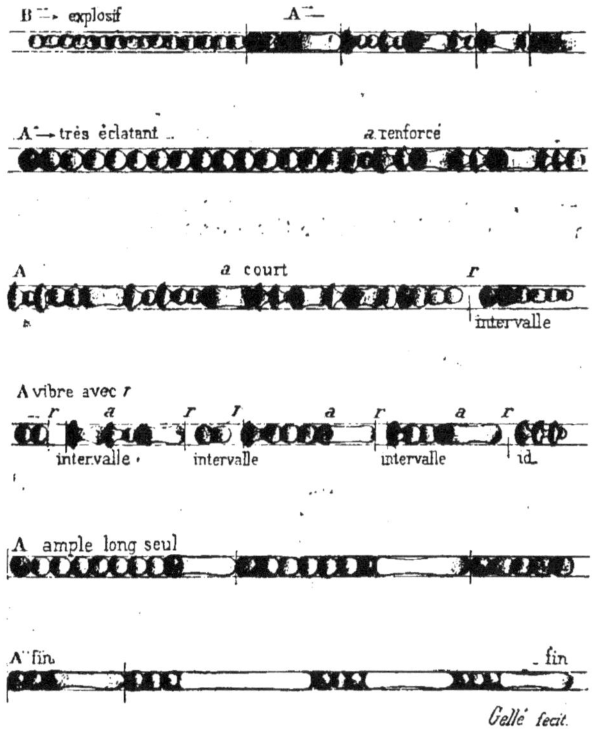

Fig. 21. — A, doux, bas.

plus par le C final très énergique. On voit nettement là l'influence de la consonne sur la période.

Nous allons bientôt, dans l'étude des sons de la parole, exposer et analyser à fond ces modifications de la voyelle par la consonne, si utiles à connaître pour comprendre l'audition et les différences de sonorité.

Le phonographe fournit tous les éléments de ces analyses du timbre ; et l'étude des voyelles et de leurs timbres par ce procédé graphique est des plus intéressantes et des plus fécondes pour éclairer ces recherches sur la nature et les qualités des sons qui causent la diversité des sensations.

Le timbre étudié au moyen des flammes manométriques. — Les flammes manométriques servent également pour la démonstration des origines du timbre. Comparez les résultats des opérations de Kœnig à celles toutes récentes de M. le Dr Marage ; j'ai signalé plus haut, à propos des tonalités, la différence entre les groupements typiques des flammes dessinées par les deux observateurs (fig. 17, 18).

Or, une grande partie de ces différences ne tient qu'à ceci : M. Kœnig, pour expérimenter l'action des sons-voyelles sur les flammes, se servait d'une *embouchure en forme de cornet*, et M. Marage s'en est abstenu. Le timbre en effet est intimement lié à la *forme de l'ébranlement initial* des ondes aériennes ; il est clair que le mode d'ébranlement initial par le procédé du cornet diffère de celui dans lequel l'action du son sur la membrane sensible est directe.

Le cornet ajoute quelque chose ; car il vibre aussi et complique le dessin ; et les découpures de la flamme sensible rendent la modification manifeste (pl. V et XI de l'Atlas de Marage).

De plus, on sait que le timbre trahit la nature du corps vibrant ; on ne sera pas étonné que les parties métalliques ajoutées par l'un des expérimentateurs aient modifié les conditions de l'expérience et ses résultats par suite.

Si l'on remplace, dans ces expériences de flammes manométriques, l'embouchure de Kœnig par un des résonnateurs de *Helmholtz*, on constate que ce moteur initial des ébranlements périodiques influence à son tour tout particulièrement la flamme sensible. Pour I, d'après Helmholtz, le résonnateur correspond au $ré_6$; pour l'OU, d'après Donders, au fa_3 ; pour E, au si^b_5 ; pour O, au si^b_3 ; pour A, au si^b_4 (d'après Kœnig et Helmholtz).

Or, on s'aperçoit vite que la flamme caractéristique de chaque voyelle est ainsi plus marquée, à l'exception de É dont les timbres sont multiples, on le sait.

Le résonnateur a une action décisive, comme on voit, sur la formation des sons, et par suite sur la sensibilité des flammes voyelles (fig. 15, 16, et pl. V, VI, VII et VIII, Marage).

Le vocable est la note qui donne au groupe de flammes

caractéristiques la plus grande netteté. Celle-ci s'obtient avec le résonnateur accordé, mais pas exclusivement avec lui ; une voyelle peut avoir plusieurs vocables, ce sont les conclusions mêmes du travail du Dr Marage.

Je ne voudrais pas m'étendre trop sur ce sujet ; cependant, je dois signaler à ce propos les curieuses différences qu'offrent les graphiques du phonographe, suivant qu'on y a inscrit les sons d'un instrument à corde ou d'un instrument à anche, comme le hautbois, par exemple, comparé au violon : autant celui-ci a un tracé simple, autant l'autre est composé. Fait très intéressant, les tracés des périodes complexes du hautbois se rapprochent de ceux de A, O, et par places même sont identiques. L'influence de l'embouchure (la consonne n'est-elle pas aussi une nouvelle embouchure) se trahit par cet air de famille très évident des sons nés d'une anche (fig. 25, 26).

Les tonalités aiguës, d'autre part, ont toujours de grandes ressemblances ; de même les *forte* rapprochent les sons des instruments de musique de ceux de la voix humaine dans le chant, des femmes surtout (violon, piano). Les sons élevés de la flûte donnent des tracés absolument comparables à ceux de I et de É, et souvent impossibles à différencier, sinon par leur trop grande régularité ; les tracés du clairon se rapprochent fréquemment de O et de A ; mais ceux du hautbois sont incomparablement plus proches des formes ordinaires des sons-voyelles A, O, OU, et seraient faciles à confondre avec leurs graphiques.

Timbres des sons-voyelles, résonnateur buccal. — Cette influence du résonnateur apparaît au maximum dans la phonation. Car toute la cavité pharyngo-buccale joue le rôle de résonnateur vis-à-vis des sons vocaux, issus du larynx.

Mais ce résonnateur vivant est flexible, mobile, se tend et se détend, s'allonge et se raccourcit, s'ouvre et grandit, se ferme ou se rapetisse, pour l'articulation dont le travail opère les multiples modifications nécessaires à la prononciation de la parole.

J'ajoute que c'est voir seulement une partie de l'action du canal pharyngo-buccal dans la syllabation et la phonation articulée, car il y a à la fois changement dans l'organe au point de vue de sa résonance et au point de vue de l'embouchure annexée, nouvelle, formée par la stricture des voies aériennes, que le courant vocal traverse, et qu'elle modifie, et dynamogénise bientôt dans un sens particulier (action de la consonne sur la voyelle), après l'avoir suspendu momentanément (V. fig. 10, 20, 21, 22, 23 : silence).

Capacité et ouverture du résonnateur buccal, tels sont les éléments dont les variations forment les sons caractéristiques des voyelles et des consonnes entre lesquelles il n'existe que des nuances de degrés dans le mécanisme de la formation, ainsi que cela a été dit. Helmholtz a classé les voyelles d'après les dispositions de la cavité de résonnance qui servent à les faire naître.

Ce sont :

$$\text{A} \quad \begin{array}{ccc} \text{AI} & \text{É} & \text{I} \\ \text{EU} & & \text{U} \\ \text{O} & & \text{OU} \end{array}$$

Gavarret (Phénomènes physiques de la phonation) résume la pensée du savant physicien d'Heidelberg ; la voyelle A, à laquelle correspond une ouverture de la bouche en forme d'entonnoir, fait le point de départ des trois séries. On passe de l'A à la série inférieure O, OU, en retirant la langue en arrière pour donner à la cavité buccale plus de capacité et en rapprochant les lèvres pour rétrécir son orifice.

Le retrait de la langue et le rétrécissement de l'orifice externe de la bouche augmentent dans le passage de l'O à l'OU. Pour A, O, OU, celle-ci est donc disposée en une cavité unique, formant une caisse de résonnance qui a un son fondamental propre. Le maximum de capacité, le minimum d'ouverture, et par suite le ton le plus bas du son propre de cette caisse, correspondent à la voyelle OU.

Mais le problème n'est plus simple avec le résonnateur humain, si mobile ; il en résulte une grande facilité au changement du timbre et une variabilité extrême des sons parlés. M. Marichelle, dans son livre de *la Parole* d'après le tracé du phonographe, montre combien les sons-voyelles peuvent être différents pour la même lettre ; il insiste sur la variété des sons, que nous produisons pour chaque cas, quand nous disons A, É, I, O, U. Il est sûr que nous appelons par une seule et même lettre des sons de timbres bien dissemblables.

Le phonographe rend manifeste la multiplicité des sons que nous caractérisons sommairement, A, I, O, U, É ; on y voit qu'il y a bien des espèces de sonorités qui correspondent à nos signes d'écriture si peu nombreux.

C'est ainsi que la lettre É, qui nous est apparue déjà tellement mobile dans ses manifestations par les flammes manométriques, a toute une gamme de sons de timbres distincts et de tracés qui l'expriment (V. fig. 9, 10, 12, 17).

D'ailleurs, les mêmes réflexions viennent à l'esprit à la lecture des phonogrammes de E, de I, de A, etc. (V. fig. 12, 21, 22).

Ainsi nos sensations sonores phoniques sont plus nombreuses que nos appellations littérales. Dans la poétique, ces grandes différences sont bien connues ; et la déclamation doit employer tout un arsenal de notations, de marques pour conserver ces innombrables modalités sonores d'une même lettre, d'un même signe vocal.

Or, on sait que le phonographe montre une grande diversité de formes des périodes constitutives d'un son.

Capacité et réceptivité de l'oreille au point de vue du timbre. — Telles que nous avons expliqué la formation du timbre, la complexité de la période, la mobilité de sa constitution et de sa forme, sa réceptivité particulière, etc., on comprend quelles variétés de sons, de tonalités, d'intensités et de timbres peut signifier une des voyelles de notre alphabet, suivant les idiomes, les états de l'âme, les conditions de la santé, l'état du canal buccal, etc. Une partie de l'art de la déclamation consiste dans l'emploi de ces nuances des sensations auditives si capables de nous émouvoir.

Fourier, nous l'avons dit, avait établi par le calcul cette loi que tout mouvement vibratoire peut être reconnu comme la somme de mouvements vibratoires simples pendulaires. N'est-ce pas ce que nos analyses de la période au moyen des flammes, sur des phonogrammes, par des courbes, des graphiques, nous montrent expérimentalement ?

N'est-ce pas aussi ce que Helmholtz a démontré par ces magnifiques décompositions et reconstitutions du timbre, qui ont amené plus tard Kœnig à reproduire les sons-voyelles ?

Phénomène curieux, la multitude de ces vibrations du milieu ambiant coexiste dans notre oreille ; et le phénomène sensoriel est l'équivalent du fait vibratoire extérieur si complexe.

Pour comprendre cette puissance de réception de l'organe de l'ouïe pour la foule des vibrations élémentaires qui l'assaillent, il faut admettre qu'elle possède des éléments de perception en nombre suffisant.

C'est dans le labyrinthe, partie sensible et cachée de l'oreille, ainsi que nous le verrons, que sont exposées aux excitations des ondes et chocs vibratoires, transmis du dehors, les extrémités des filets nerveux de l'acoustique, coiffées de leurs cellules neuro-épithéliales spécifiques.

Une armée de fibrilles sensibles transmettent au cerveau les impressions innombrables reçues : chaque vibration moléculaire, chaque combinaison harmonique agit sur des éléments divers et donne naissance à des groupements particuliers, d'où naît une sensation spéciale dans les centres nerveux. C'est là que se fait la réunion des excitations partielles, travail inconscient qui aboutit à la formation des unités sonores, qui sont nées de l'agglomération et de la fusion de toutes les sensations élémentaires inconscientes. (Taine, *De l'Intelligence*.)

On remarquera que les tracés phonographiques nous mettent sous les yeux à la fois la vibration moléculaire, ignorée de nos sens, et la période qui en est la somme, et qui seule cause par sa répétition rapide une sensation, un état de conscience.

Consonances et dissonances. Sons résultants. Battements. Interférences. Musique. — Nous devons dire quelques mots des sensations sonores musicales. Tout d'abord les sons plaisent à l'oreille ou lui déplaisent ; leurs combinaisons sont agréables ou désagréables, de même que nous avons noté des intensités désagréables et des tonalités discordantes et agaçantes. L'éducation de l'oreille lui donne une délicatesse et une acuité remarquablement développées.

Un chef d'orchestre reconnaît et signale une note fausse au milieu d'un concert instrumental. Les sons qui sont à peine différents peuvent être absolument reconnus par l'oreille bien douée, mais aussi disciplinée par le travail et l'étude.

Pythagore a fait le premier pas dans la recherche de l'interprétation physique des intervalles musicaux.

Les intervalles simples, les rapports simples des nombres de vibrations fournissent une sensation de consonance. La combinaison de deux notes est d'autant plus agréable à l'oreille que le rapport de leur vitesse de vibrations est exprimé par des nombres plus simples. L'octave (rapport de 1 à 2), la quinte : 3), la tierce : 4), sont dans ce cas.

Les dissonances apparaissent plutôt quand les sons sont plus rapprochés.

Elles résultent, suivant Helmholtz, de la formation de battements alternatifs, d'autant plus désagréables qu'ils sont plus fréquents.

Les *battements* sont produits par la rencontre de deux systèmes d'ondes de vitesses à peine différentes. D'après les tracés des courbes des ondes, on se rend compte que, si les reliefs d'un système d'ondes viennent à coïncider avec ceux d'un autre système, la superposition des deux a pour résultat l'augmentation de hauteur des ondes. Mais si les reliefs d'un système coïncident avec les creux de l'autre, il y a destruction des deux systèmes, en totalité ou en partie ; c'est le phénomène de l'interférence. Si les condensations des ondes sonores s'ajoutent, il y a renforcement du son ; si ce sont les raréfactions qui coïncident, c'est le silence ou l'atténuation du son au moins.

Le courant sonore est alors troublé par des battements, si les sons sont presque du même ton et vibrent simultanément. Ces chocs ou battements sont d'autant plus nombreux que les vitesses des deux périodes de vibrations sont plus grandes. L'oreille perçoit donc l'action des vibrations élémentaires. C'est ce que l'étude de nos tracés a montré bien souvent.

Si deux tons sont trop intenses pour se superposer, d'après ces lois, leurs ondes secondaires se combinent en des sons *résultants*.

Nous ne pouvons que renvoyer, pour cette étude attachante, aux belles leçons de Tyndall et au traité d'Helmholtz.

Le pourquoi des choix du sens de l'ouïe parmi les accords et les tons nous échappe. Les Pythagoriciens disaient que tout est nombre et harmonie. Pour Euler, la cause du plaisir, c'est l'ordre, c'est la perception de l'ordre sans fatigue qui plaît à l'esprit ; et Tyndall, qui rapporte ces opinions d'un autre âge, expérimentant devant son auditoire, lui fait entendre et comprendre tout à la fois la genèse des sons discordants, en produisant des battements de plus en plus nombreux et par suite de plus en plus désagréables ; la dissonance se trouve ainsi expliquée par les flammes chantantes ; c'est l'opinion d'Helmholtz qui doit être acceptée, on le voit.

Les battements naissent d'interférences, c'est-à-dire de phénomènes dus à la rencontre, à la lutte entre deux systèmes d'ondes aériennes. Les sensations alternatives, plus ou moins rapides, d'affaiblissement et de renforcement répondent à des excitations de l'acoustique de même évolution. Les battements peuvent naître dans des conditions différentes, ainsi que l'expérience suivante le prouve.

Expérience. — J'isole chaque oreille au moyen de longs tubes épais de caoutchouc aboutissant dans des pièces séparées ; à chaque extrémité pendent des diapasons la_3, dont l'un est désaccordé ; les deux sons arrivent ainsi aux oreilles bien isolément et ne peuvent agiter un même centre d'ébranlement, lequel serait la source de battements observés. Or, le phénomène battement se produit comme si les diapasons frappaient la même masse aérienne.

Les excitations séparées de chaque acoustique, au même moment transmises aux centres, et là combinées, suffisent donc à donner lieu à la sensation de battements ; et ceux-ci résultent ici clairement de ces modes d'excitations bilatérales seulement ; ce sont en effet les variations intermittentes des excitations nerveuses qui provoquent le phénomène. Deux sensations latérales concomitantes s'ajoutent ou se nuisent.

Sons musicaux. — Nous avons dit que la perception des sons est limitée pour les graves à 32 vibrations simples (ou 16 complètes, allemandes, anglaises), pour les sons aigus à 73.000 vibrations simples (36.000 complètes).

Entre ces limites, l'échelle des sons est continue ; il existe donc une infinité de sons, de hauteurs différentes, que l'oreille distingue et dont les degrés de tonalités sont notés, comparables ; on les nomme les sons musicaux.

Ces sons dans la musique sont combinés, soit successifs, soit simultanés et soumis à des règles sous le rapport du temps, de la hauteur, de l'intensité et du timbre, qui sont les modes de nos sensations acoustiques.

Les variations de hauteur, de durée, d'intensité causent l'*accent*, le *rythme*, qu'on aime dans la *mélodie*, qui sont si excitants dans les marches et dans les airs de danse ou de bravoure.

L a succession des sons combinés, associés, formant des

accords, des dissonances et des consonances, constitue *l'harmonie*.

M. A. Fouillée (1) fait bien comprendre ces combinaisons de sons dans le passage suivant : « Tout est dans tout », disait Anaxagore. Dans l'harmonie musicale, cette grande loi devient sensible. Chaque note retentit dans les autres, tonique, médiante, dominante, résonnant dans l'accord parfait ; inversement l'accord résonne dans chaque note, ce que nous prenons pour un ton est un concert. Cette loi de l'harmonie règle non seulement les sons simultanés, mais aussi les sons successifs : les accords qui se suivent doivent être liés de telle sorte que le premier se prolonge dans le dernier. C'est ce qui, au sein de la multiplicité même, fait l'unité. Telle est la nature... »

L'addition de sonorités de même hauteur donne du volume, de la force, mais les sons restent à *l'unisson*, dont l'ampleur est si magistrale.

Dans la composition d'une harmonie, certaines règles sont observées ; et par les intervalles nécessaires et les rapports voulus dans leur succession, les sons, au point de vue de leur hauteur, forment une suite régulière qu'on nomme gamme. Comme point de départ de cette série, on a adopté un ton normal, le diapason la_3 (de 870 vibrations) qui sert de base aux gammes musicales.

On comprend que l'intégrité absolue du sens et de l'organe de l'ouïe est indispensable au chanteur et pour toute éducation musicale.

Nous ne pouvons entrer ici dans plus de détails au sujet des sons musicaux et de leurs associations, et nous renvoyons aux livres spéciaux d'acoustique et surtout aux traités d'harmonie pour une étude sérieuse complète. Nous avons plusieurs fois signalé la puissance des sons musicaux sur le sens de l'ouïe; on l'utilise dans l'éducation de l'ouïe.

Nous étudierons tout à l'heure les graphiques du chant.

Audition du langage articulé. Timbre des voyelles. — J'ai fréquemment parlé de la formation des sons-voyelles dans les précédents chapitres et je les ai pris comme exemple aussi souvent que possible, puisqu'il y a un intérêt évident à con-

(1) Introd., p. XLVI, *le Mouvement idéaliste*; Paris, F. Alcan,

naitre plutôt les signes vocaux, et leur nature, et leurs sonorités spéciales.

Le lecteur est donc déjà instruit de la complexité des sons-voyelles, de leurs timbres et de leur formation, par les analyses que j'ai données des graphiques des auteurs classiques, ainsi que de mes tracés phonographiques, éléments les plus nouveaux de l'application des méthodes graphiques à l'étude de l'acoustique.

Nous jetterons un coup d'œil rapide sur les sensations auditives que procurent la voix et le langage articulé et sur leurs modes de production.

. Helmholtz, au moyen des flammes manométriques de Kœnig, a constaté avec les résonnateurs, ainsi que nous l'avons dit, l'existence dans la voix humaine d'harmoniques très nettement perceptibles, mais dont l'intensité dépend des dispositions particulières de la cavité buccale pendant l'émission du son.

Le son émis le plus fortement est celui de la voyelle pour l'émission de laquelle la bouche est disposée.

La démonstration en est classique depuis Helmholtz.

La bouche étant disposée pour dire OU, faites résonner au-devant d'elle un diapason fa_2, et le son-voyelle OU sort aussitôt nettement ; ainsi des autres. La cavité, disposée ainsi, résonne sous l'influence de la note spéciale et donne naissance à la même voyelle. Un simple courant d'air passant au-devant des lèvres ainsi placées fournira également le son OU ; ainsi, le mécanisme de la production de ces harmoniques et de leur mise en valeur est une appropriation particulière pour chaque son-voyelle du canal pharyngo-buccal de résonance.

On sait que cette voie buccale se rétrécit de A à I et que les voyelles fermées ou demi-fermées (U, OU) sont plus sourdes que les ouvertes (A).

Chaque voyelle a donc un timbre spécial qui résulte de la prédominance d'un son harmonique particulier et de hauteur connue, de sorte que, sous ce rapport, la voix humaine (la voix parlée) émet des sons qui se distinguent essentiellement des sons fournis par les instruments de musique dont cependant la voix chantée se rapproche chez la femme surtout.

A a pour ton caractéristique le si^b ; É, le fa_3 ou si^b_5 ; EU,

fa_3; U, fa_2; I, $ré_6$; AI, $ré_4$; O, si^b_3 ou fa_2. Tels sont les « vocables » des voyelles principales.

Nous ne reproduirons pas les critiques du Dr Marage ; il conclut à admettre plusieurs vocables pour la même voyelle. Nous avons suffisamment dit aussi quelles différences existent entre la lettre écrite et sa manifestation phonique.

Dans la phonation, on sait que la colonne d'air expiré avec énergie fait vibrer les cordes vocales qui résonnent à la façon d'une anche membraneuse et que le son dans l'anche est formé par l'ébranlement périodique de la colonne d'air. Celle-ci, à sa sortie du larynx, traverse les cavités pharyngiennes, nasales et buccales, qui jouent vis-à-vis de ce son laryngé le rôle d'un appareil de renforcement, de résonance, avec cette différence qu'ici l'appareil est contractile, mobile, qu'il change de forme, de calibre et de tension dans ses parois, suivant le son émis. Helmholtz, Willis, Seiler, Kœnig ont bien montré que les cavités renforcent bien plus les harmoniques que le son fondamental, et parmi les sons harmoniques certains d'entre eux de préférence, suivant les dispositions des parois organiques.

La voyelle est ce son, cette note renforcée et modifiée par la résonance des cavités bucco-pharyngo-nasales ; et chacune d'elles correspond à cette note qui est appelée sa « vocable » (Jamain).

Nous avons dit plus haut les vocables de la plupart des voyelles. La voyelle est déjà autre chose que le son laryngé ; nous allons voir l'action des dispositions du canal bucco-labial prédominer dans la consonne.

« Une observation un peu attentive fait bientôt reconnaître que, même dans le langage ordinaire où la *portion sonore de la voix* est couverte en partie par les bruits qui caractérisent chaque lettre, où, de plus, la hauteur n'est pas fixée d'une manière précise et varie fréquemment par transition insensible, il se rencontre certaines cadences involontaires formées suivant des intervalles normaux réguliers...

« Dans les phrases simples, ce n'est que sur les mots accentués, à la fin et aux subdivisions de la phrase, que le son change de hauteur. A la fin d'une phrase affirmative, le son descend d'une quarte ; dans l'interrogation, au contraire, il s'élève souvent, à la fin, d'une quinte au-dessus du ton général.....

« Les mots accentués se distinguent en ce qu'ils sont d'un ton plus haut que les autres. » (Helmholtz, *loc. cit.*, p. 310.)

En effet, la parole conserve un caractère musical ; on aime une voix bien timbrée et qui sonne harmonieusement ; au contraire, un débit, des phrases monotones sont mal reçus et point écoutés. Parler de vive voix, ou lire son discours, c'est d'un effet bien différent ; on bâille vite à une lecture, sans chaleur, sans couleur, sans rythme, et d'une tonalité invariable.

Les différences entre la parole et le chant au point de vue de l'audition sont intéressantes à signaler.

D'ores et déjà l'étendue des sons employés dans la parole est assez limitée ; elle comprend cinq à six tons, huit au plus. Dans le chant, au contraire, l'échelle tonique est de plus de deux octaves (Ellis).

D'autre part, les sons émis dans le chant sont soutenus, (sons filés) unis entre eux, tandis que l'on sait que la parole articulée segmente le son vocal, et en fait une sensation discontinue, et pleine d'oppositions successives, de différences tonales, d'intensités, de durées. Au point de vue de la force du son, on verra que le son laryngé trouve les voies buccales plus libres dans le chant, plus ouvertes, tandis qu'à chaque moment elles sont rétrécies et changées de calibre pour la formation du langage articulé ! Il y a enfin un affaiblissement du son, au moment de la consonne, qui rend plus assourdis les langues et les mots chargés de consonnes ; de plus, la consonne nuit à la rapidité et à la force de la phonation et du chant, par sa formation même.

Il ressort de là une sorte d'opposition véritable entre le chant et la parole, au point de vue de leur formation et de l'audition que la surdité rend plus manifeste.

Le cri a été le premier fait, le premier essai de langage. Comme le geste, celui-ci est né du besoin d'exprimer et de communiquer les sentiments, les volontés entre les hommes.

Peu à peu l'émission de sons-voyelles, continus et discontinus, fut l'ébauche de la phrase ; puis les sons chantés, modulés eurent leur signification particulière, comme chez les animaux certains sons connus. L'homme a chanté avant d'articuler ; il chante encore ses phrases sans s'en douter. La notation de la phrase de Helmholtz est classique. (V. plus haut.)

Formation du langage articulé ; voyelles et consonnes. — La parole est formée par l'articulation, c'est-à-dire par la segmentation du courant sonore vocal, au moyen de certains modes d'interruption ou de diminution de force du courant, enseignés, imités, appris, l'oreille servant de guide dans cette éducation. (Fig. 22, tracé de « Cyrille fils ».)

A son passage à travers les cavités buccales, le son laryngé est modifié deux fois, par la voyelle, par la consonne.

Cette segmentation amène la production de sons vocaux discontinus successifs plus ou moins saccadés, plus ou moins inégaux et différents sous tous les rapports.

Le son laryngé a pu être rendu discontinu à volonté par l'intermittence des efforts expirateurs ; et ce langage a certainement dû précéder l'articulation, telle que nous la produisons au moyen de la consonne ; mais c'était ainsi le produit d'efforts d'expiration réitérés et fatigants, que la syllabation par le mécanisme curieux de la consonne évite à celui qui parle. Chaque articulation a une signification, comme chaque son isolé en avait une tout d'abord ; mais l'articulation a multiplié beaucoup et sans fatigue le nombre des sons dont l'émission est possible avec un même souffle expiratoire, et accru la rapidité de leur succession : deux points importants dans la conquête du langage articulé. C'est ainsi qu'on a calculé que le nombre des sons articulés que la voix humaine est capable de produire s'élève à 385. (Ribot, *Évolution des idées générales*, p. 82.)

La parole articulée est une suite de phénomènes sonores dont la tonalité ordinaire est le fa_3, et atteint le sol tout au plus. Mais elle s'étend de 3 à 4 tons facilement (1). L'éducation

---

(1) Ces limites relativement étroites, entre lesquelles s'étendent les tons du langage parlé, sont encore rapprochées par le fait des affections auriculaires ; et, dans la surdité, peu à peu ce champ si peu étendu se rétrécit davantage, et surtout si les lésions portent au niveau des parties dont les vibrations s'associent pour transmettre ces tonalités qui sont particulières aux tons de la parole, que Helmholtz et Kœnig, etc., ont précisés et dont ils ont marqué la position dans l'échelle tonale.

Aussi, en pareil cas, les paroles, les sons chantés, sont-ils encore susceptibles d'être perçus.

A propos de l'étude si intéressante des surdités partielles, des lacunes de l'audition ainsi qu'on les a nommées, on verra que l'on a observé la disparition des sensations auditives de tonalités moyennes,

donne à chacun une signification précise dans notre mémoire et dans notre esprit.

Ces sons sont ainsi devenus des signes, qui nous permettent de transmettre notre pensée à travers l'espace à l'oreille de nos semblables. Ces sons, ces mots représentent donc une idée; et le mot et l'idée ne font qu'un dans notre intelligence. Nous pensons avec des mots; et c'est le langage intérieur, dont le langage parlé n'est que l'expression, la manifestation extérieure.

L'acquisition de la consonne a permis le développement si remarquable de l'esprit humain; elle a constitué le langage articulé, qui est le mode fondamental de l'expression des idées et de leur communication entre les humains.

Qu'est-ce que la consonne ? Dynamogénie des voyelles par la consonne. — Nous avons dit et montré sur les tracés que les voyelles sont des timbres, c'est-à-dire des sons périodiques complexes résultant du passage du courant sonore (note laryngienne) à travers les cavités de résonance buccales accommodées.

Nous avons expliqué que les dispositions de ces cavités, qui donnent naissance aux voyelles, pas plus que l'intensité et la hauteur du son émis n'étaient des conditions immuables de cette sonorité vocale; et qu'au contraire plusieurs modalités correspondaient à ce que nous nommons un A, un É, etc.

Des nuances insensibles dans les modifications de l'appareil bucco-pharyngé amènent des variations graduelles et presque insensibles dans le son produit, de sorte que l'échelle peut être peu à peu graduée de A à OU, par exemple, pris comme extrêmes. Il existe donc une grande flexibilité dans les formes sonores et dans leurs causes organiques.

Malgré cela, les types de période de chaque voyelle restent suffisamment tranchés pour que chacune d'elles soit signalée et caractérisée, soit par la forme de la flamme manométrique de Kœnig, soit par le graphique du rouleau du phonographe d'Edison.

d'indice cinq, d'indice six, qui correspondent à cette gamme de sons parlés; mais si l'audition revient dès qu'on parle doucement, même à l'oreille, ou au moyen d'un cornet, on peut admettre que ce n'est point une affection de centre du langage qui amène la perte ou l'affaiblissement observé et que la conduction seule est en cause.

Or, la consonne, disent les livres, est un petit bruit de frottement, un souffle sonore, une pulsation, ajoute avec à-propos Marichelle ; un bruit de frôlement, de râpement, dit Donders, qui les a notés dans l'émission de OU, I, U, comme nous l'avons dit ; et le bruit existe aussi dans OI, YA, UI (Marichelle). Mais il y a autre chose ; car le P, le D, le B, le C, le K, le T, font encore autre chose qu'un peu de bruit ; ils segmentent en effet absolument le courant sonore en arrêtant le souffle, en s'opposant à la sortie du son vocal (V. fig. 7, 10, 12).

A ce point de vue, la consonne est donc, par rapport à la voyelle, un degré de plus dans le rétrécissement qui les forme ; c'est alors la fermeture totale de l'orifice pharyngo-buccal.

Ces resserrements ont différentes localisations comme pour les voyelles dans les diverses régions palatales, buccales et labiales.

Les degrés de l'occlusion varient également ; elle est complète dans P, T, C, K, S, CH, B, D, M, N, GN ; et incomplète avec V, Z, J et aussi dans les nasales (voies ouvertes par l'abaissement du voile) (fig. 22).

Il est bon de montrer, à la suite des séries de consonnes, les séries de voyelles également classées d'après le degré d'ouverture des voies buccales. On trouve après L, R, Y, les voyelles OU, I, U, puis AU, É, EU, puis A, O, È, É, enfin les nasales AU, OU, IN, UN.

Chaque voyelle a son timbre ; si le son laryngé est une note musicale, la voyelle est une note et un timbre réunis ; dans la parole, le timbre prédomine par ses variations. Cette énumération indique bien le passage de la voyelle à la consonne ; de la béance totale avec A, O, È, E, à la fermeture complète du canal de résonance vocale de P, T, C.

Tout le travail d'articulation a lieu dans les parois du tube pharyngo-buccal, et par les mouvements d'élévation du voile du palais, qui ouvre ou ferme l'accès des fosses nasales. Il faut retenir cette opposition entre la fonction du canal bucco-labial et celle du larynx ; quand l'un est actif, l'autre l'est moins.

C'est l'explication des différences entre les paroles dites ou chantées qu'on trouve saillantes sur les phonogrammes (V. fig. 8, 26).

La consonne est donc autre chose que le petit bruit insignifiant qu'on a dit ; et l'examen des tracés phonographiques, d'accord avec nos sensations auditives, nous démontrera une activité supérieure de cette petite pulsation : elle segmente le son vocal ; elle l'interrompt ou au moins le diminue, puis le rend plus éclatant par l'effet de la détente.

Car il y a pulsation parce qu'il y a arrêt, en arrière du rétrécissement ou de la fermeture du canal buccal, dans l'issue du souffle expiratoire ; de là, un effort, et l'augmentation immédiate de la tension de l'air inclus (silence ; sur le tracé).

On voit que c'est absolument semblable à ce qui se passe au larynx ; la tension pulmonaire et la fermeture de la glotte précèdent *l'attaque* du chant et de la parole (lutte vocale de Mandl).

La démonstration de la puissance de ce facteur important du langage est donnée par l'intensité subite du son-voyelle qui succède à la détente après P, T, C, K (explosives) (fig. 7, 11, 19, 20, 22, 23, 24).

Tracés de la voyelle modifiée par la consonne. — Mais les tracés du phonographe sont à ce point de vue d'une éloquence particulière. La figure 7 donne un type de cette action.

On entend avec le parleur l'explosion de la voyelle qui suit le T, par exemple, et l'on voit le tracé violemment imprimé dans la cire. La période caractéristique de la voyelle décomposée est presque méconnaissable pendant une série des empreintes toutes profondes, saccadées qui éveillent le souvenir des graphiques des chocs sonores, des heurts de plaques de métal, d'assiettes, de plaques de bois, etc. (V. fig. 2 et fig. 5).

Le mot « explosif » vient naturellement à l'esprit pour caractériser le son perçu, et l'idée d'une violente perturbation du système périodique, à la vue du graphique (fig. 11, 19).

Une autre démonstration de ce rôle de la consonne, c'est la segmentation même, l'interception du son vocal, laquelle produit la syllabe. Le graphique montre que le son s'affaiblit d'abord (1re période) au moment où le rétrécissement du canal buccal se forme (articulation) ; puis, qu'il cesse (2e période) ; et le sillon de la cire reste sans aucune empreinte quelconque à ce moment d'arrêt total du souffle expiratoire. Dans la troisième période, l'ouverture du canal a lieu pour la nouvelle syllabe ; le son reparaît ainsi que les empreintes avec leur caractère troublé spécial (V. fig. 20, 22, 24).

En effet, la période type de la voyelle ne se retrouve sur le sillon qu'après un certain temps, et dans le plein du son-

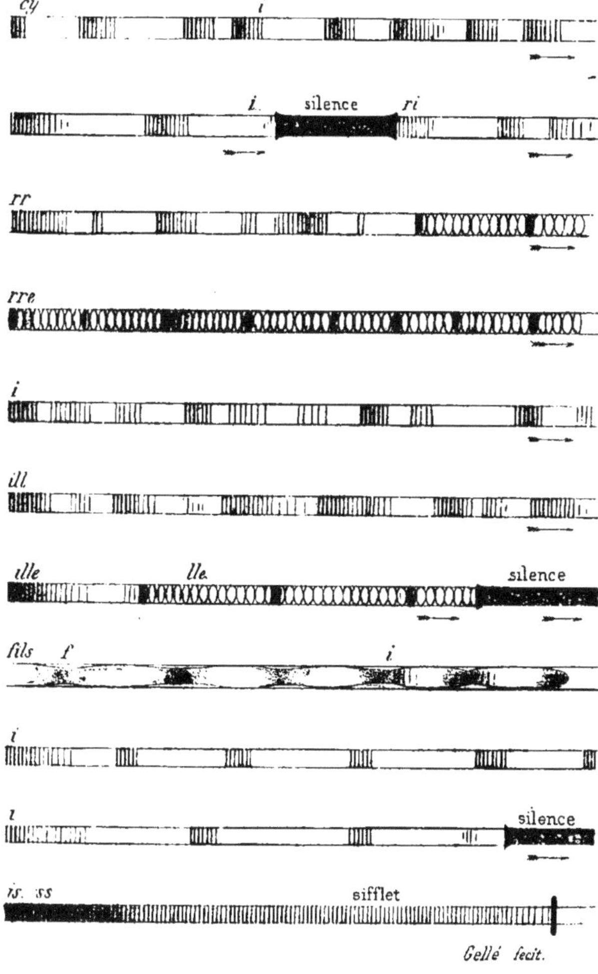

Fig. 22.

voyelle de la syllabe constituée. Ces trois temps inscrits sur le tracé ont été l'objet d'une description excellente par M. Marichelle (*loc. cit.*, p. 128). Les figures 11, 19, 23, 24 montrent cette phase silencieuse, et les effets curieux de la vibrante R.

Abaissement de l'intensité sonore au moment de la con-

sonne. — L'une de ces conséquences importantes à connaître dans une étude de l'audition est l'affaiblissement forcé de l'intensité du son au moment de la syllabe : c'est là une suite inévitable de l'articulation. Nous avons dit qu'une autre conséquence est l'accroissement, au contraire, de l'intensité de la voyelle qui suit la consonne, quand celle-ci est due à un arrêt complet du courant expiratoire sonore (P, T, C, K) (fig. 7, 11).

On remarquera de même que, dans le cas des consonnes sonores, c'est-à-dire qui ne sont pas formées par une occlusion totale des voies aériennes bucco-pharyngiennes, et pendant lesquelles une certaine portion de l'orifice rétréci est perméable et laisse écouler un souffle, plus ou moins sonore du reste (S, CH, F, V), jamais l'éclat de la voyelle suivante n'atteint les proportions de tout à l'heure (fig. 23).

Cela est facile à expliquer puisqu'il n'y a qu'un arrêt incomplet ou mieux une rétention graduellement décroissante de l'air inclus ; et, par suite, il ne peut y avoir ni explosion, ni exagération d'intensité du son, aussi vive du moins.

A ce même point de vue, il est intéressant de noter que la syllabation est d'autant plus active, et donne des sons d'autant meilleurs, sous le rapport du timbre et de la force, quand la distance est plus grande entre les points où la consonne et la voyelle se forment.

EXEMPLE. — La syllabe PA est constituée par P, consonne labiale (point labial) ; et dans A, toutes les voies sont ouvertes largement ; cette opposition donne un gain énorme au profit du résultat et de la sonorité de PA. On conçoit qu'on obtienne une sonorité bien inférieure avec deux sons comme L, par exemple, et I qui ont toutes deux des sons fermés, c'est-à-dire produits par des rétrécissements très accusés du canal vocal, et par suite avec un souffle dénué de force et de volume (de même *gou, mon, gnon, pu*).

En effet, la voix se mesure au degré d'ouverture de l'orifice générateur sonore ; forte, quand elle trouve toutes portes ouvertes (A, O, É), elle s'affaiblit quand elle franchit des voies étroites (OU, I, U) ; davantage altérée par les sons additionnels (râpe, souffle) avec L, R, Y (Donders), elle devient un simple bruit sourd avec V, Z, J, B, D, G ; et disparaît absolument au moment de l'occlusion totale avec P, T, C. (V. silence intercalé entre les deux sons-voyelles, fig. 24.)

Grâce aux belles études de de Meyer, de Rosapelly, de Withney, de Marichelle, ce sujet est devenu inépuisable ; et la dé-

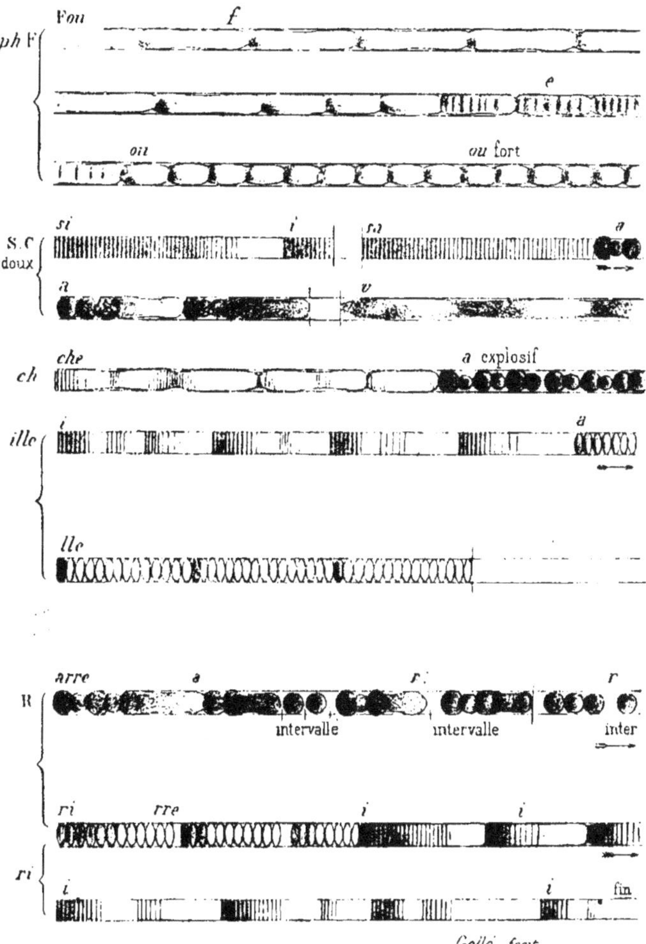

Fig. 23. — Consonnes et voyelles.

monstration, que permettent les graphiques du phonographe, le rend encore plus intéressant ; mais nous croyons en avoir dit assez pour faire connaître ce qu'il importe de savoir au point de vue surtout de l'audition du langage articulé.

Quant à la voix chantée modulée sur une voyelle, elle possède une pénétration particulière, en même temps qu'une grande douceur, qualités que j'utilise dans mes leçons acoustiques.

Les paroles chantées, nous l'avons montré sur les tracés phonographiques, ne résistent pas à la nécessité d'enfler le

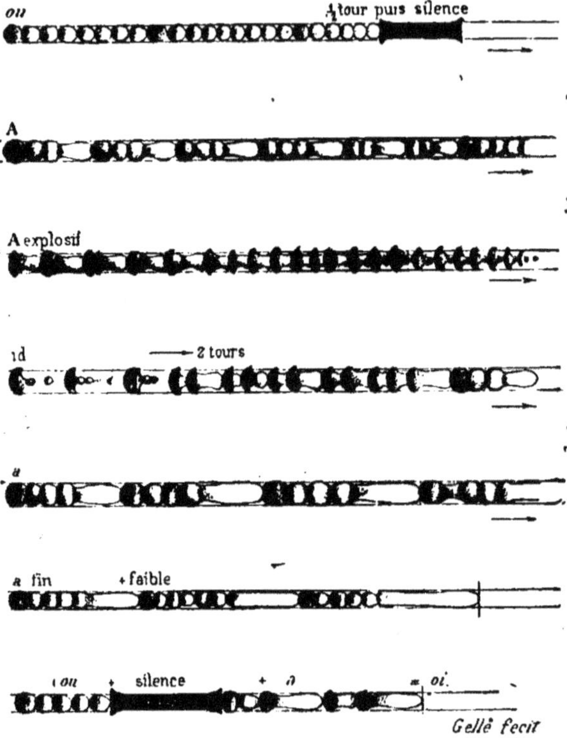

Fig. 24. — Roi = r ou a.

son dans les forte ; et la syllabation se trouve être une gêne pour l'artiste, qui dès lors fait subir aux mots et aux syllabes des altérations, telles que les phrases sont indistinctes ; et nous avons démontré, tracés en mains, le pourquoi de cette absence de parler, dès que les sons vocaux prennent de la puissance. Leurs tracés se rapprochent de ceux des sons musicaux (fig. 25, 26).

Ainsi que le dit bien Helmholtz, les sons buccaux éteignent et masquent en partie, dans le parler, les sons laryngiens. (Helmholtz, *loc. cit.* p. 310.) Quand ceux-ci prédominent, on voit que c'est l'inverse qui se produit; le son vocal laryngé seul persiste dans les tonalités suraiguës (fig. 25, 26), et dans les fortes intensités sonores l'articulation se trouve sacrifiée.

Nous ne pouvons que répéter cette opinion qui a trouvé sa confirmation dans le travail de Marage (*loc. cit.*) et se démontre vraie sur mes tracés (V. *Intensité*, p. 32).

Intonations, accents. — On a remarqué que toute la syllabation, ou articulation, se produit dans la cavité buccale; mais le son vocal est l'œuvre du larynx; c'est aussi là que se forment les modifications du son qui constituent l'*intonation*, à laquelle contribuent évidemment toutes les forces expiratoires et les modes d'expression des émotions, des sentiments.

Les tracés phonographiques donnent aussi des images bien curieuses des sons envisagés au point de vue de l'intonation; les exclamations, les accents s'y trouvent représentés et peuvent être parlés ensuite comme contrôle.

L'état mental se trahit sérieusement par les altérations des périodes, par le trouble de leur succession, de leurs formes, par l'inégalité des éléments inscrits, telle qu'on a peine à s'y reconnaître, s'il y a plusieurs exclamations successivement marquées. L'intensité accrue a causé des empreintes violemment creusées dans la cire; les changements rapides de la tonalité modifient la longueur et la forme des périodes; il règne alors une certaine ataxie, un désordre de toutes les formes inscrites et dans les proportions connues des figures typiques, qui rendent la lecture et l'appréciation des graphiques étrangement difficiles. Et cependant l'unité sonore est conservée. Si c'est : *ah! oh! oh! bravo!* qu'on a inscrit, cela est parlé absolument bien et clair avec l'émotion vibrante et l'accent vrai du modèle. Le tracé du mot « Ayez » impératif (fig. 10) en est un exemple précis ; la figure 24 aussi.

Cette opposition et le contrôle du parleur toujours possible sont les éléments principaux de la reconnaissance et de l'appréciation des types et des périodes, dans cette délicate analyse.

Je renvoie le lecteur au travail de M. Marichelle sur ce sujet toujours à l'étude (*loc. cit.*) et aux travaux de M. l'abbé Rousselot (*loc. cit.*).

Sons nasaux; timbre nasal. — Les sons nasaux (AN, IN,

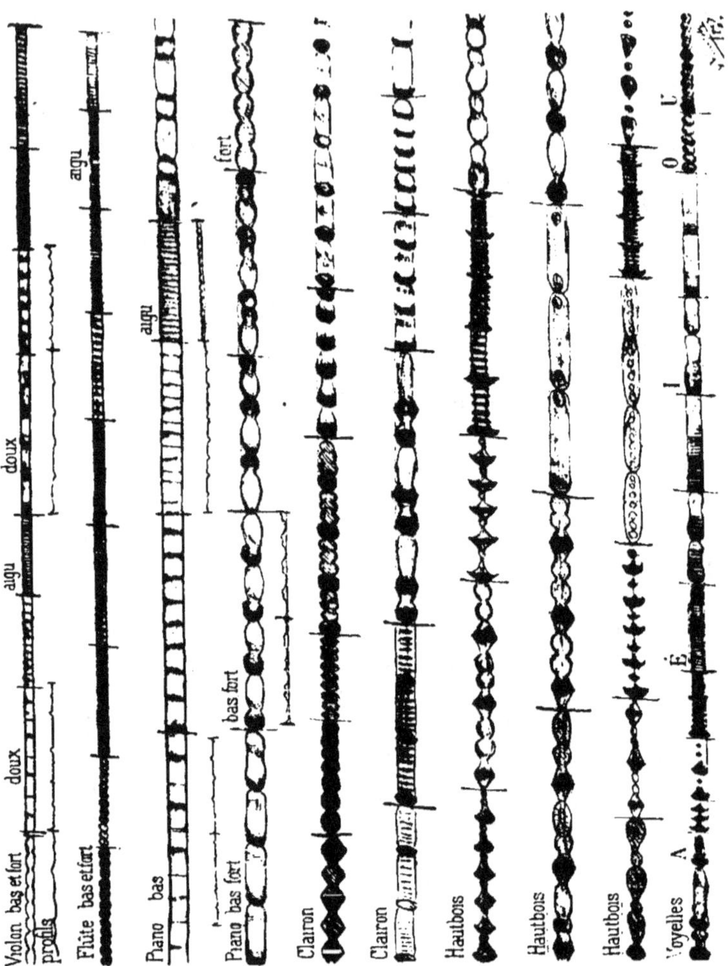

Fig. 25. — Graphique des périodes de vibrations des notes de musique instrumentale; on voit leur multiplication dans les tonalités aiguës; leurs variétés suivant l'instrument et son timbre : violon, piano, flûte, piston et hautbois ont leurs vibrations caractéristiques inscrites. On remarquera combien ces périodes ressemblent à celles des sons-voyelles ; et surtout celles de la flûte à *É* et *I*; celles du piston à *O*, *U*; celles du hautbois à *A*, chanté et parlé surtout.

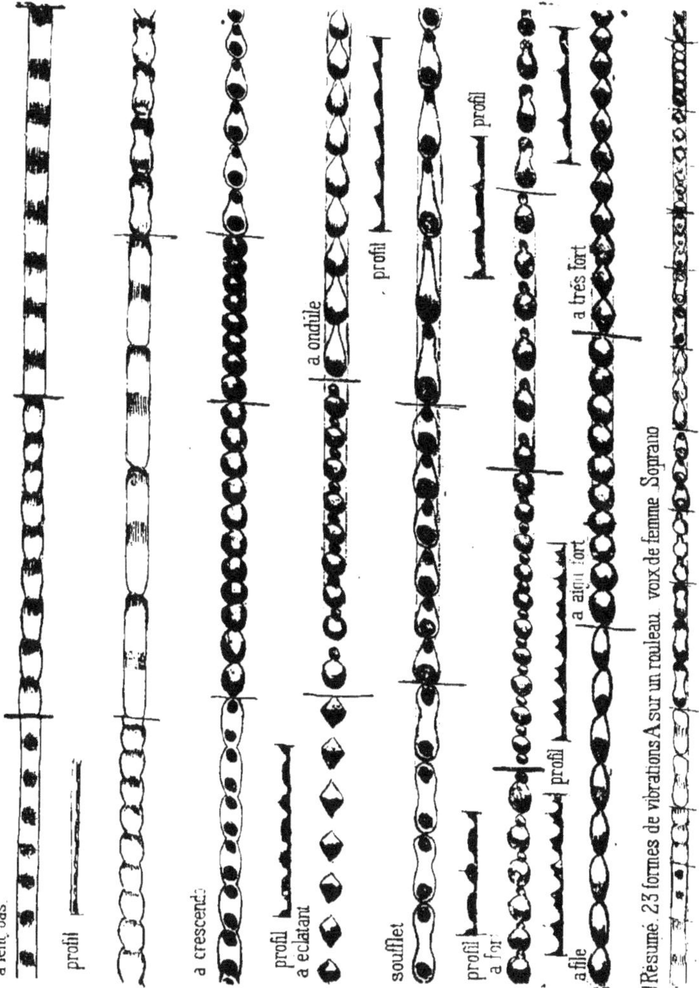

Fig. 26. — Phonogrammes montrant les périodes variées de la
voyelle *A*, chantée par une femme (modulations classiques
sur *A*). On a trouvé sur le même rouleau 23 formes d'*A*
chanté, toutes différentes de celles de *A* parlé, excepté dans
les tonalités aiguës et dans les fortes intensités. On peut
reconnaître les rapports étroits de ces tracés de la voix
chantée avec ceux de la figure 25, qui montre les vibrations
et périodes des sons musicaux, et des instruments de musique.

ON, UN) sont formés de A, E, I, O, U, avec l'abaissement simultanément du voile du palais, qui laisse béantes les cavités de résonance nasales.

Les sons vocaux empruntent, grâce à cette adjonction, un timbre nouveau, très caractérisé, dit timbre nasal. Ce timbre est vigoureux, plein, mais sourd ; il est très varié selon les individus et les races. Le français use beaucoup du timbre nasal (ING, YN, IN, AN, IN, ON, UN).

Les affections des voies naso-pharyngées altèrent profondément ces sons nasaux ; tantôt elles s'opposent à leur émission ; tantôt, au contraire, certains sons, qui n'ont jamais ce timbre, s'en revêtent fortement, il s'ajoute aux voyelles qui ne doivent pas le posséder d'ordinaire, et en change plus ou moins les caractères.

Les maladies qui obstruent la cavité rétro-nasale ont la même action nuisible sur la voix, qu'elles rendent celle-ci assez spéciale pour les faire diagnostiquer (baba pour maman), etc.

Conclusion générale. — Nous avons étudié les sensations acoustiques et les propriétés des vibrations qui les font naître, sous le rapport de la durée, de l'intensité, du ton, du timbre, dans leurs combinaisons et associations musicales (fig. 25, 26), dans le langage articulé enfin, cette source de nos relations avec nos semblables.

Nous avons ainsi étudié l'excitant de la fonction auditive, sous toutes ses formes et dans ses éléments primordiaux et dans ses combinaisons les plus intéressantes ; nous allons maintenant considérer l'organe qui sert à la fonction de l'ouïe, au point de vue anatomique et surtout fonctionnel.

Nous savons que le nerf auditif et le centre acoustique, comme l'optique, sont doués d'une énergie sensorielle, spécifique, par laquelle les chocs des vibrations de l'air sont transformés en sensations acoustiques ; l'appareil est doté d'une réceptivité énorme, grâce à la multitude de ses fibres nerveuses et des cellules neuro-épithéliales de l'oreille interne. La diversité de nos sensations auditives naît de la somme et de la différence des éléments nerveux excités autant que de la variété des modes d'excitation.

CHAPITRE II

LES ORGANES AUDITIFS. — ORGANES PÉRIPHÉRIQUES CENTRES ACOUSTIQUES

§ I. — L'oreille; premiers linéaments d'un organe de l'ouie; son développement dans la série zoologique.

L'oreille est un instrument acoustique ; c'est l'organe périphérique du sens de l'ouïe ; elle éprouve chez l'homme et les animaux aériens les vibrations de l'air, chez les autres celles du milieu liquide dans lequel ils vivent, et les conduit au contact du nerf sensible ; celui-ci en transmet l'impression à la conscience.

On comprend déjà que l'instrument doit différer suivant le milieu vecteur des ondes sonores ; nous allons montrer quelles sont en effet les dispositions organiques qui répondent à ces conditions particulières. Mais, d'ores et déjà il faut dire que beaucoup d'animaux inférieurs, chez lesquels il semble qu'on doive admettre une certaine audition, ne possèdent pas d'appareils bien différenciés ; tout au moins ceux que l'on découvre par une anatomie délicate sont-ils chez eux confondus avec les organes plus généraux du sens du toucher.

Comme le toucher, la sensation acoustique est la résultante de chocs, de pressions, d'une communication de mouvements venus du milieu ambiant. Nous avons montré qu'une certaine énergie, une action mécanique domine dans la genèse de cette sensation auditive. On ne s'étonnera donc point d'apprendre qu'on admet que l'organe de l'ouïe est une différenciation de celui du tact.

En quoi sont-ils différents : par le mode de mouvement même que ces sens sont aptes à reconnaître. Une pression, un contact, c'est une grande partie du phénomène du toucher ; tandis que la simple réflexion montre la vibration comme une succession d'ébranlements d'ordre divers, transmis à l'oreille par le milieu ; et puis ces éléments primaires de la vibration sonore échappent à nos sens, et c'est grâce au mouvement qui leur est imprimé, à la rapide succession des petits, infiniment petits chocs, que ces phénomènes deviennent perceptibles.

L'oreille, en réalité, connaît d'une espèce de mouvements moléculaires et de leurs combinaisons et associations au moyen de son nerf et des foyers nerveux cérébraux. S'il n'y a qu'un pas du choc, de la pression, à la vibration, on voit qu'il est suffisamment grand pour éviter toute confusion : un bruit violent frappe l'oreille, il est vrai, comme un choc, et le contact est perçu analogue à la sensation tactile en un point ; mais le toucher ne peut donner l'idée d'un son musical ; tout au plus avec certains rythmes des sensations tactiles peuvent-elles rappeler les sensations sonores à la mémoire (audition tactile) ; les actes musculaires en feraient autant ; de même des excitations visuelles (audition colorée) sont observées par certains sujets sous l'influence des sons ; ce sont là des effets d'excitations des centres nerveux rayonnant vers divers foyers sensoriels.

Les organes des sens sont chargés de l'analyse et de la

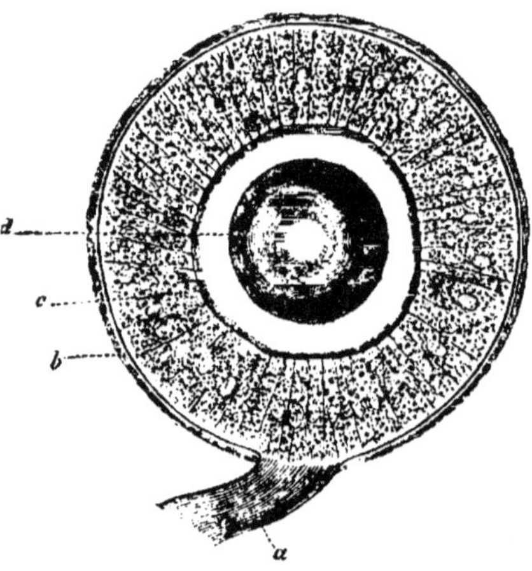

FIG. 27. — Otocyste de l'*Unio*.

a, nerf acoustique ; *b*, capsule conjonctive de l'otocyste, dans laquelle il se ramifie ; *c*, épithélium vibratile ; *d*, otolithe.

différenciation des phénomènes ; et ils ont une attribution bien spéciale, qui est leur raison d'être ; leur spécificité doit être admise ; l'auditif, frappé par les vibrations ou autrement, réagit sous forme de sensation sonore, distincte de celle du toucher ; mais son excitant physiologique est distinct aussi par sa délicatesse et sa rapidité.

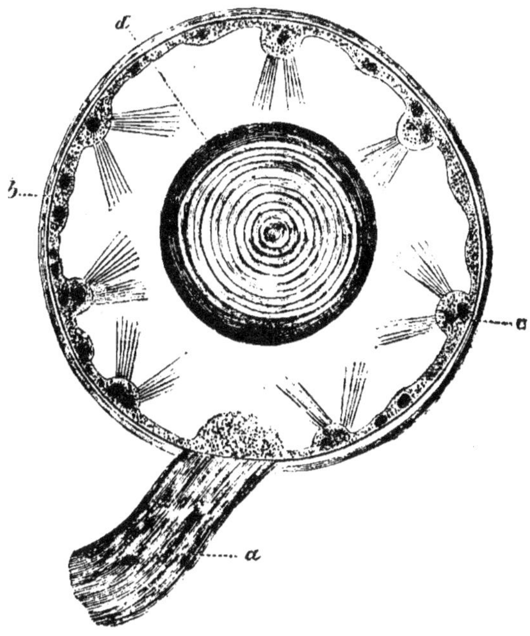

Fig. 28. — Organe de l'ouïe de *Barinaria*.

a, nerf acoustique ; b, épithélium de l'otocyste ; c, papilles avec leurs cils
(poils auditifs) ; d, otolithe.

Dans l'organe de l'audition, il y a donc transmission de mouvements ; et l'élasticité et la mobilité des parties doivent être en rapport avec la nature du mouvement ; un nerf spécial sera exclusivement attaché à l'appareil périphérique de l'ouïe.

Ces conditions sont fondamentales ; l'organe auditif n'est différencié que s'il offre ces propriétés, une limitation précise et un nerf afférent.

Les premiers linéaments d'un organe auditif se distinguent chez les animaux inférieurs en même temps qu'apparaît leur système nerveux : tous deux sont dérivés de l'ectoderme.

C'est chez les *Cœlentérés* qu'on observe les premiers vestiges d'un système nerveux en communication avec des cellules de l'ectoderme, réunies en groupes, au fond d'une dépression, puis étalées à l'intérieur d'une vésicule, ouverte ou close, dite otocystique, à laquelle aboutit un filet nerveux.

Dans l'intérieur de cette petite vessie pleine de liquide, au contact des cils rigides qui surmontent les cellules neuro-épithéliales qui tapissent la paroi, se trouvent une ou plusieurs masses mobiles, les otolithes.

C'est chez les *Méduses* que l'on observe les premières for-

FIG. 29. — Organe auditif de *Rhopalonema*, montrant encore un petit orifice (d'après Hertwig).

hk, tentacule modifié; *o*, organe auditif.

mations otocystiques (vésicules auditives) qui sont immédiatement en rapport avec un renflement (ganglion) de l'anneau nerveux marginal (O. et R. Hertwig) (V. fig. 28).

Quels sont ces éléments neuro-épithéliaux qui forment la base même de l'organe sensoriel ?

On les retrouve constants dans toutes les formations auditives où elles sont toujours en rapport étroit avec les réseaux et ganglions nerveux et les filets nerveux spéciaux qui s'y rendent (V. fig. 3).

Cellules spécifiques auditives, cellules cylindriques ciliées, cellules neuro-épithéliales, neuro-dermiques d'abord, elles se présentent sous la forme de grosses cellules cylindriques à plateau épais, d'où émergent des cils criniformes rigides ; un gros noyau à leur centre ; et accolé à la paroi cellulaire, un élément fusiforme, allongé, cellule à cil, correspondant en bas à un filet nerveux, et terminé au niveau du plateau cilié par une extrémité déliée, filiforme, saillante (V. fig. 30).

Ces éléments sont disposés de diverses façons dans la vésicule otocystique et sur ses divisions, comme elles seront, chez les animaux élevés dans la série zoologique, séparées dans des diverticulums multiples correspondant à des fonctions multipliées ; mais le type reste identique et ne varie pas (Hasse, Leydig, O. et R. Hertwig, Paul Meyer, Lankaster, Waldeyer, Deiters, Key, Retzius, Schultze, Beauregard, Chatin, Coyne, etc.).

De la méduse à l'homme, cet élément fondamental est permanent ; de plus, on trouve constantes aussi les concrétions incluses dans l'otocyste et dans le labyrinthe compliqué des Vertébrés.

L'otolithe simple ou multiple, mobile, transmet aux cils rigides des cellules auditives les oscillations, chocs, mouvements reçus, et sans doute le sens de ces mouvements, leur direction. Beaunis remarque que de ces petits organes mar-

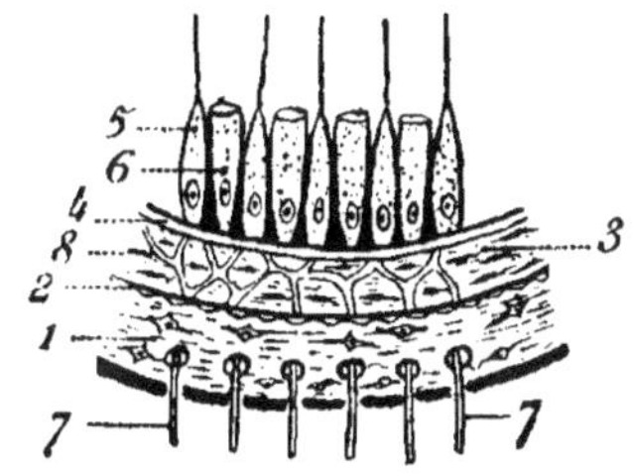

FIG. 30. — Schéma de la structure des taches et des crêtes acoustiques.

1, paroi du vestibule osseux (tache criblée) ; *2*, périoste interne ; *3*, paroi du vestibule membraneux ; *4*, membrane basale ; *5*, cellules à cils (poils auditifs) ; *6*, cellules de soutien ; *7*, filets du nerf vestibulaire ; *8*, plexus nerveux.

ginaux des Méduses, sous l'influence des excitations du dehors, partent des actions réflexes ; des mouvements sont provoqués ; il y a déjà des actes moteurs consécutifs à des phénomènes sensitifs ; il conclut que ce sont surtout là des organes de *direction*. Verworn, analysant ce rôle de l'otolithe, y voit le premier indice d'un appareil du sens de l'équilibre, de la station et de la direction des mouvements. L'étude de la vésicule auditive de *Calliarina bialata* est très suggestive à ce point de vue (de Varigny, I. Breuer, etc., Bonnier).

Ce n'est point le lieu de développer les théories de Verworn, Beaunis, de Varigny, etc, ni les démonstrations de Y. Delage, ni les hypothèses nombreuses émises sur ces fonctions spéciales de direction, qui nous occuperont plus loin ; elles n'ont qu'un rapport très relatif avec la fonction auditive dont l'étude est notre objectif actuellement.

Il est intéressant cependant de savoir que dans certaines classes zoologiques, les *Vers*, par exemple, chez les genres dépourvus de taches oculaires, on observe des vésicules auditives (Beaunis, Brehm).

Chez les *Crustacés*, on trouve les vésicules à cellules ciliées ouvertes (écrevisse) ou closes (homard) ; ces vésicules sont situées à la base des antennules.

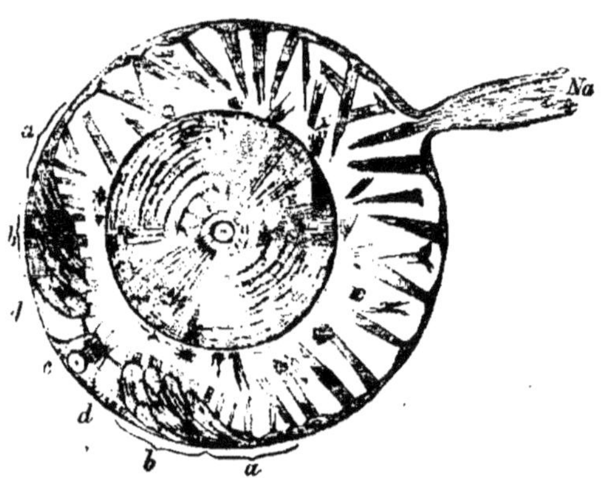

FIG. 31. — Organe auditif de *Pterotrachea Friderici* (d'après Claus).

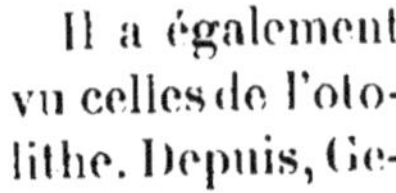

Na, nerf auditif ; *c*, cellules centrales ; *d*, plaque de support ; *b*, cercle externe de cellules auditives ; *a*, cellules à cils.

Hansen, dans une expérience célèbre, citée à tort par Helmholtz à l'appui de sa théorie de l'audition, a constaté les oscillations des poils auditifs de la surface du corps de la Mysis sous l'action des sons, et les a vues varier suivant les tonalités.

Il a également vu celles de l'otolithe. Depuis, Gegembaur, Huxley, Leydig ont fait des observations analogues.

Les *Arachnides* n'offrent point d'organes différenciés pour l'ouïe ; on ne peut leur refuser l'audition, cependant ; Plateau a étudié à fond ce sujet. (Richet, *Dict. phys.*, « Arachnides ».)

Chez les *Insectes*, Lubbock trouve l'ouïe bien obtuse ; Beaunis, Chatin, Lubbock, Leydig ne constatent l'absence d'aucun renflement cérébral auditif analogue à celui qui est si développé pour l'œil chez ces animaux.

M. C. Janet, de Beauvais, a décrit et dessiné les organes de stridulation de la fourmi et ceux de l'audition.

Avec Beaunis (p. 125), je pense que, si ces animaux font du

bruit, émettent des sons (que M. C. Janet a rendus perceptibles chez la fourmi par un dispositif ingénieux (Janet,
C. R. Soc. entom. de France), il est rationnel d'admettre
qu'ils les entendent.

Chez les *Acridiens* on a pu s'assurer de l'existence de véritables organes de l'ouïe qui sont logés, tantôt dans la partie
postérieure du métathorax, tantôt dans les jambes antérieures
(locustides, gryllides).

Leydig a figuré et décrit l'appareil auditif des sauterelles.

On y reconnaît un nerf auditif terminé par une intumescence ganglionnaire touchant une membrane tendue dans un
cadre chitineux. Sur la surface de cette membrane vibrante, au
contact de ce ganglion nerveux, trois pièces cornées rayonnent,
une en forme de cylindre, l'autre pointue, la troisième ressemblant à un marteau ; la fonction de ces parties est inconnue (Chatin, H. Fabre, Nuhn et Viters Graber, 1881).

C'est dans les *Mollusques* que l'on rencontre des organes
auditifs bien distincts, très répandus et qu'ils sont le mieux
étudiés et connus.

L'otocyste est situé auprès des ganglions sous-œsophagiens ; mais, d'après Lacaze-Duthiers, le nerf acoustique naît
des ganglions cérébraux (escargot, paludine, limace des
champs).

En général, il y a deux vésicules, et par suite l'orientation
est différenciée nettement ; chacune contient tantôt un seul
otolithe, tantôt deux ou plusieurs (poulpe).

Bonnier constate un développement de l'otocyste de la
sèche très avancé au milieu des autres Mollusques.

La vésicule auriculaire de ce céphalopode est formée de deux
parties accolées ; on y trouve des saillies, un sillon aboutissant ;
et une crête couverte de cellules neuro-épithéliales à laquelle
aboutit un rameau nerveux indique une formation nouvelle.
On y voit, avec raison, l'ébauche d'un canal semi-circulaire
(Koraleswki, Owjanniskow, Retzius).

Ces structures sont rendues possibles par la situation de
l'otocyste au milieu d'un tissu de cartilage ; cette condition
nouvelle est de grande importance ; le réceptacle résistant qui
englobe la vésicule favorise la sensation de tension intravésiculaire, de pression intérieure. On voit que la complication graduelle de la forme, de la structure coïncide avec la

multiplication des filets nerveux et, par conséquent, des sensations perçues et des relations de l'organe avec les autres parties du corps.

D'autre part, l'orientation se précise, puisqu'une seule ouverture latérale donne passage aux excitations du dehors.

Les *Céphalopodes*, les *Arthropodes* offrent ce développement bien net.

Chez la *Myxine*, Retzius a montré les essais de segmentation de la vésicule primordiale accomplis.

Il a décrit l'adjonction d'un canal annexe, de forme cylindrique et semi-circulaire, dont une extrémité est dilatée en ampoule, et à ce niveau une crête chargée de cellules auditives caractéristiques ; partout ailleurs ce sont des cellules pavimenteuses qui tapissent le canal comme la paroi de la vésicule centrale, en dehors des macules auxquelles se rendent les nerfs. Breschet indique deux canaux additionnels chez les Pétromyzontes et les Ammocètes.

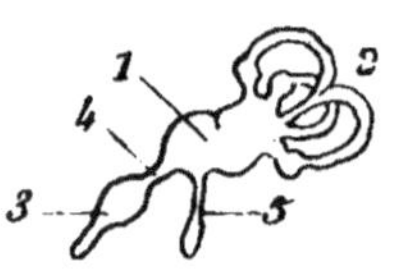

Fig. 32. — Labyrinthe membraneux d'un Oiseau (comparer avec l'organe auditif de l'embryon de Mammifère).

1, vestibule ; *2*, canaux semi-circulaires ; *3*, limaçon ; *4*, canalis reuniens ; *5*, aqueduc du vestibule.

Il est à remarquer qu'à partir de ce degré de l'échelle zoologique tous les animaux possèdent trois canaux à ampoule et crête sensorielle, trois canaux semi-circulaires s'ouvrant dans la vésicule centrale primaire.

Celle-ci, de plus, se subdivise à son tour, et des formations nouvelles apparaissent graduellement. Cette précocité de l'apparition de ces canaux indique suffisamment la fonction générale et de premier ordre qu'ils remplissent.

Autour de ces vésicules se montrent des espaces qui constituent peu à peu les voies périlymphatiques qui enveloppent les espaces et organes endolymphatiques.

Chez les *Poissons*, l'oreille est encore réduite au labyrinthe, c'est-à-dire aux formations vésiculaires ; elle a trois canaux semi-circulaires, la lagena, l'utricule, un saccule et un otolithe relativement volumineux et des canaux endo et périlymphatiques extrêmement développés (ganoïdes, esturgeon, [Breschet]). Chez certains Poissons (*Chimæra monstrosa*), le canal endolymphatique parti de l'utricule s'élève jusqu'aux téguments et *s'ouvre-là* à l'extérieur. Les canaux périlymphatiques sont, au contraire, isolés et clos.

On conçoit que cette disposition anatomique facilite la transmission des pressions du dehors vers le labyrinthe, mais vice versa permet une décharge de la pression intralabyrinthique au besoin.

Chez les *Sélaciens*, Scarpa décrit une membrane ou mieux une fenêtre membraneuse (fenêtre ovale) qui est la voie de pénétration des ébranlements extérieurs. Chez les *Téléostéens,* le saccule devient énorme et contient un otolithe volumineux ; les canaux endolymphatiques se rétrécissent ; et la capsule auriculaire s'ouvre largement à l'intérieur du crâne.

La fenêtre ovale est close et fermée par une pièce osseuse mobile, elle regarde du côté de la cavité branchiale (Breschet).

Chez d'autres Poissons (alose, carpe), le labyrinthe offre un rapport à la fois curieux et important avec la *vessie natatoire ;* et d'autre part, par le saccule, avec l'extérieur, au moyen d'une paroi membraneuse, qu'on peut comparer à un tympan, et à laquelle il est accolé.

Les expansions globuleuses de la vessie natatoire sont accolées aux vésicules labyrinthiques.

Nous comprenons que, par ce tympan, les ébranlements trouvent entrée dans l'appareil auditif ; mais à quoi servent ces diverticulums aériens de la vessie natatoire, au point de vue de la fonction de l'ouïe ? Il est admis que par ce système les pressions intralabyrinthiques peuvent se mettre en équilibre avec celles de l'extérieur ; et qu'ainsi est évitée la tension exagérée du tympan.

D'autre part, il résulte des rapports si étroits entre les cavités labyrinthiques et la vessie natatoire que les moindres variations de tension de l'air de celle-ci sont perçues par le labyrinthe, qui jouerait ainsi le rôle de manomètre de la tension (Hasse) ; or, on sait déjà que les nerfs des ampoules ne sont pas étrangers à cette connaissance en ce qui regarde le labyrinthe, même chez les animaux dépourvus de vessie natatoire.

Quand l'animal monte ou descend au sein du liquide, ses organes s'accommodent et les pressions extérieures et les tensions internes s'égalisent.

Je me suis étendu sur ce jeu des régulateurs de pression, très remarquable, parce qu'il rend manifeste une des fonctions et des sensibilités du labyrinthe : la sensibilité aux pressions extérieures et aux tensions intérieures, que Bonnier sépare avec raison, sous les noms de sensations Baresthésiques et sensations Manoesthésiques : nous verrons plus loin que ces différenciations de la sensibilité existent également chez l'homme. J'ai signalé il y a longtemps le rôle de manomètre joué par le labyrinthe ; j'y avais été conduit par l'étude et l'interprétation de faits pathologiques (vertiges et accidents de déséquilibration) si communs dans les affections otiques. (Gellé, *Traité d'otologie* et *Études d'otologie*, 1876-1880, t. I et II.)

Nous ne pouvons passer sous silence l'appareil des osselets de Weber et ses moteurs, qui dans cette famille semblent chargés de protéger le labyrinthe dans les changements brusques de la pression extérieure. (Lire les *Expériences de Bonnier, Oreille*, p. 96 ; Hasse, Sagemehl, etc.)

Chez les *Amphibiens* (la salamandre) Retzius et Hasse signalent un vestige de limaçon ; de même chez les Anoures.

La fenêtre ovale est couverte par un opercule auquel s'est soudée la columelle, tige rigide, qui est l'analogue de la chaîne des osselets ; de plus, une communication large existe entre la cavité tympanique fermée par un tympan et le pharynx. La caisse s'aère par les mouvements de la déglutition, respiratoire chez la grenouille. Ainsi l'oreille moyenne est toute formée, mais il n'y a pas d'oreille externe, le tympan est sous-cutané. Cependant, chez certaines espèces (Protées), il n'y a pas de caisse et pas de columelle (axolotl).

L'organe auditif des *Reptiles* est très différemment développé suivant les espèces. Il n'existe pas d'oreille externe ; à peine un bourrelet, chez les Crocodiliens. Ceux-ci ont un appareil aussi complet que chez les Oiseaux ; chez les Ophidiens celui-ci se rapproche de celui des Batraciens.

Les *Serpents* manquent de cavité tympanique, laquelle est bien conformée chez les *Chéloniens* et les *Crocodiliens* : il y a des cellules aériennes mastoïdes chez ces derniers.

La chaîne des osselets de l'ouïe est représentée par une columelle. Les *Sauriens* ont un étrier, un marteau et un muscle moteur. Toute cette grande classe d'animaux possède un labyrinthe à deux fenêtres, qui est composé d'un vestibule, des canaux semi-circulaires et des otolithes.

Le limaçon apparaît très dessiné, et complet pour la première fois; bien longtemps, comme on le voit, après la venue des canaux semi-circulaires. Ce limaçon a deux rampes; et la distribution des filets nerveux rappelle celle du limaçon des animaux supérieurs, il décrit un quart de tour de spire.

Dans le cerveau de ces animaux, on voit sur le plancher du 4e ventricule, en dehors des *cordons ronds*, de chaque côté, un tubercule, *tubercule acoustique*, qui donne naissance au nerf acoustique. Beaunis signale chez les Crocodiles une sorte d'ébauche du *lobe temporal* (*Beaunis, loc. cit.*).

L'ouïe est très obtuse chez la tortue, et fine chez le crocodile, le lézard, plus intelligents aussi.

Chez les *Oiseaux*, le système nerveux s'élève comme développement au-dessus de celui des Amphibies et des Reptiles; leur cervelet est fort volumineux. On trouve peu de différence cependant entre les organes des sens et ceux de ces animaux (Poissons, Reptiles). Le tympan est saillant en dehors, il n'existe qu'un sourcil osseux et des touffes de plumes, comme vestiges de l'oreille externe; la caisse est celle des Reptiles et les osselets sont réduits à une columelle. Les aigles ont une sorte d'osselets, un étrier, et des muscles tympaniques (Milne Edwards). Chez les Oiseaux le labyrinthe se compose de trois canaux semi-circulaires très développés, d'un vestibule, d'un saccule et d'un limaçon très rudimentaire; son organisation est différente de celle des Mammifères. Les fenêtres sont très étroites (Paul Meyer, Viendeschmann, Breschet, Hasse, Scarpa) (fig. 32).

La périlymphe, nommée humeur de Valsalva, l'endolymphe, humeur de Scarpa, sont analogues à celles des Mammifères. L'otoconie est formée d'une foule de cristaux ténus. La caisse communique très largement avec de vastes cellules osseuses mastoïdiennes et occipitales, ainsi aérées.

Le limaçon des oiseaux chanteurs ne diffère pas des autres (Leydig, Scarpa, Nuhn, Chatin, Milne Edwards) (V. fig. 30).

Chez les *Mammifères* l'appareil de l'ouïe s'épanouit dans tout son développement. Le labyrinthe offre un *limaçon* contourné en spirales, avec une fenêtre tympanique, dite fenêtre ronde; une fenêtre ovale où s'encadre l'étrier; des canaux semi-circulaires bien développés, un vestibule contenant utricule et saccule, et des appareils endo et périlymphatiques.

L'oreille moyenne s'est élargie et contient les osselets et leurs muscles ; son aération est assurée par un système particulier ; les cellules aériennes mastoïdiennes se développent et l'oreille externe prend une importance remarquable chez les animaux aériens.

Mais on doit observer que sur les crêtes sensorielles des ampoules des canaux semi-circulaires, aussi bien que sur les taches auditives vestibulaires et sur la papille hélicoïde du limaçon, on retrouve toujours étalés et symétriquement rangés les éléments cellulaires neuro-épithéliaux que nous avons décrits dans l'intérieur des otocystes, des vésicules auditives des animaux inférieurs. Ce sont les éléments fondamentaux de l'organe auditif.

Les *Cétacés* ont leur trompe d'Eustache ouverte dans l'évent et armée de replis valvulaires (Owen).

Leurs osselets sont massifs, peu mobiles ; ils sont logés dans un diverticulum séparé de la caisse. Le conduit auditif est extrêmement étroit à son entrée ; le pavillon fait défaut chez les Mammifères aquatiques.

Chez les *Monotrèmes*, les osselets sont réduits à une columelle, de même chez les Marsupiaux. Chez les Fourmiliers les osselets ressemblent à ceux des carnivores.

Chez le *Cheval* (Ongulés) le conduit auditif osseux est très long ; le pavillon forme un cornet très mobile, très développé ; la caisse est plutôt étroite, les cellules mastoïdes en forme de lamelles rayonnent autour du cadre tympanal ; gros étrier et marteau court.

Les trompes d'Eustache s'étendent de chaque côté de la caisse vers deux vastes poches situées à la partie supérieure du pharynx, « poches gutturales ».

Le rôle de ces cavités, d'après Lavocat, serait de suppléer les cellules mastoïdiennes (Chatin, Milne Edwards).

Chez les *Ruminants*, trompe courte et le reste à peu près analogue.

Chez le *Porc*, cellules aériennes et diploétiques très abondantes, osselets plus délicats.

Chez les *Rongeurs*, la caisse se détache de la masse du rocher sous forme d'une *bulle* volumineuse ; trompe petite, courte ; osselets déliés.

Le limaçon est isolé et saillant dans la bulle sous forme d'un cylindre inégal : c'est grâce à cette disposition chez le cobaye que j'ai étudié expérimentalement les fonctions cochléaires. (Gellé, *Fonctions du limaçon*, *B. Soc. Biologie.*)

Chez les *Carnivores*, la caisse est une bulle énorme, ovoïde ; une lamelle osseuse la partage en deux compartiments ; le plus interne répond à la fenêtre ronde ; chez les Canidés la

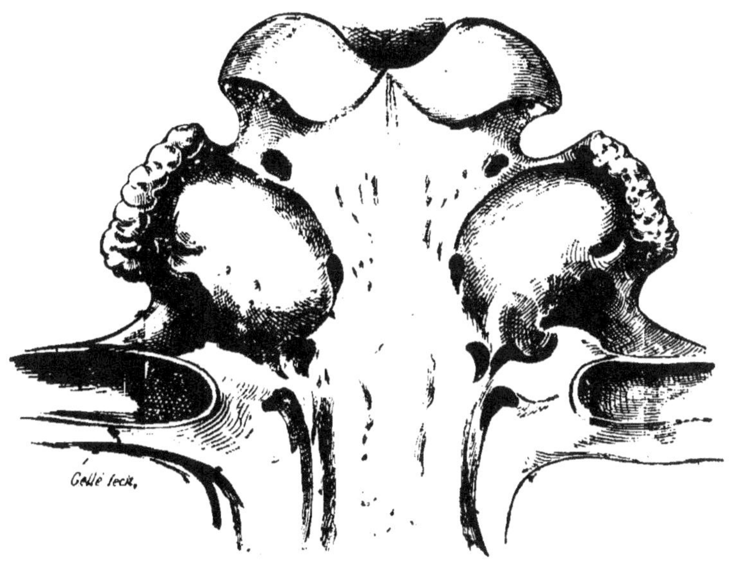

Fig. 33. — Bulles saillantes sur la base du crâne du lion.

lamelle osseuse est incomplète. La bulle du lion atteint les proportions d'un demi-œuf de poule ; celle du chat est de la grosseur d'un gros grain de chasselas. Les osselets sont logés et cachés dans la partie sus-tympanique de la caisse, et séparés par un orifice étroit de la partie inférieure ou tympanique de la cavité ; le muscle du marteau, piriforme, est volumineux. Le manche du marteau, arqué et long, dépasse le centre de figure du tympan ovalaire (V. fig. 31).

La taupe offre un conduit très étroit à son entrée, des cellules mastoïdes très étendues ; les branches de l'étrier s'écartent et reçoivent comme une clavette un petit osselet, « le pessulus » (Chatin).

Chez les *Chiroptères*, dont l'ouïe est si fine, l'oreille externe est remarquablement volumineuse, étalée en un large écran ; et le méat auditif est protégé en avant par une forte saillie ; la *bulle* est vaste, et les osselets bien proportionnés. L'organe auditif est, en effet, des plus développés chez les chauves-souris. Chez l'oreillard la conque auditive a un énorme développement ; chez plusieurs autres espèces, le pavillon atteint la longueur du corps de l'animal (V. fig. 35).

L'analogue du tragus est aussi extrêmement ample chez

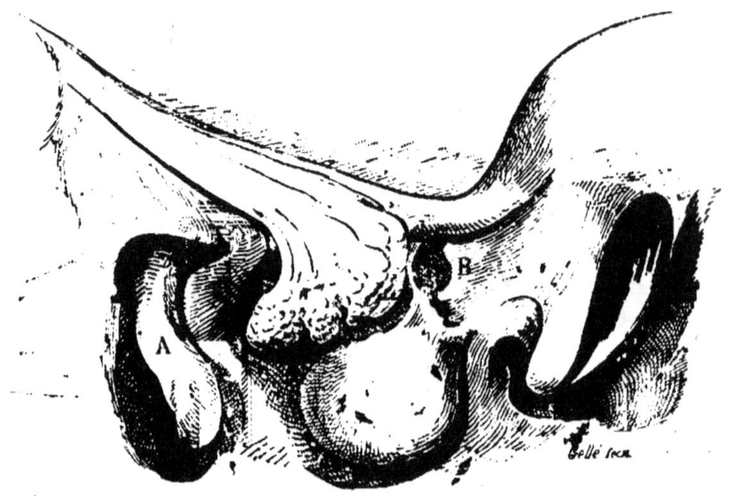

Fig. 34. — Bulle vue de côté.

ces animaux ; j'ai dit que, sans doute, il avait pour fonction de défendre l'entrée du conduit aux nuées d'insectes au milieu desquelles ils chassent. Spallanzani (1800), frappé de voir combien peu les chauves-souris sont gênées par la perte de la vue, n'a pas hésité à avancer qu'elles *voient par l'oreille*. Jurine (1798), on le sait, remplit les conduits auditifs de colle ou de cire ; et les animaux privés de l'audition devinrent incapables de se diriger, alors qu'ils en avaient la possibilité auparavant, malgré la perte de la vue (V. fig. 35).

La finesse de l'ouïe de ces animaux nocturnes est des plus remarquables, mais on n'ignore pas que le silence de la nuit augmente l'acuité auditive. Les chauves-souris se dirigent par l'ouïe comme les chiens chassent avec leur odorat ; au reste, elles possèdent aussi ce sens très développé, et leur organe olfactif énorme, est parfait.

Les *Lémuriens* ont une caisse du tympan analogue à celle des Carnivores ; de même les ouistitis, les cébus, le macaque. Chez les *Semnopithèques* les bulles existent encore sous la base du crâne. A mesure que nous nous élevons dans la série zoologique, la bulle disparaît et peu à peu les cellules mastoïdiennes s'accusent, grossissent et forment une saillie mastoïdienne derrière le pavillon de l'oreille : ce sont des réservoirs d'air.

Chez l'orang, le gorille, le chimpanzé, ces saillies sont net-

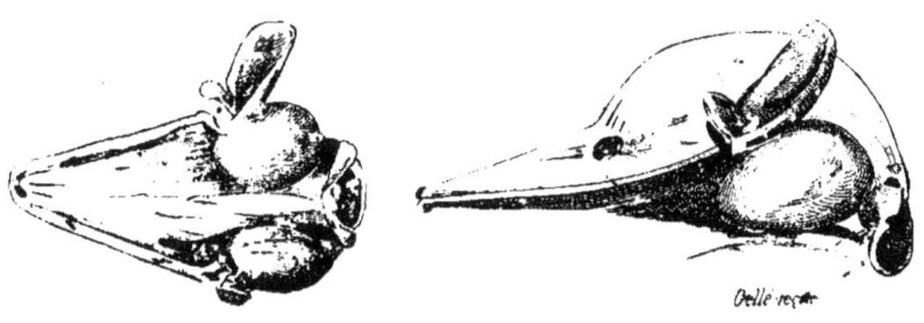

Fig. 35.

tement dessinées sans atteindre les proportions de l'apophyse mastoïde de l'homme adulte (V. fig. 36, B).

En définitive des singes inférieurs aux primates l'organe auditif se rapproche de celui de l'homme. J'ai montré que le développement de la saillie mastoïdienne est en rapport avec la station bipède des primates et de l'homme ; cette apophyse est l'extrémité externe du levier de rotation de la tête dans l'orientation, et donne attache aux muscles chargés de ces mouvements d'adaptation de l'organe de l'ouïe aux directions. (Gellé, *Études d'otologie*, t. I.)

Le pavillon de l'oreille se modifie graduellement aussi chez les diverses espèces. On a constaté dans ses anomalies que celui de l'homme présentait des formes simiesques. Le tubercule du bord de l'hélix, normal chez les singes, se rencontre parfois chez l'homme (tubercule de Darwin) (V. 4, fig. 37).

Schwalbe a prouvé que ce tubercule est constant chez l'embryon ; chez l'homme c'est une anomalie réversive (Testut).

Lalou, Féré, Séglas, Lannois, His ont montré la transmission héréditaire de ces anomalies.

Jetons un coup d'œil d'ensemble sur ce développement de l'organe et de la fonction auditive chez les animaux, de la classe des Mollusques à l'homme.

Récapitulation. — Un seul élément, toujours semblable, se retrouve dans tous ces appareils auditifs du plus simple au

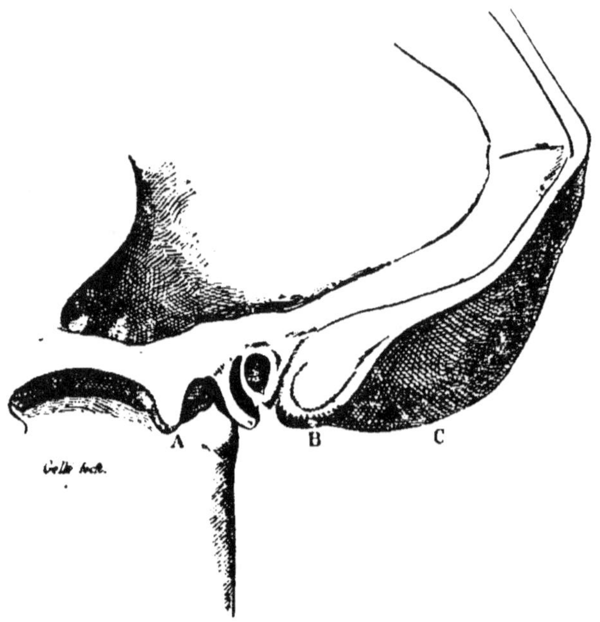

Fig. 36.

plus compliqué ; c'est la cellule auditive, cellule neuro-épithéliale, cellule cylindrique, cellule ciliée. Les poils peuvent s'allonger, s'agglutiner pour former des lames membraneuses protectrices dans certains cas, et surtout associées à la récolte des ébranlements intralabyrinthiques et à leur action sur les nerfs afférents aux cellules auditives. A mesure que l'on gravit les degrés de l'échelle des êtres, les groupes de ces cellules forment des surfaces sensorielles distinctes, macules, crêtes, taches, éparses, de plus en plus nombreuses ; et à chacune d'elles aboutit un filet nerveux.

En même temps, la vésicule simple primitive se subdivise (utricule, saccule) ; puis c'est d'abord un, puis deux, trois canaux membraneux qui s'en séparent et s'y raccordent par leurs deux extrémités ; puis se forment d'autres diverticules, l'un vers la cavité cranienne, l'autre vers l'extérieur ; ce sont les canaux endo et périlymphatiques. Ensuite, des cavités nouvelles bossellent encore la vésicule mère, et bien longtemps après l'apparition des canaux semi-circulaires se montre la formation, tout aussi constante, qui sera le limaçon.

L'oreille n'est totalement constituée jusqu'ici que par le labyrinthe. Plus tard, une cavité, diverticulum du pharynx

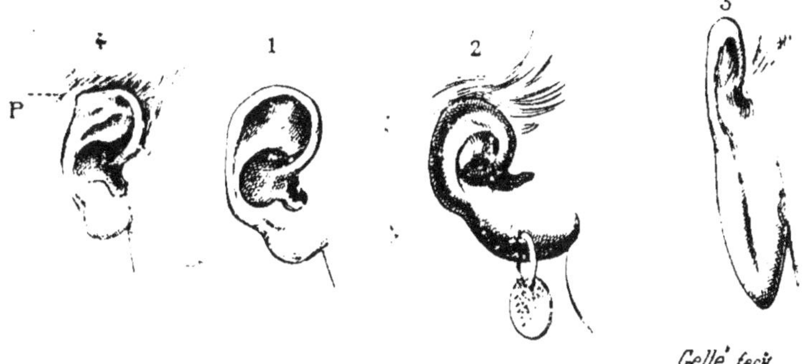

FIG. 37.

isole celui-ci de la paroi extérieure ; il existait une fenêtre labyrinthique (fenêtre ovale) ; une deuxième plus tardive (fenêtre ronde), répondant aux canaux périlymphatiques, se montre sur la paroi de la cavité tympanique, laquelle est fermée par une membrane sous-cutanée (tympan). Le tympan est relié au labyrinthe par une columelle, qui se termine par un étrier, encadré dans la fenêtre ovale : c'est l'oreille moyenne.

Ainsi la caisse du tympan est complète et des mécanismes spéciaux en assurent la ventilation avec l'air du côté du pharynx par un canal (trompe).

Puis la chaîne des osselets se segmente, se dessine avec ses muscles ; et aussi les cellules mastoïdiennes pleines d'air ; et l'accommodation de l'appareil conducteur et sa protection sont assurées ainsi.

L'oreille externe est un appendice aérien et se développe chez les Mammifères aériens, chez lesquels elle joue un rôle important pour la collection des sons et dans l'orientation.

Parallèlement à cette évolution progressive de l'organe périphérique du simple au compliqué, la fonction auditive se présente d'abord bien peu différenciée de la fonction tactile.

Tout d'abord l'orientation, l'excitation motrice naissent des excitations des cellules ciliées spécifiques par les chocs et les déplacements des otolithes.

Chez les Céphalopodes, un cartilage englobe les deux vésicules et leurs diverticulums : l'orientation latérale est assurée par ce fait ; mais en même temps, ainsi que nous l'avons dit avec Verworn, Hasse et Bonnier, etc., les sensations de pression et de tension intérieures sont possibles ; et bientôt des appareils d'accommodation spéciaux (Poissons) montreront, par les rapports si curieux établis entre les organes de l'audition et la vessie natatoire, toute l'importance de cette question des sensations baresthésiques et manœsthésiques qui servent à l'orientation, et à la défense de la fonction de l'ouïe, laquelle exige une tension intralabyrinthique constante et égale, et est toujours cependant conditionnée par les pressions extérieures.

Le rôle des canaux semi-circulaires se montre alors bien marqué, l'utricule sans doute en tenait primitivement lieu : et c'est une fonction différenciée, en partie au moins, de celle de l'ouïe ; partage difficile au reste à apprécier, à l'état sain, tandis que la lésion expérimentale des canaux en donne excellemment, comme la pathologie auriculaire, la démonstration, brutale, il est vrai, par comparaison avec les excitations dues aux variations de pression, de tension et aux ébranlements vibratoires auxquels ces organes sont normalement exposés.

Mais cette action réflexe de motricité, déjà remarquée par Beaunis chez la méduse, quand on excite les organes marginaux, est, par la suite, grâce à la division du travail plus compliqué, localisée, limitée, attribuée surtout aux crêtes sensorielles des ampoules des canaux semi-circulaires, qui sont si développés chez les Poissons et les Oiseaux. C'est là une fonction annexe de l'audition, sur laquelle on a tant écrit qu'il est difficile d'en parler peu ; et qu'on n'en discute jamais assez les hypothèses émises, car la question est toujours à l'étude.

Nous traiterons, avec l'étendue qu'elle comporte, de cette
fonction des canaux, à propos de l'audition chez l'homme. Il
était d'ores et déjà intéressant de montrer ici la progression
de la différenciation fonctionnelle et organique, mais il
faut aussi ajouter que, l'excitation réflexe, l'action excito-
motrice, existant avant les canaux semi-circulaires, puisque
c'est une des propriétés de la matière organisée et du système
nerveux, sa spécialisation en définitive marche donc de pair
avec celle des organes périphériques.

Quant à l'audition proprement dite, elle est effectivement
l'œuvre d'une seule des divisions de la vésicule primitive, à
savoir du limaçon et du saccule réunis, l'utricule et les canaux
semi-circulaires étant chargés des sensations excito-motrices.

Les branches du nerf acoustique, qui correspondent à ces
vésicules auditives distinctes, se rendent en outre à des parties
différentes de l'encéphale, elles conduisent à des foyers distincts
des centres nerveux, ainsi que nous le verrons chez l'homme.

En plus des sensations, dites tonales, des chocs ou sensations tactiles toujours possibles, l'oreille interne des plus
infimes animaux, de même que celle des animaux supérieurs,
fournit à la conscience des sensations de tension intralabyrinthique, d'ébranlement sonore et de pression extérieure
(venues par le tympan, ou par l'étrier, ou par la fenêtre ronde,
ou par l'enveloppe osseuse, ou par les voies vasculaires et
lymphatiques, etc.). Quelle qu'en soit l'origine, par l'effet de
ces sensations intimes labyrinthiques naissent, et se trouvent
associés ou non aux sensations sonores, des actes d'accommodation synergiques des deux organes de l'ouïe, des notions
d'orientation, des mouvements coordonnés automatiques des
oreilles avec les autres organes des sens, de défense de l'ouïe
menacée, d'accommodation de l'appareil de transmission de
chaque oreille à l'audition, d'aération de la cavité tympanique
intermittente, par une action réflexe sur la salivation et la
déglutition. Dans ces multiples fonctions, la sensibilité générale vient en aide à la sensibilité sensorielle pour commander
et régler les actes moteurs nécessaires.

L'oreille humaine, qui est la synthèse de tous les progrès
acquis dans le développement de l'organe et de l'ouïe, résume
ainsi toutes les propriétés reconnues chez les animaux dans
l'échelle zoologique.

§ II. — Développement de l'oreille humaine

L'étude embryologique de l'organe de l'ouïe nous fait assister à une évolution alors tout à fait comparable à celle que nous venons d'exposer dans la série animale. C'est le labyrinthe qui apparaît en premier, simple dépression de l'ectoderme, qui peu à peu s'excave, s'isole, devient une vésicule (période otocystique). Celle-ci s'enfonce et du vestige d'encéphale se détache un faisceau nerveux, qui s'accole à la vésicule, et se gonfle de cellules ganglionnaires. La vésicule contient de l'endolymphe, et des cellules neuro-dermiques, neuro-épithéliales, en tapissent la paroi intérieure.

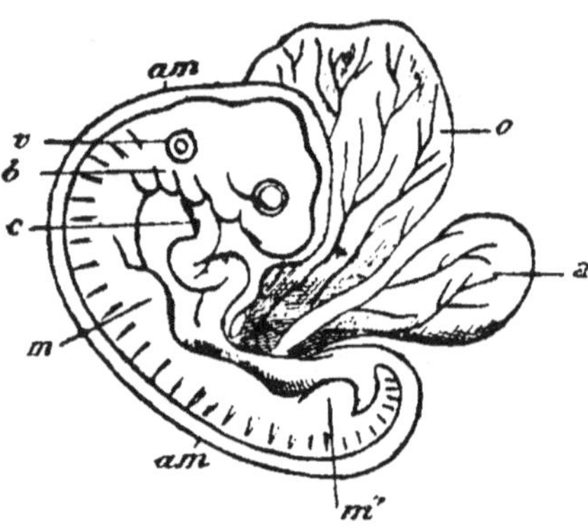

Fig. 38. — Embryon humain de quatre semaines.

a, allantoïde ; o, vésicule ombilicale ; am, amnios ; c, tube cardiaque incurvé en S ; b, arcs branchiaux ; v, vésicule acoustique ; m et m', bourgeons des membres.

Bientôt cette vésicule primaire se subdivise, comme a fait l'otocyste des mollusques ; puis successivement se forment les canaux semi-circulaires, le canal ou aqueduc du vestibule (voie endolymphatique) qui se rend aux vésicules cérébrales, plus tard le limaçon, qui assez rapidement s'enroule en spirales.

Je ne puis décrire les curieux et minutieux détails de cette évolution (on en trouvera tous les éléments dans l'atlas du Pr M. Duval [atlas d'embryologie] et dans les ouvrages classiques de Kolliker, et de Balfour, Vogt, Pouchet, Bœttcher, etc.) (fig. 38, 39, 40).

A la huitième semaine, chez l'embryon, le canal cochléaire

fait un tour entier ; à la douzième semaine, son développement est complet (Bœttcher).

La capsule cartilagineuse d'enveloppe s'ossifie et forme le labyrinthe osseux, modelé sur le membraneux.

La membrane de Corti apparaît constituée par les cils des cellules auditives, allongés, agglutinés et accolés en nappe (Coyne, Waldeyer).

Les espaces périlymphatiques isolent le labyrinthe membraneux (vésicules, canaux, ampoules, canal cochléaire) de

Fig. 39. — Développement de l'extrémité céphalique
(embryon de poulet).

A, embryon de poulet du troisième jour, et B, un peu plus âgé ; b, protovertèbres ; c, moelle épinière ; d, cerveau postérieur ; e, cerveau moyen ; f, cerveau intermédiaire ; g, cerveau antérieur ; i, vésicule auditive ; o, œil.

l'enveloppe solide. Les deux rampes sont des cavités périlymphatiques.

Les cellules auditives cylindriques et à cils sont disposées sur quatre rangées, comme chez l'adulte, et sont en rapport immédiat avec les ramuscules des plexus nerveux de l'acoustique ; le tout est supporté par la voûte en hélice des arcades de Corti couvrant la membrane basilaire.

L'oreille moyenne est constituée par la soudure de la première fente branchiale, et par un diverticulum du pharynx qui sépare le labyrinthe cartilagineux de la paroi externe ; une membrane isole à son tour la caisse ainsi formée, du conduit auditif, dont les deux parois sont accolées : c'est le tympan.

Au quatrième mois, les osselets sont bien dessinés, et le

marteau ne fait plus corps avec le cartilage de Meckel (fig. 43 ; ils sont englobés dans un magma muqueux qui comble la cavité tympanique ; la caisse est virtuelle. Il existe un canal étroit, ou trompe, qui sépare celle-ci du pharynx ; on trouve le muscle tenseur innervé par le trijumeau (nerf masticateur): le stapédius, muscle de l'étrier, issu du deuxième arc branchial, est innervé par le facial.

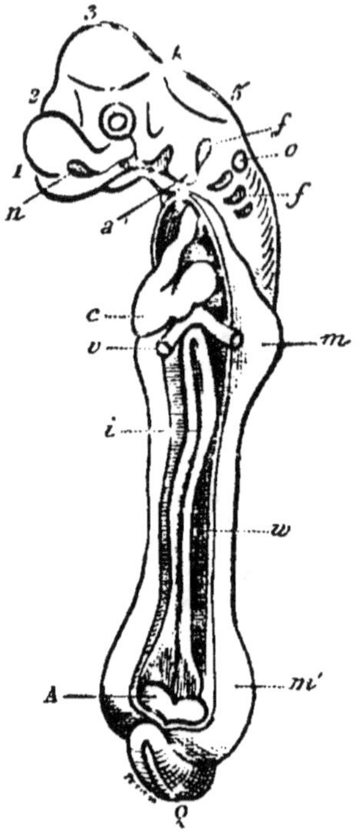

A quatre mois, l'oreille est donc déjà toute développée. A la naissance, l'air pénètre dans les poumons et dans la caisse ; le bourrelet gélatiniforme disparaît, et l'appareil auditif devient un organe aérien. Désormais l'aération en sera assurée par chaque déglutition de l'enfant.

L'oreille externe se développe par une succession et une multiplication de bourgeons au niveau de la partie postérieure de la première fente branchiale, au niveau de la vésicule auditive primaire.

Au cinquième mois, surtout au sixième, le pavillon auriculaire est bien dessiné (Schwalbe, Hirtz, Kolliker, His, Gradenigo). Le méat est fermé par le plissement du tégument ; le conduit auditif également par l'accolement de ses deux parois membraneuses, et plus tard cartilagineuses ; on y trouve bientôt du cérumen (fig. 44).

Après la naissance, du cadre tympanal des bourgeons osseux naissent, grandissent et forment peu à peu le conduit auditif osseux, qui reste incomplet encore à l'âge de quatre

FIG. 40. — Embryon humain de vingt-cinq jours environ.

a, arc maxillaire inférieur ; *n*, fossette olfactive ; *f, f'*, fentes branchiales ; *o*, vésicule auditive ; *c*, cœur ; *v*, veines omphalo-mésentériques ; *i*, intestin ; *u*, corps de Wolff ; *m*, rudiment des membres supérieurs, et *m'*, des membres inférieurs ; *A*, ébauche de l'allantoïde ; *Q*, queue ; *1, 2, 3, 4* et *5*, les vésicules cérébrales secondaires.

ans, en bas et en avant, près du cadre. On ne trouve nulle
part de communication directe de la caisse avec l'extérieur.

§ III. — L'oreille de l'homme adulte
Anatomie et physiologie

Si l'on s'est bien pénétré des notions précédentes sur l'évolution des diverses par-
ties constituantes de
l'organe de l'ouïe, soit
dans la série animale,
soit du fœtus à l'homme
adulte, on possède déjà
une sorte de vue d'en-
semble de cet organe.
Un nerf spécial, l'acous-
tique, pénètre dans une
vésicule et ses filets
couvrent de leurs ré-
seaux des cellules ci-
liées auditives étalées
sur les crêtes et les pa-
pilles; dans l'intérieur
de cette vésicule, un li-
quide, la périlymphe,

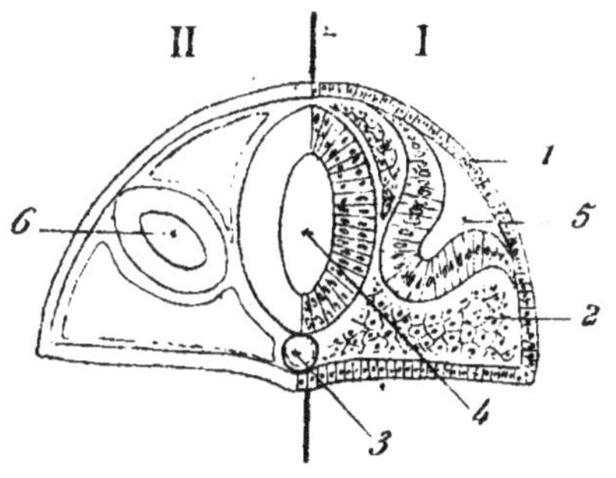

Fig. 41. — Développement de l'oreille
interne.

I, stade *1*; II, stade *2*. — *1*, ectoderme;
2, mésoderme; *3*, corde dorsale; *4*, canal
médullaire; *5*, ébauche de la vésicule auditive qui se détache de l'ectoderme céphalique; *6*, vésicule auditive complètement
détachée.

dans lequel émergent les cils raides et les plateaux des cellules sensorielles; autour d'elles, du liquide, la périlymphe;
puis une enveloppe générale solide, la capsule osseuse, qui
offre en un point une cloison membraneuse (fenêtres) par laquelle les vibrations du dehors trouvent accès à l'intérieur :
tel est, en résumé, l'appareil schématiquement décrit.

Le nerf auditif, par suite de cette construction, ne peut être
excité que par les vibrations de l'appareil périphérique, lequel
les reçoit du milieu extérieur.

L'oreille moyenne et l'oreille externe sont les parties auriculaires chargées de cette transmission et de cette réception.
Ainsi le courant vibratoire, l'énergie du mouvement doivent

envahir l'oreille ; et c'est dans l'oreille interne, ou labyrinthe, que ces activités sont transformées en sensations, et par elle seule qu'elles agissent sur la conscience.

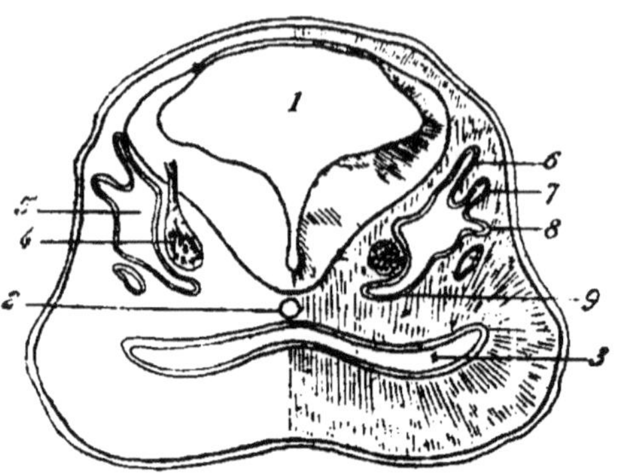

FIG. 42. — Coupe transversale de la tête d'un embryon de brebis de 16 millimètres.

1, cavité du cerveau postérieur ; *2*, corde dorsale ; *3*, cavité du pharynx ; *4*, ganglion spiral ; *5*, vestibule ; *6*, ébauche de l'aqueduc du vestibule ; *7* et *8*, ébauche des canaux semi-circulaires ; *9*, ébauche du limaçon.

Ce n'est pas sans raison que l'on dit oreille externe, oreille interne ; les trois compartiments ou cavités qui forment l'organe de l'ouïe sont en effet topographiquement disposés sur trois plans superposés de dehors en dedans.

L'oreille externe collectionne les ondes, et pour cela baigne dans l'air et est béante à l'extérieur ; l'oreille moyenne est aérienne ; elle couvre l'oreille interne ; son tympan vibre et conduit les vibrations au labyrinthe caché dans les profondeurs du plus gros os de la base au crâne, le rocher.

Pourquoi ce siège de l'oreille au niveau de la base du crâne ? Pourquoi est-elle cachée profondément dans une masse osseuse dure comme l'ivoire ? Pourquoi la partie sensible surtout se trouve-t-elle dissimulée tout au fond,

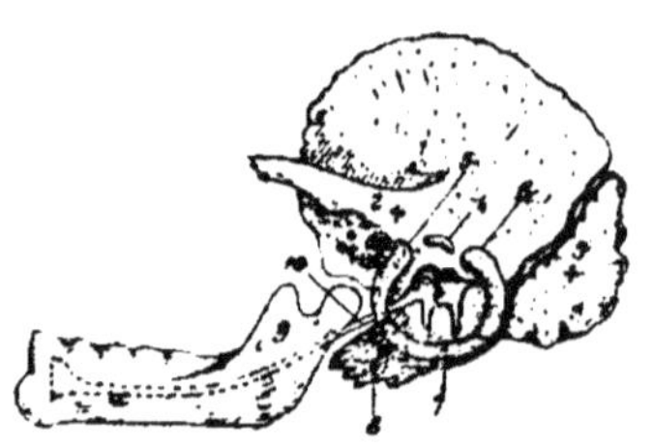

FIG. 43. — Ossification du temporal.

1, écaille ; *2*, zygomatique (os carré) ; *3*, mastoïdien ; *4*, épitympanique ; *5*, tympanal avec ses 3 centres d'ossification (*5*, *6* et *7*) ; *8*, rocher ; *9*, mâchoire inférieure ; *10*, cartilage de Meckel.

au dernier plan, éloignée de la surface du corps ?

Ce sont autant de questions auxquelles il importe de

répondre immédiatement. L'oreille est un avertisseur de certains mouvements, de certains phénomènes extérieurs ; c'est à ce point de vue un organe de défense. Elle est placée, de chaque côté du crâne, sur les parties latérales de la face, à la naissance du cou, au point de jonction de la tête avec la colonne vertébrale. De cette façon, elle domine ; elle perçoit à grande distance par l'air ambiant ; elle est susceptible d'orientation, à droite, à gauche, par les seuls et rapides

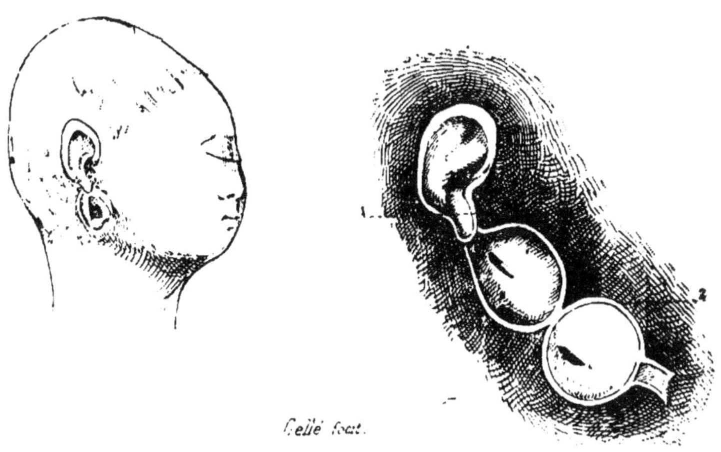

Fig. 44. — Oreille fœtale au 5e mois. La paroi inférieure du conduit auditif est rabattue et le tympan se voit au-dessous du pavillon.

mouvements de rotation horizontale de la tête (caractère important de la station bipède), par les attitudes d'inclinaison du cou ; par suite, elle est proche de l'axe de rotation et de l'extrémité du levier de ce mouvement (apophyse mastoïde) ; enfin elle est accolée au pharynx et à la gorge avec lesquels elle est en rapport constant pour la ventilation de l'oreille moyenne.

On s'aperçoit dès l'abord que, par suite de sa structure et de ses rapports principaux, l'organe auditif est formé en dehors par le tissu cutané de la face (oreille externe et conduit) ; en dedans, par une membrane muqueuse, expansion de celle du nez et du pharynx ; et que son enveloppe générale est le tissu osseux de la base du crâne ; enfin, l'oreille est aérienne dans ses deux portions externes, et liquidienne dans le labyrinthe où baignent les filets du nerf sensible.

Les ébranlements de l'air ému par ceux des corps se propagent à travers l'oreille externe, et par les rouages de l'oreille moyenne (caisse du tympan) jusqu'au liquide du labyrinthe, qui les transmet aux extrémités de l'acoustique par le tapis de cellules neuro-épithéliales qui est étendu sur les crêtes et les papilles auditives. Aériennes à leur source, les vibrations, devenues auriculaires, sont donc membraneuses sur le tympan, puis solidiennes sur la chaîne des osselets, enfin liquidiennes dans l'oreille interne.

L'instrument acoustique qu'est l'oreille transforme finalement en ces dernières les vibrations de l'air : voilà pourquoi l'oreille des poissons est toute dans le labyrinthe. Les lois de Muller expliquent la possibilité de cette succession de passages du courant vibratoire d'un fluide à un autre plus dense au moyen d'une membrane et des osselets.

§ IV. — Oreille externe. Pavillon de l'oreille
Conduit auditif externe

Pavillon auriculaire. — L'oreille externe comprend le pavillon et le conduit auditif externe dont l'orifice est le méat auditif.

Il y a deux organes de l'ouïe ; chacun d'eux est en rapport avec une moitié de l'espace. Cette bilatéralité assure d'ores et déjà l'orientation (V. fig. 37, 44).

Le son est venu de droite ou de gauche, suivant l'oreille touchée ou la plus fortement ébranlée, aussi la direction est déjà en partie connue de ce seul fait : première différenciation dans l'espace.

Tous les organes des sens sont situés du côté de la face ; l'oreille cependant occupe un siège intermédiaire à la partie latérale antérieure et à la partie postérieure de la tête : elle est placée à la frontière de la face ; sa sphère d'activité en est plus grande.

Son horizon se prolonge fortement en arrière ; le pavillon

en écran accroît sa réceptivité pour les sons qui viennent d'en
avant, car son obliquité par rapport au plan antéro-postérieur
agrandit ses limites de perception et diminue d'autant l'espace post-auriculaire, d'où les ébranlements sonores sont
moins directs (zone silencieuse) (fig. 46).

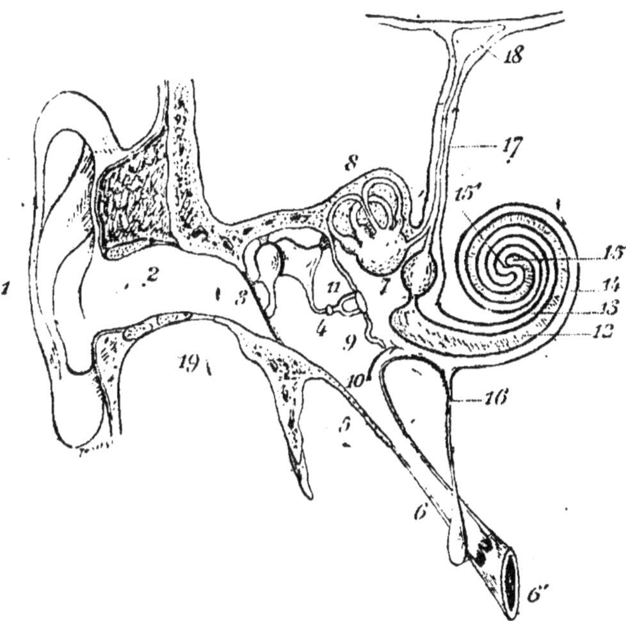

Fig. 45. — Diagramme de l'organe de l'ouïe de l'homme.

1, pavillon de l'oreille ; *2*, conduit auditif externe ; *3*, membrane du tympan ;
4, étrier dont la base est enchâssée dans la fenêtre ovale ; *5*, portion
osseuse de la trompe d'Eustache ; *6*, portion cartilagineuse et *6'* pavillon
de la même trompe ; *7*, cavité du vestibule ; *8*, canaux semi-circulaires ;
9, promontoire ; *10*, fenêtre ronde dans laquelle s'engage une flèche ;
11, cavité de la caisse ; *12*, canal cochléaire ; *13*, rampe vestibulaire ;
14, rampe tympanique ; *15*, sommet du canal cochléaire ; *15'*, communication des deux rampes ; *16*, aqueduc du limaçon ; *17*, aqueduc du vestibule ; *18*, sac endolymphatique ; *19*, loge parotidienne cacéphale.

Ainsi, par la présence des deux pavillons, se trouve constituée une première zone, très étendue, en face de nous et sur
les côtés, où la récolte des sons est facilitée par l'écran auriculaire, tandis que derrière la tête l'audition est moins bien servie
vu la présence des auricules.

Cette disposition était indispensable à une bonne différenciation des sons antérieurs et des sons venus de derrière la tête (V. fig. 44).

Les expériences suivantes rendent ces différences manifestes.

On constate que l'acuité auditive est plus énergique dans la direction latérale, sur l'axe même du conduit auditif ; et la figure schématique le montre.

La plus grande portée de l'ouïe existe sur la ligne axile ; la moindre en arrière de la tête, entre les faces postérieures des deux pavillons. En avant sur la ligne médiane antéro-postérieure, on trouve, au point de contact et de fusion des deux hémisphères latéraux d'activité des oreilles (fig. 46), une zone étroite, située à égale distance des deux méats auditifs, où l'audition est

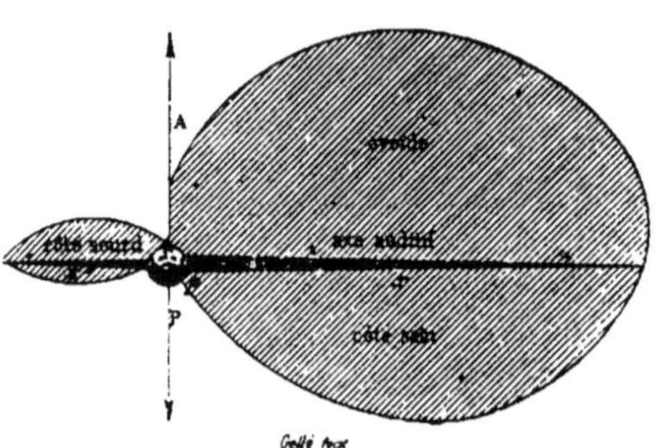

Fig. 46.

Champ de l'audition. — Zones distinctes pour l'action de chaque oreille. — Zone de silence derrière la tête et les deux pavillons auriculaires. — x, x', axe auditif. indiquant la ligne fictive d'audition maximum, elle est un peu plus oblique en arrière. — Le côté gauche, par opposition, montre l'effet de la surdité sur l'étendue du champ auditif. — Les deux sphères d'activité des oreilles sont séparées en avant et en arrière : d'où l'orientation.

moins énergique ; celle-ci va en augmentant de là jusqu'aux axes auditifs, où la sensation est absolument majeure. La figure indique bien ces nuances d'audition suivant la direction, d'où vient le son ; le maximum de portée est toujours sur celle de l'axe, c'est-à-dire de la perpendiculaire au plan antéro-postérieur de la tête, passant par le méat auditif.

Cet axe. ainsi que nous l'avons dit, est un peu incliné en arrière, plutôt qu'exactement perpendiculaire (Beaunis, M. Duval, Gellé). De la sorte, il est clair que chaque organe auditif connaît d'une partie bien limitée et séparée et opposée de l'espace ambiant. Les oreilles opèrent sur des zones distinctes ; c'est ainsi que la latéralisation a lieu et que l'orientation est possible.

Ces différences s'accentuent dès que la surdité existe ; et c'est en ces points de moindre portée acoustique normale que l'on peut constater de bonne heure l'affaiblissement évident de l'audition (fig. 46).

C'est d'abord en arrière de la tête que les sons tendent à ne plus être bien perçus ; et c'est toujours dans la direction de la ligne fictive axile qu'ils restent le plus longtemps perceptibles.

Le pavillon est la partie écrasée du cornet acoustique que forme l'oreille externe des mammifères. Très développé et très long chez la plupart d'entre eux, saillant, dressé en dehors de la tête, mobile en tous sens, il est, chez l'homme, très réduit, aplati sur la paroi cranienne, et fixe, au moins à peine susceptible d'être relevé dans un effort d'attention auditive (A. Cooper) (fig. 37).

La mobilité de la tête, si simple et si prompte dans la rotation, remplace, chez l'homme, celle des cornets auriculaires.

Au reste, l'espérience prouve que cette modification est toute à l'avantage de la fonction. En effet, la présence d'un cornet évasé assez long gêne absolument la recherche d'un son à l'horizon.

L'expérience est simple : adaptez un tube de 15 à 20 centimètres à l'oreille droite, la gauche étant bouchée du doigt ; une montre est placée sous vos yeux, sur la table ; vous cherchez à entendre le tic-tac ; il est facile de constater le temps perdu à cette recherche du son au moyen du tube. L'animal qui porte les ouvertures de ces cornets auriculaires en tous sens, pour s'orienter, n'y arrive que grâce à la conscience qu'il a des mouvements qu'il leur fait exécuter.

L'homme, avec des pavillons aplatis et fixes, exécute vivement des rotations de la tête à droite et à gauche, à la recherche du son maximum.

L'oreille explore ainsi tous les points de l'horizon avec rapidité et sûreté.

Ces mouvements conscients font connaître la direction du corps sonore.

Le pavillon a-t-il été enlevé, l'ouïe reste possible encore, et très active dans le sens de l'axe auditif ; mais l'orientation, la reconnaissance de la direction du son sont évidemment empêchées.

De même si l'on supprime le rôle des pavillons par un artifice expérimental, en les accolant contre le crâne, par exemple, l'audition reste toujours bonne dans la direction du conduit, mais l'orientation est compromise ; de plus, il y a un affaiblissement de l'ouïe, puisque naturellement nous faisons face aux phénomènes qui frappent nos sens, et que les pavillons sont disposés de telle sorte qu'ils favorisent l'audition des sons venus de face.

L'expérience de Weber est classique : il écrase les pavillons sur l'apophyse mastoïde ; une montre est là sur la table en face de lui ; aussitôt il cesse de l'entendre ; puis, il laisse les conques se redresser librement, et l'audition du tic tac existe aussitôt.

On sait que les sourds ont de tout temps accru leur audition en plaçant leur main, enroulée autour du pavillon, pour redresser celui-ci et agrandir en même temps l'écran naturel ; ce qui augmente sérieusement la quantité des ondes sonores qui pénètrent dans le conduit auditif. En effet, les deux pavillons arrêtent les ondes sonores et les réfléchissent vers le tympan. Boërhaave, Savart ont bien analysé ce phénomène, qui résulte des courbures, des concavités de l'auricule.

M. Boucheron en a donné une démonstration élégante ; il convertit par un enduit la surface du pavillon en une plaque réfléchissante ; un faisceau lumineux est dirigé sur elle ; et il constate que tous les rayons sont réfléchis vers le conduit auditif externe.

Si, avec Schneider et Harless, on comble avec de la cire les creux et courbures (la conque et le reste) en laissant ouvert le méat, on constate l'intégrité de l'ouïe, sauf la perte d'orientation et, comme nous l'avons déjà dit, une diminution de l'audition puisque l'écran utile est modifié.

D'autres physiologistes admettent que le pavillon auriculaire propage les sons, qu'il vibre lui-même (Weber, Savart, Longet, Voltolini). Il amplifie certains bruits, et fait résonner le tuyau auditif ; une forte pression au niveau du méat s'oppose seule au passage du son d'un diapason posé sur le pavillon ; c'est une lame élastique susceptible de conduire les vibrations tant que le conduit est libre (Bernstein).

Le collecteur par excellence ici est certainement la partie excavée que l'on appelle la *conque auditive* (1).

-----

(1) Nous avons dit son rôle dans l'auscultation avec le stéthoscope.

Leschevin voyait un rapport entre l'acuité de l'ouïe et la profondeur de cette dépression. Un autre physiologiste a signalé l'influence de l'angle d'attache du pavillon à la surface du crâne ; plus l'écran fait saillie au dehors, plus l'action est sérieuse en effet. Kuss et M. Duval ont, avec Beaunis, admis ce rôle d'écran, sur lequel nous avons à dessein insisté.

En définitive les pavillons réfléchissent vers l'oreille moyenne la grande majorité des vibrations venues de face ; de plus, ils s'opposent à la pénétration directe de celles qui viennent par derrière la tête.

Si l'on se rappelle que les ondes sonores qui viennent dans la direction de l'axe auditif ont conservé toute leur force vive, et ont une action directe sur les membranes tympaniques, il est facile de comprendre qu'il y a un maximum d'énergie pour tout son qui a suivi cette voie. Mais l'écran auriculaire récolte une grande somme des sons venus d'en avant ; dans ce sens, il existe donc une deuxième série de vibrations qui arrivent à l'oreille sans avoir perdu de leur force, mais sans égaler les premières cependant ; puis viennent en troisième lieu les sons qui ont dû contourner les pavillons avec un temps perdu forcé et un affaiblissement très explicable par cette marche indirecte.

Une montre cesse d'abord d'être perçue derrière les pavillons, la voix de même (plus sensible chez le sourd).

Donc, entre les deux pavillons, une zone postérieure de l'espace reste dans une infériorité évidente au point de vue de la fonction auditive. C'est le point de départ de différenciations utiles à l'orientation : je l'appelle la « zone de silence ». Cette partie de l'espace est comme sacrifiée. Nous nous guidons sur le bruit et nous marchons vers lui ; la fuite au contraire est le moyen de défense des animaux dont les cornets auriculaires s'ouvrent en arrière.

Depuis 1876 je démontre dans mes cours à l'École pratique le rôle des pavillons, par l'expérience suivante devenue classique.

Expérience de Gellé au moyen du tube interauriculaire. — Un tube de caoutchouc avec embouts est adapté hermétiquement aux deux oreilles par ses extrémités ; son plein passe au-devant de la face (on voit qu'ainsi le rôle des pavillons est annulé) ; une montre est posée sur le milieu de l'anse de ce tube sous les yeux du sujet.

Celui-ci entend un tic tac qu'il rapporte au milieu du tube, où il voit la montre. Ceci constaté, faites-lui fermer les yeux ; puis doucement passez, à son insu, l'anse de caoutchouc d'abord au-dessus de la tête, puis derrière l'occiput ; voici l'anse et la montre au niveau de l'occiput.

On voit que les rapports entre les deux oreilles et le corps sonore n'ont pas changé ; le son arrive toujours du milieu de l'anse, puisque la montre est à égale distance des deux méats comme tout à l'heure.

Or, demandez au sujet, qui a toujours les yeux fermés, où se trouve la montre qu'il entend toujours ; et invariablement il répondra que la montre bat devant lui, sous ses yeux clos, là où il l'a vue au début de l'expérience.

Il est très étonné, ouvrant les yeux, de ne pas la trouver en face de lui.

Comment voulez-vous qu'il sache qu'on l'a déplacée à son insu, puisque la sensation a toujours été identique et qu'il n'a eu aucun signe qui lui indique le déplacement du tube, et puisqu'il n'a fait aucun mouvement de recherche. Pourquoi la sensation acoustique est-elle restée la même ? C'est que les pavillons étaient supprimés par la présence du tube inter-auriculaire. Supposez le tube ôté et faites le même transport de la montre derrière la tête du sujet ; aussitôt l'affaiblissement énorme de la sensation lui apprendra qu'on a changé l'objet de place ; son attention sera immédiatement éveillée. La différence des sensations lui a donné aussitôt l'idée d'un nouvel accident, car il ne s'agit pas d'un déplacement latéral dont la direction est précise et rapidement perçue.

Cette expérience a été discutée et souvent mal comprise, parce qu'on a voulu lui faire démontrer bien au delà de ce qu'elle peut prouver.

J'ai dit qu'elle montre bien le rôle des pavillons et aussi celui de la zone de silence postérieure dans l'orientation. Car reprenez l'expérience précédente à l'inverse ; commencez par placer la montre sans tube, derrière la tête du patient qui a les yeux fermés ; et portez-la doucement, en avant de lui ; tout d'abord, il n'a rien entendu, puis il entend et signale l'objet sonore en face de lui ; mais si vous reprenez le tube inter-auriculaire et la montre posée dessus, et si vous débutez plaçant le tout derrière la tête, où le malade, les yeux clos, sait que vous la tenez, et où il l'entend par le tube; puis, qu'à son insu vous portiez l'anse et la montre en avant, il ignorera comme la première fois que vous l'avez déplacée jusqu'à ce qu'il la trouve en ouvrant les yeux; c'est la contre-épreuve.

Cette expérience avec le *tube interauriculaire* supprime ainsi l'orientation latérale, puisque les deux conduits sont réunis par le tube et n'en forment plus qu'un; la sensation est la même pour les deux organes; aucune distinction n'est possible et l'intervention d'un autre sens devient nécessaire pour savoir d'où part le son; il n'y a plus de guide, pas de sensation latérale différente et aucune action des pavillons que le tube annule. L'orientation est impossible ainsi.

La conque joue un certain rôle dans l'auscultation au moyen du *stéthoscope* solide creux, du cylindre classique, dont une extrémité est dilatée en entonnoir, tandis que l'extrémité sur laquelle le médecin appuie l'oreille est garnie d'une plaque mince.

Celle-ci, qui constitue un appareil de conduction du son de premier ordre, on le sait, s'accole aux bords de la conque, au contact du pavillon, et forme ainsi une cavité de résonance excellente d'effet acoustique; les sons venus par le tube et ceux propagés par la paroi solide se concentrent dans cette cavité artificielle au grand bénéfice de l'auscultation médiate.

L'importance de la plaquette terminale est telle qu'un crayon, par exemple, sur lequel on en assujettit une, devient un instrument parfait pour ausculter. Joignez à ces dispositions favorables un contact exact des bords de la portion évasée avec le solide ou la paroi du corps, et donnez à cet évasement une assez grande étendue, en forme d'ampoule ou d'entonnoir, et vous aurez la transmission la plus complète possible. Ce sont les formes classiques les plus recommandées pour la construction du stéthoscope solide.

Au point de vue de l'*auscultation immédiate*, la plus pénétrante certainement, le rôle de la conque est aussi à mentionner; par l'application du pavillon sur la paroi thoracique, par exemple, il se forme une cavité de résonance, décrite tout à l'heure, au grand avantage de l'auscultation déjà supérieure par le fait du contact immédiat entre la région auriculaire et la source du son.

Le pavillon de l'homme est à peine susceptible de mouvements d'élévation, de redressement ; ses muscles intrinsèques minuscules sont peu actifs ; ses muscles extrinsèques, surtout les élévateurs, se développent par les efforts d'adaptation chez les sourds et les mouvements d'élévation et de traction en arrière s'accusent chez eux, suivant la remarque de A. Cooper. La saillie du tragus a son utilité ; elle protège l'entrée du conduit ; on sait quel développement elle atteint chez les Vespertiliens (oreillards), dont l'ouïe est si fine et qui chassent parmi les nuées d'insectes. Par l'action de l'âge, les pavillons s'abaissent et le méat auditif se trouve souvent oblitéré par l'affaissement du cartilage à son niveau.

Fig. 47. — Dieu du bonheur. Lobules piriformes.

Les circulations sanguines et lymphatiques sont très actives dans le pavillon ; sa coloration, sa translucidité manifestent facilement les variations dues à l'anémie, aux congestions passagères ou habituelles, etc.

Cette lame cutanée baignant dans l'air est exposée aux intempéries ; aussi les engelures, les blessures sont-elles fréquentes et leur répétition amène des déformations de l'hélix.

Chez les lutteurs on a, dès l'antiquité, décrit et reproduit par la sculpture les déformations des bords de l'hélix véritablement professionnelles. On en a signalé d'autres chez les aliénés à la suite de l'othématome. Je ne ferai que mentionner les incisures, découpures, sections, hypertrophies, etc., du lobule de l'oreille, sans oublier cependant de rappeler les massifs lobules qu'on observe sur les statuettes de dieux et de déesses de l'extrême Orient (Indes, Chine, Japon), si étranges, et qui semblent un attribut des divinités et des rois, car on ne les retrouve sur aucun des ivoires qui représentent les artisans ou le populaire (fig. 47).

C'est tout ce que nous dirons du pavillon envisagé sous le rapport esthétique, trop en dehors de notre sujet (V. fig. 37, 1, 2, 3).

Au point de vue médico-légal, Bertillon l'a étudié comme moyen d'identification anthropométrique ; on sait avec quel succès ; d'autre part, malgré les recherches de Lombroso, Gradenigo, etc., et les conclusions qu'ils ont voulu en tirer au point de vue de l'anthropologie criminelle, il résulte des travaux de Lannois, Féré, Séglas que les gens sains d'esprit et les sujets sans casier judiciaire offrent autant de déformations des pavillons que les aliénés et les criminels. (Lannois, *Arch. anthropol. crimin.* ; Lyon.)

D'ailleurs, les deux pavillons sont parfois dissemblables chez le même sujet, comme les conduits auditifs et les tympans, du reste.

Au point de vue de la sensibilité, la peau de la face antérieure du pavillon reçoit son innervation de la cinquième paire.

De plus, on sait, par les expériences de Claude Bernard et de Schiff, que les lésions du sympathique cervical agissent sur la calorification, la circulation et la nutrition du pavillon cornet des animaux) tout autant que le trijumeau. (M. Duval. Laborde, Gellé, *Soc. Biolog.*, 1877-78.) Mais l'action est provoquée tantôt, et le plus souvent ici, par une irritation nerveuse périphérique (névralgies, algies dentaires, etc.) ; tantôt, et tout aussi sûrement, par une irritation centrale des noyaux d'origine de la cinquième paire, ainsi que les recherches de MM. Duval, Laborde m'ont permis d'en constater les effets (hémorragies, suppuration) chez les animaux opérés qui ont survécu.

Cette irritation peut être d'origine infectieuse.

Conduit auditif externe. — Le cornet aplati, contourné, recroquevillé que forme le pavillon auriculaire de l'homme aboutit en arrière de la petite éminence tragienne au *méat auditif*, orifice du conduit de l'oreille, toujours accessible aux vibrations de l'air, toujours ouvert chez l'homme.

On voit tout d'abord que cette entrée est assez bien défendue par cette saillie fixe (tragus) garnie de poils rigides du côté intérieur ; cette haie, plus ou moins touffue, protège le canal toujours béant de l'organe et en défend l'accès aux insectes, aux poussières, etc.

La béance constante de l'orifice des voies de l'audition doit être signalée particulièrement ; elle explique suffisamment le

mot de Schopenhauer : l'ouïe est passive. Les mouvements
de rotation de la tête la protègent d'une façon efficace, puisqu'ils permettent d'éviter le choc direct du courant sonore,
mais cela seulement ; les ondes font le tour de la tête et les
deux organes reçoivent l'impression mitigée par ces réflexions.

La défense contre la pénétration des gros ébranlements
sonores (canon, fusil) est nulle ; de même, si la tête est fixe,
et le courant dirigé dans le sens de l'axe auditif ; ce sont là
des actions nocives au premier chef ; et les blessures du tympan,
les sensations subjectives consécutives et la surdité même en
sont le résultat trop souvent.

Le tuyau de l'oreille, plein d'air, légèrement incliné en arc
de cercle ouvert en avant et en bas, autour du condyle de la
mâchoire, et dirigé en dedans et un peu en avant, est un
cylindre légèrement aplati, un peu mobile dans sa moitié
externe qui est cartilagineuse, et aussi à ses attaches au conduit
osseux (V. fig. 45).

Ses courbures variables, si elles ne causent pas une diminution accusée de son calibre, ne nuisent en rien à la propagation du son.

Les deux conduits divergent, et la lumière de chacun regarde
une partie de l'espace opposée. Les champs d'activité de chaque
organe sont ainsi bien délimités et séparés ; ils pourront
apporter par suite à la conscience des notions distinctes, dont
la comparaison fournit la base de l'orientation objective.

La densité de l'air du conduit est celle de l'air extérieur, vu
leur communication constante. Cette colonne d'air vibre à
l'unisson des vibrations ambiantes ; et les ondes sonores
quelconques s'y propagent jusqu'au tympan, qui forme le
fond de la cavité tubulaire. Si l'on ferme à demi le méat
auditif, on constate une résonance remarquable des bruits
environnants ; on observe souvent ce retentissement, quand le
conduit est en partie oblitéré par un obstacle pathologique
(amas de cire, etc.).

Ce conduit cylindrique contourné forme une cavité qui
possède une résonance particulière, mentionnée par Muller,
et que Helmholtz a étudiée.

Il a noté son influence sur l'audition de certaines tonalités
élevées, celle d'indice 6, qu'elle favorise (3.000 vibrations).

Bernstein y voit la raison de la sensation exagérée et désagréable causée par certains bruits ainsi renforcés, tels que ceux du grattage de la pierre, du verre, les sons suraigus du violon, de ses harmoniques, etc., de la section du bouchon, etc.

Cet auteur a pu amortir ces retentissements en introduisant dans le tuyau auditif de petits tubes de papier buvard, qui ont pour effet d'éteindre le son propre de la cavité.

D'autre part, on ne peut n'être pas frappé de cette propriété du conduit pour les sons d'indice 5, quand on sait que les voyelles en général, dit Kœnig, sont de la même tonalité. Cette résonance du conduit est rendue très sensible par le dispositif suivant :

Un diapason vibre au sommet de la tête et donne une sensation centrale, c'est-à-dire non latéralisée ; or, adaptez au méat droit un tube de caoutchouc de 10 centimètres ; et aussitôt le son est latéralisé de ce côté, par la résonance du tube qui s'ajoute à celle du conduit. Enlevez le tube de caoutchouc et fermez du doigt le méat ; le son cranien se porte à droite aussitôt, par le fait du renforcement dû à la mise en vibration de la colonne d'air incluse dans la cavité close ainsi formée.

Remarquons à ce propos que certaines affections de l'organe de l'ouïe réalisent ces conditions expérimentales et causent de fâcheux retentissements des sons.

La nature des parois du conduit a son importance aussi ; remplacez sa portion cartilagineuse par un tube métallique introduit aussi loin que possible, comme on le fait avec les cornets acoustiques ordinaires ; pour peu que le son soit intense, il éclate, étourdit le patient, grâce à cette association, d'une façon mordante, bruyante, cassante, aigre, qui fait aussitôt repousser l'instrument.

Ce n'est donc pas une complication inutile que cette adjonction au conduit osseux d'un tube cartilagineux, lequel adoucit le timbre ; et c'est pourquoi aussi les sourds impressionnables remplacent avec plaisir leur appareil de métal par des tubes acoustiques en caoutchouc, qui donnent aux sons de la rondeur et une grande douceur.

Cette portion cartilagineuse du conduit s'ouvre quelque peu au moment où nous abaissons la mâchoire inférieure ; quelques trousseaux de fibres associent sa paroi antérieure aux déplacements en avant du cartilage interarticulaire qui suit le condyle du maxillaire inférieur.

On remarquera, à ce propos, l'attitude bouche bée de celui qui écoute, les pavillons dressés.

L'anatomiste, le médecin, qui connaissent les rapports intimes des gros vaisseaux de la tête et du cou avec l'organe auditif, s'étonnent à bon droit de ne pas percevoir ces bruits vasculaires, pulsatifs (artère carotide), ou continus (veine jugulaire), de même pour les bruits nasaux, de déglutition, articulaires, etc., d'organes si voisins.

En effet, ces sons normaux n'arrivent pas à la conscience dans l'état ordinaire ; mais fermez le méat, couchez votre tête sur l'oreiller ; et, pour peu que la circulation soit un peu activée par une cause quelconque (dîner copieux, café, course, etc.), vous entendrez vos artères battre. Les anémiques, les névropathiques entendent le soir des souffles, des chants, des modulations, qui n'existent pas de jour.

Ces bruits sont habituels ; dans le jour, ils s'évadent par l'oreille, mais, si vous la fermez, vous vous opposez à cet écoulement au dehors de ces sons organiques ; et leur audition a lieu.

Le médecin utilise cette voie de sortie des sons craniens ; et au moyen de l'otoscope (tube de caoutchouc de 40 centimètres dont un bout est introduit dans l'oreille observée et l'autre dans celle de l'observateur), il ausculte ces sons au passage.

La sémiotique auriculaire étudie tous ces bruits, les uns otiques, râles sibilants de la caisse, souffles du rétrécissement tubaire, claquement du tympan redressé par le Valsalva, souffles vasculaires, battements ; ou craquements de l'articulation temporo-maxillaire, retentissements de la respiration nasale, de la déglutition, de la parole (Gendrin), etc., etc. ; sifflements de perforation tympanique, etc.

Ces bruits intéressent la sémiotique otologique, qui enregistre les modifications que leur font éprouver l'aération de la caisse, la tension du tympan (obtenue par tension intérieure, soit par pression centripète), la déglutition, etc.

Si le son perçu est né au dedans de la membrane tympanique, il s'atténue et peut même disparaître par la tension que l'épreuve de Valsalva ou la pression lui communiquent.

L'épaississement du tissu tympanique et sa tension anormale diminuent l'ouïe par arrêt des sons extérieurs ; mais en même temps ils s'opposent à l'issue du courant sonore intérieur ; aussi les sons solidiens sont-ils accrus, au contraire, par ces changements de conductibilité qui équivalent presque à la fermeture du conduit auditif.

Celle-ci a pour effet immédiat, nous l'avons déjà dit, de latéraliser le son du diapason, posé au vertex, du côté oblitéré, soit par arrêt de l'écoulement sonore normal, soit parce qu'il y a dans la pression opérée du doigt une action sur le tympan lui-même, par l'air inclus condensé *ipso facto*.

Une cause un peu méconnue de l'augmentation de l'audition, c'est l'isolement du milieu bruyant ambiant : si l'on ausculte, on entendra bien mieux en fermant l'oreille libre : c'est une qualité des stéthoscopes à deux branches. L'isolement est complet alors, et les deux oreilles concourent à la recherche du bruit pathologique (Constantin Paul, Chauveau, Sallé).

L'air du conduit continue l'air extérieur et propage tous les sons à l'unisson. Helmholtz dit que la petite masse d'air, qui touche le tympan, contient et éprouve la foule des vibrations de l'espace environnant ; la membrane tympanique les reçoit d'elle.

La sensibilité de la peau du conduit est extrême ; celui-ci ne subit jamais aucun contact ; aussi son intolérance est absolue. Au plus léger attouchement, il y a une sensation douloureuse, persistante, puis production de réflexes curieux ; souvent on observe de la toux spasmodique, parfois même de l'aphonie, de l'enrouement, plus rarement un spasme laryngé chez quelques éthyliques.

On reconnaît à cette localisation laryngée une irritation des filets du pneumogastrique (ou du spinal ?) qui animent une partie de la peau du conduit.

La masse des glandes qui entourent le conduit, comme une gaine, sécrètent le cérumen ; c'est une cire molle qui enduit légèrement le derme et est rejetée dans les mouvements de la tête avec les poussières.

Sa composition est assez simple à l'état normal ; la voici résumée d'après Chevalier, Lannois (Soc. Lar. otol., 1897).

Pour 1.000 parties on trouve :

Eau 100
Oléine et stéarine. 260
Savon de potasse soluble dans l'alcool 380
    —   dans l'eau 140
Matière organique insoluble à base de potasse 120
Chaux et traces de soude. . . . . indices

Dans la formation de ces masses, qu'on appelle les *bouchons de cérumen*, il entre bien d'autres éléments, des squames épidermiques, puis des poils, du duvet plus ou moins abondant du conduit, des poussières, et souvent des sécrétions pathologiques desséchées ; ce sont les produits d'inflammations chroniques de la peau du conduit (séborrhée sèche ou fluide).

Les parois du conduit auditif doivent être sèches ; tout exsudat liquide est une gêne pour la fonction.

§ V. — Oreille moyenne. — Caisse du tympan ; membrane du tympan ; appareils de transmission, chaine des osselets et ses moteurs.

Le conduit auditif externe aboutit à la membrane du tympan ; derrière celle-ci se trouve la cavité de l'oreille moyenne, ou caisse tympanique ou cavité tubo-tympanique.

Le conduit contient de l'air, véhicule du son. La caisse contient de l'air aussi ; mais encore tout l'appareil de conduction des vibrations au labyrinthe et d'accommodation de l'organe. Elle possède de plus un système d'aération, annexe indispensable (trompe d'Eustache), puis un réservoir d'air important (cellules mastoïdiennes).

L'écaille temporale s'écarte du rocher, pour circonscrire ces grandes cellules osseuses pleines d'air. Ce matelas aérien est un isolant sérieux de l'oreille sensible, qui ainsi se trouve placée loin du milieu bruyant.

Le courant vibratoire, qui a pénétré l'oreille, se concentre sur la chaîne des osselets et arrive isolé, sans altération, à la fenêtre labyrinthique.

Dans sa propagation à travers la caisse tympanique, l'onde fait vibrer la membrane du tympan ; d'aérienne elle est devenue membraneuse ; de là elle suit les osselets ; et c'est au moyen de leurs vibrations solidiennes qu'elle parvient au liquide labyrinthique. Dans ce nouveau milieu de propagation, le mouvement vibratoire se transforme en excitations nerveuses adéquates, que l'acoustique transmet finalement aux divers foyers sensitifs et moteurs, d'où il tire ses origines complexes.

Chacun de ces modes de conduction apporte avec lui ses avantages : la membrane récolte toutes les ondes aériennes quelconques (lois de Savart) ; elle les propage en toute intégrité aux solides des osselets (lois de Muller) ; ceux-ci canalisent pour ainsi dire le courant et le dirigent ainsi isolé, sans l'altérer (exp. de Tyndall), vers la petite ouverture de l'oreille interne, dont il agite finalement le liquide (lois de Muller) ; les vibrations devenues liquidiennes se répandent dans ses divers compartiments au contact des éléments sensoriels étalés pour les percevoir (choc nerveux).

Ainsi se montrent les propriétés physiques de cet instrument acoustique. On conçoit dès lors l'appareil de transmission auditif sous la forme simple d'une membrane tendue et d'une tige qui y adhère par un bout ; l'autre touchant la vésicule du labyrinthe (columelle des oiseaux).

Mais cet organe auditif n'est pas passif ; il possède des tutamina, des moyens de défense intérieurs ; il s'accommode aussi ; il peut, par l'action de ses muscles et des leviers osseux, modifier jusqu'à un certain point la violence du courant et l'arrêter au moins au seuil, avant qu'il soit parvenu à l'oreille interne. Cette accommodation est rendue possible par la segmentation de la tigelle conductrice, dont je parlais tout à l'heure, et par un mécanisme qui permet du même coup de fermer l'entrée du labyrinthe et de tendre assez la membrane vibrante pour atténuer à temps l'effet du mouvement sonore.

Nous allons étudier en détail la conduction, l'accommodation et l'aération de la caisse et le rôle des diverses parties pour obtenir ces résultats.

Membrane du tympan. Ses qualités conductrices. Sa tension normale. — L'acoustique nous apprend que les membranes tendues possèdent une conductibilité illimitée, une sensibilité extrême, telle que Regnault, dans ses expériences célèbres, constate encore leurs vibrations à une distance énorme du point où il a cessé de percevoir le bruit.

C'est avec des membranes que Kœnig a réalisé ses belles études des flammes manométriques ; l'inspection du phonographe et de ses graphiques, et surtout leur audition, montrent à quel degré de perfection cette sensibilité existe.

Or, à l'entrée de la caisse tympanique se dresse une membrane mince, tendue : c'est la première partie que rencontre l'onde qui se propage vers l'oreille.

Au fond du conduit auditif, dont la paroi est blanc rosé et cutanée, apparaît, avec un bon éclairage, une surface concave, lisse, bleu gris de ton, offrant un reflet lumineux oblique ; son plan coupe le conduit en biseau, aux dépens de sa paroi postéro-supérieure : c'est le tympan, que son aspect et sa direction différencient de la paroi cutanée environnante.

Le tympan a un centimètre de diamètre à peu près, et une épaisseur par place de 1/20 de millimètre au plus.

La ligne blanche qui divise en deux segments la moitié supérieure est le manche du marteau, qui fait corps avec la membrane. Celle-ci est donc intimement unie à la chaîne des osselets, qui conduit les vibrations à l'étrier et par là au nerf labyrinthique. L'extrémité du conduit forme le *cadre* dans lequel s'enchâsse le tympan (V. fig. 48).

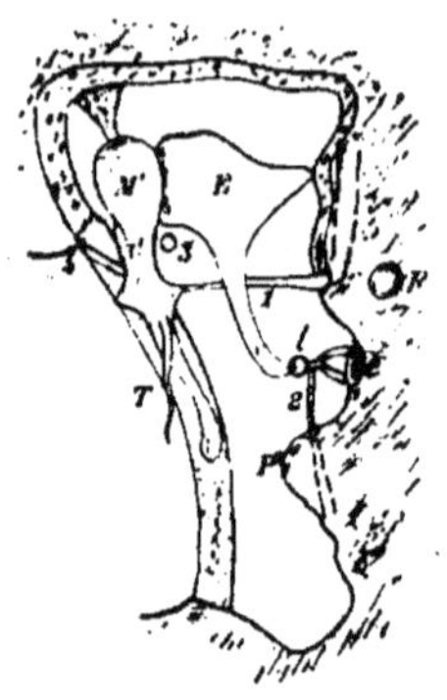

Fig. 48. — **Caisse du tympan vue d'en haut.**

T, membrane du tympan ; *M*, marteau ; *E*, enclume ; *l*, lenticulaire ; *e*, étrier ; *P*, promontoire ; *F*, coupe de l'aqueduc de Fallope ; *1*, muscle interne du marteau ; *2*, muscle de l'étrier ; *3*, coupe de la corde du tympan ; *4*, ligament de Cassérius.

La minceur de celui-ci est remarquable, surtout au niveau du segment inférieur légèrement bombé en dehors. Son centre est déprimé par l'extrémité du manche du marteau. En haut, une saillie osseuse soulève le tympan ; cette apophyse externe termine le manche à une certaine distance du cadre. L'étroite portion de la cloison placée entre le cadre et cette apophyse externe du marteau regarde en haut ; moins lisse, elle est mobile au sens inverse de toute la membrane ; se tend et se détend à l'opposé (membrane flaccide ou de Schrapnell). Le cercle formé par la membrane est tendu, translucide, poli,

lisse, de forme concave ; c'est la portion vibrante proprement
dite. Cette disposition en creux rend possibles les mouvements
légers de tension et de détente par le jeu du manche du marteau, levier de la tension, soit active, soit passive ou d'équilibre.

Cette membrane est donc construite de telle sorte qu'elle a
une tension normale et d'équilibre, mais susceptible de varier,
grâce à une mobilité assez étendue ; élasticité, tension, mobilité sont trois qualités de premier ordre, réunies ici dans le
premier anneau de la chaîne de transmission des sons. La
possibilité de tendre le tympan annonce celle de modifier l'audition dès le seuil de l'organe. Nous verrons plus tard que le
labyrinthe au moyen de l'étrier est mis en rapport de tension
avec toute l'oreille et avec l'air atmosphérique. Il existe donc
une tension générale des membranes auriculaires, permanente, égale partout, et cette tension générale est commandée
par la tension du tympan.

D'ores et déjà nous disons que celle-ci est soumise aux
variations de la tension aérienne intratympanique qui est liée
à la perméabilité des trompes et à l'action du tenseur ou
frénateur tympanique, c'est-à-dire du muscle du marteau,
cet osselet qui fait corps avec la membrane.

On conclut donc que, à l'état sain, tout accroissement de
la tension qui déplace le tympan vers l'intérieur de la caisse
agit comme comprimant le labyrinthe ; le tympan secondaire
(fenêtre ronde) est la soupape de sûreté en ce cas.

On compare, avec raison, l'appareil enregistreur du phonographe (disque, style, soc-graveur) à l'appareil de conduction
tympanique ; je dois dire cependant que celui-ci est tout à
fait supérieur au premier. Néanmoins, il faut avouer qu'au
seul point de vue de la transmission des vibrations il y a peu
de différence ; la structure du tympan, sa forme et son mode
de tension n'ont donc pas un rapport exclusif avec la conduction et il y a lieu d'admettre que ces dispositions servent à
d'autres fins ; et, comme elles sont associées à des mouvements, on doit penser que l'appareil est susceptible d'adaptation, de défense, d'accommodation ; comme l'œil, etc., jusqu'à un certain point.

C'est, en effet, ce que l'expérience démontre.

Nous savons que l'organe de l'ouïe jouit de la faculté de

transmettre et de percevoir les sons de tonalités les plus élevées, depuis 33 vibrations par seconde (sons graves) jusqu'à 38.000 vibrations sons aigus), puis les associations, les combinaisons de ces sons les plus variées à l'infini.

Or, si le tympan subit une tension anormale suffisante, on remarque que les sons graves passent difficilement, tandis que les sons aigus persistent (Valsalva, Savart, Tyndall, Muller, etc.). C'est clair, comme démonstration; puis on rétablit l'équilibre, et les sons graves reparaissent : on a la preuve.

Si l'on remplit le conduit auditif d'un liquide tiède, l'audition diminue aussitôt de ce côté, mais les sons transmis au contact du crâne sont toujours bien perçus ; bien plus, quand on place un diapason en vibration sur le vertex, ce son est uniquement perçu du côté obstrué par l'eau, comme nous avons vu que cela se produit quand on oblitère le méat avec la pulpe du doigt. On sait que, dans l'état ordinaire, les deux oreilles perçoivent le même son, à la même distance ; il ne se fait pas de latéralisation, ni à droite, ni à gauche; le son est perçu médian, central.

Transmission solidienne. — De cette expérience il résulte que la conduction peut être interrompue par la voie aérienne, extérieure et conservée cependant par la voie des solides de la tête et de la face ; de plus, le son est latéralisé parce que l'écoulement des ondes sonores n'a plus lieu vers le dehors par le conduit, le tympan ayant, par la présence du liquide, perdu sa conductibilité. Tout renaît, dès que l'eau est retirée ; mais le son cranien n'est plus perçu de côté, il redevient central.

Grâce à la membrane tympanique, les vibrations sonores solidiennes, celles du diapason appuyé sur le sommet de la tête, par exemple, s'écoulent par le conduit auditif, où l'otoscope du médecin les ausculte au besoin et constate leur intégrité ou leur faiblesse suivant la lésion.

EXPÉRIENCE. — Si le diapason est posé sur la partie latérale droite du front, près de la tempe, le son est naturellement perçu plus intense par l'oreille droite qui est plus proche, et par suite le sujet indique la latéralisation droite de la sensation sonore. Or, pendant que le diapason vibre encore, oblitérez l'oreille gauche légèrement du doigt ; et aussitôt le son cesse d'être perçu à droite ; il est senti à gauche et le déplacement est annoncé par le patient. L'arrêt de l'écoulement du courant sonore amène une exagération, un maximum ; et l'orientation est déplacée du côté de la sensation la plus intense.

En bouchant les deux orifices, rien ne se déplace ; le son droit est seulement devenu plus fort par la même raison.

Sans doute, dans ce geste, il se produit un léger excès de tension du tympan, mais sans déplacement aucun, car l'effet serait, comme on va voir, bien différent. Enfin, si la sensation était presque éteinte par l'enlèvement rapide du diapason frontal, l'occlusion immédiate du méat droit la fait renaître aussitôt : cela est bien topique.

Ce renforcement du son dans ces expériences a fait émettre bien des opinions : les auristes, en effet, autant que les physiologistes sont intéressés à la connaissance des conditions du problème souvent posé en pathologie auriculaire.

Causes de ce renforcement du son. — Les uns, avec Lucœ, de Berlin, attribuent le phénomène à la compression légère du tympan transmise par la couche d'air incluse dans le conduit et refoulée ; le labyrinthe éprouverait alors une pression simultanée. On lit dans Toynbee (1), et tout observateur a pu constater que sur le cadavre on provoque une oscillation du liquide du labyrinthe sous l'influence des pressions exercées sur l'orifice du conduit auditif. Alors ce serait une question de mesure ; car il est expérimentalement prouvé que, si l'on tend le tympan, la transmission faiblit, que ce soit au moyen des pressions extérieures, ou par l'épreuve de Valsalva, ou en aérant la cavité tympanique d'une façon artificielle à travers la trompe d'Eustache.

Hinton admet que le renforcement du son est dû à l'arrêt de l'écoulement au dehors du courant sonore propagé par le crâne.

Expérience. — L'expérience suivante montre que la plus légère pression, indépendante de cet arrêt, évité par un artifice expérimental, amène le renforcement.

Je prends un petit diapason la_3 que j'emmanche dans l'extrémité d'un tube de caoutchouc long de 40 centimètres ; j'adapte l'autre extrémité du tube à mon oreille ; le tube et le diapason, qui fait corps avec lui, pendent librement. Le diapason choqué vibre ; à ce moment, je pince très légèrement

---

(1) *Maladies de l'oreille* et annotations, par Hinton.

le tube, et aussitôt la sensation est plus vive ; mais si je comprime le tube fortement sur une étendue suffisante, la pression est transmise au tympan et le son s'affaiblit. On peut à volonté accroître et éteindre le son par ce dispositif, qui ne comporte aucun arrêt de l'écoulement sonore, pour les petites pressions surtout.

On doit donc admettre les explications de Lucæ et celles d'Hinton conjointement.

Je conclus également de cette petite expérience que le tympan est susceptible de plusieurs degrés de tension, et qu'une faible tension, celle qui a lieu au moment de l'attention auditive par exemple, accroît la sensibilité de l'organe, tandis qu'une pression plus énergique se traduit par une atténuation de la sensation. D'autres expériences confirment ces résultats. C'est toute la fonction d'accommodation qui se dessine ici avec un dispositif simple.

Cette action de faibles tensions est plus importante à considérer qu'on ne l'a fait jusqu'ici, elle est physiologique ; c'est le jeu même de l'organe que l'on analyse ainsi.

Expérience. — L'expérience suivante la rend évidente et montre sa valeur.

J'introduis dans chaque oreille les extrémités d'un tube de caoutchouc de 50 centimètres, à parois un peu épaisses ; un diapason vibrant est posé sur le front à droite ; à ce moment, je pince le tube auprès de l'oreille gauche, et je sens le son passer à gauche et le diapason sonner à gauche : la légère pression a suffi à latéraliser le son de ce côté.

Autre expérience. — Placez le tube à une seule oreille, la gauche, le diapason sonnant comme précédemment à droite ; du bout du doigt bouchez l'extrémité du tube, et le son devient gauche ; la pression est cependant bien réduite et l'écoulement n'est pas arrêté, mais la résonance du tube vient s'ajouter et produire le maximum, qui cause la latéralisation, même sans qu'il soit besoin de le boucher ; on ne peut négliger ce troisième facteur du renforcement du son.

Le conduit a sa résonance propre qui s'ajoute en effet, par le fait de l'occlusion, à la condensation de l'air inclus également inévitable.

La forme même du tympan permet ces légères tensions sans déplacement en totalité ; sa forme générale en entonnoir et les courbures arquées de sa moitié inférieure surtout (si manifestes sur les moulages de Sappey, par exemple) assurent une grande flexibilité, une certaine mobilité indépendante de celle du manche du marteau, de dehors en dedans (Helmholtz, Gellé), conditions excellentes pour la conductibilité. Grâce à cette forme et aux rapports continus avec les osselets, la membrane dont la tension est inégale n'a pas de son propre et ne cause pas de résonance particulière.

On sait que tel n'est pas le cas pour le téléphone, autre plaque vibrante, douée d'une excellente conduction cependant.

En somme, une minceur de baudruche, une tension instable, faible à l'état statique, une forme concave qui accroît sa surface, des courbures très arquées qui la rendent plus sensible aux vibrations de l'air, une gradation délicate de ses changements de tension, sont les qualités remarquables du tympan, qui assurent la propagation des sons à l'oreille interne ; une entière soumission aux mouvements de la chaîne des osselets permet la défense.

Ligaments tenseurs du tympan ; ligament de Toynbee. — La tension moyenne du tympan et de l'appareil conducteur, et aussi du milieu labyrinthique, est soutenue par un ligament, lequel forme manchon au tendon du tenseur ; avec celui-ci inséré sur le manche du marteau, il retient le sommet du cône, que la membrane forme à l'intérieur de la caisse, à quelques millimètres de distance de sa paroi interne (2 millimètres). De plus, les ligaments solides qui unissent le col du marteau au pôle supérieur du cadre tympanal soutiennent la membrane, qui oscille, avec le marteau, ainsi suspendue (V. fig. 48, 55).

La structure de la membrane de tympan est en effet un tissu fibreux, une lame de fibres tendineuses, rayonnantes, du manche du marteau au cadre : on pourrait dire qu'elle est dans sa portion vibrante un tendon membraneux, épanouissement du tendon du muscle tenseur ; c'est là sa trame fondamentale.

Elle est doublée de fibres circulaires élastiques intérieures qui assurent sa conicité et les arcatures de sa face externe ; puis, en dedans, de la muqueuse de la caisse, et en dehors, de la peau amincie du conduit ; elle est extrêmement sensible et très résistante, et d'une vitalité remarquable (régénération rapide).

Sa tension, grâce à ces dispositions (conicité, attaches et présence du manche, mobilité, etc.), n'est pas la même dans toute son étendue à l'état statique. On peut rendre cela appréciable en touchant du bout d'un stylet fin les divers segments de la membrane ; le segment inférieur, plus bombé, est aussi beaucoup plus dépressible, flexible. Une expérience rend également ces différences manifestes.

EXPÉRIENCE.—On sait que, si l'on promène un diapason vibrant à la surface d'une membrane tendue (tambour), on observe en des points alternatifs des renforcements et des affaiblissements successifs du son ; ce sont les nœuds et les ventres connus en physique. La membrane du tympan a également des nœuds et des ventres de vibrations.

En examinant à ce point de vue un tympan artificiel que j'ai formé sur de grandes proportions et se rapprochant autant que possible de la construction du tympan humain, j'ai constaté que le segment inférieur était susceptible de résonner plus longtemps sous l'influence des tons graves (ul_2) ; tandis que les parties supérieures, aux côtés du manche, restaient surtout sensibles aux tonalités aiguës ; ainsi, quand la résonance cessait pour ul_2 à ce niveau, elle persistait très nette dans le segment inférieur.

EXPÉRIENCES. — J'ai montré l'influence de la tension du tympan sur la conduction des sons par une série d'expériences au moyen de ce dispositif :

1° Soit une membrane de baudruche de 13 centimètres de diamètre, tendue modérément dans un cadre résistant.

Un diapason (la_3 petit) est promené à 2 centimètres de la surface, d'un bord à l'autre d'un de ses grands diamètres ; au moyen d'une tige d'acier coudée, dont la fine branche touche la membrane sur le tiers au moins du diamètre vertical, sans que l'angle atteigne le cadre, on tend celle-ci ; tandis que par l'autre branche, emmanchée dans un tube de caoutchouc, dont l'autre bout s'adapte à l'oreille, on ausculte le son du diapason mobile.

Ceci ainsi disposé, on constate que la série de nœuds et de ventres régulière a disparu : il existe un seul ventre à égale distance du centre et du cadre ; puis, le son faiblissant, on note, pour peu que l'on déprime la membrane, en pressant sur la tige coudée, que le son s'éteint absolument dans le segment supérieur, du côté de la tigelle (qui imite le manche du marteau) ; et qu'il reste, au contraire, longtemps perceptible au niveau et au-dessous du centre de la membrane, là où la tension est moindre.

En variant les pressions, le retour et la diminution du son se succèdent à volonté.

2° Si le tympan artificiel est détendu, débarrassé de toute pression, l'ut_2 donne des harmoniques suraigus très perceptibles, dominants ; si je comprime légèrement (ce qui tend légèrement la membrane), les harmoniques disparaissent ; et l'ut_2 sort doux et pur. Si je comprime plus fort, le son bas (ut_2) peut être éteint.

L'effet de la charge sur la membrane se montre ici très clairement.

Le tympan totalement détendu peut même causer un crépitement, un grésillement désagréables qui masquent plus ou moins le son, et l'altèrent tout au moins à tel point que le son fondamental ut_2 soit remplacé par ces bruits adventices ; et l'on fait disparaître ce grésillement et apparaître le ton pur, en soumettant à nouveau la membrane à la tension graduée par le marteau improvisé.

3° Avec une tension moyenne, on constate que le diapason promené sur le segment inférieur, c'est-à-dire non soumis à la tension directe de la tige coudée, s'entend bien plus fort que sur le segment du côté que sous-tend la tigelle.

4° De plus, si c'est un diapason ut_2, son bas, par la tension, il cesse à peu près d'être perçu au niveau du segment supérieur, tandis qu'il l'est longtemps encore en face de l'autre (celui qui est libre de tout contact).

5° La durée de l'audition diffère très franchement aussi dans les deux parties ; elle est manifestement plus courte en haut sur le segment qui est tendu par la tigelle (faux marteau).

6° Si le tympan est très tendu par la tigelle très déprimée, l'ut_4 se transmet mieux sur les côtés de la tigelle et moins sur le segment inférieur libre.

7° Le diapason ut_8 donne peu de son ; et celui-ci, si le tympan est très tendu, cesse aussitôt.

En somme, il y a peu de différence au point de vue de la conduction des sons aériens suivant le segment frappé par le courant sonore, si le son est aigu ; et la tension agit moins, mais cependant elle agit sur sa propagation.

Les sons graves sont mieux propagés par le segment libre de la membrane, même quand elle est très tendue. Le renforcement du son, lors de la détente, s'entend tout d'abord, le diapason vibrant au niveau de ce segment inférieur de la membrane.

En chargeant la membrane, en la tendant, même légèrement, les grésillements, pétillements produits par le passage du son grave cessent partout d'avoir lieu.

8° En opérant avec l'ut_1, on voit le son s'éteindre très rapidement par la tension ; et si le choc a déterminé la sortie d'harmoniques suraigus, ceux-ci apparaissent très fortement sonores.

On obtient des alternatives dans l'apparition successive des deux sons, le fondamental et les harmoniques suraigus, en variant la tension. Ces phénomènes se produisent en pathologie auriculaire.

On voit que ces expériences confirment les notions établies par celles de Politzer, Lucœ, Mach, Buch, etc.

Mais je ne sache pas qu'aucun de ces auteurs ait appelé l'attention sur la différence notable que j'indique dans la conduction des deux moitiés supérieure et inférieure du tympan.

Il semble donc résulter de ces faits que la conductibilité de la membrane est légèrement différente au niveau de sa moitié supérieure, tendue par le manche et dans la moitié inférieure plus libre relativement et plus flexible. Les sons graves seraient plus facilement transmis par cette partie arquée, souple et fine, et les aigus trouveraient une conduction plus facile sur les côtés du manche, segments un peu plus rigides.

Nul besoin d'ajouter que toutes les parties transmettent et vibrent sans exclusion aucune, mais certaines régions semblent disposées plus favorablement pour recevoir certaines vibrations de vitesses et d'ampleurs diverses.

La tension générale peut être obtenue dans mon appareil au moyen d'une vis graduée ; il en résulte que les sons graves perdent de la force à mesure qu'elle croît (toutes proportions gardées) et que les aigus sont transmis avec plus d'énergie. C'est ce que Valsalva a depuis longtemps trouvé et que Savart, Muller ont si bien démontré en étudiant les propriétés des membranes tendues.

Politzer, de Vienne, a étudié les vibrations de la membrane

tympanique ; son dispositif les rend perceptibles et peut montrer l'effet des changements de la tension sur les ébranlements subis par l'organe.

Nous allons exposer l'expérience qui lui a permis d'enregistrer ces vibrations et leurs modifications par ces influences.

Tympanographe de Politzer. — Par un tube de caoutchouc adapté au conduit auditif, les sons d'un tuyau d'orgue, traversant un des résonnateurs d'Helmholtz, sont transmis à un tympan.

La cavité tympanique découverte, on a collé sur les têtes des osselets et sur la face interne de la cloison de petites paillettes de riz ou des fils de verre, dont les extrémités libres inscrivent leurs mouvements sur un cylindre enregistreur.

Au moyen de cet appareil, Politzer a pu constater que le tympan possède toutes les propriétés de conduction des membranes tendues ; il a pu vérifier les lois de Pilcher (1), qui ne sont que celles de Savart appliquées à ce cas particulier, et enregistrer les différences d'amplitude des vibrations suivant l'état statique ou l'état de tension du tissu. Il a constaté l'existence de la tension moyenne, d'équilibre de la cloison ; il a vu que la membrane tympanique peut vibrer en totalité ou partiellement, puisqu'elle n'offre pas partout la même tension ; et que, de plus, cette tension est éminemment variable.

Voici une expérience qui montre que l'effet produit par cette tension est des plus remarquables.

Autre expérience. — On sait que le disque du téléphone vibre différemment suivant qu'il est ou non pressé et chargé plus ou moins fortement.

Les sons graves s'affaiblissent et disparaissent au simple contact, les premiers et très vite ; et j'y insiste, d'une façon extrêmement rapide, instantanée. Puis les sons assourdis deviennent aigres, fins, aigus et ténus.

Avec un téléphone actionné par une bobine à chariot et un courant d'induction, le trembleur fournissant le son, on obtient toutes les nuances d'intensité désirables à mesure que l'on comprime avec une tigelle de bois la surface du disque.

---

(1) « La membrane vibre en proportion de sa tension ; elle ne vibre pas nécessairement dans toute son étendue en même temps ; elle vibre proportionnellement à son épaisseur. »

On assiste ainsi à la sortie d'une vraie gamme chromatique : or, le son d'origine n'a pas changé.

On remarque que, si le son est très faible, le moindre contact de mon crayon Walter, sans pression, appuyé sur le bord du cadre du téléphone, suffit pour éteindre le son grave et sourd ; un son grêle le remplace, faible, aigu, tout différent ; à plus forte raison, les pressions nuisent-elles alors à sa propagation à l'oreille. L'amplitude des vibrations n'étant plus possible, il ne passe que les vibrations plus courtes de période, et, par suite, les sons aigus seuls qui sont de plus en plus aigus à mesure que l'on comprime plus fort.

C'est à coup sûr le tableau de ce qui se produit sur le tympan, qui subit des effets analogues sous l'influence des changements de tension et des obstacles (morbides) apportés à sa mobilité.

Le manche du marteau qui fait corps avec la membrane du tympan reçoit et conduit tous les ébranlements récoltés par elle.

Les lois de Müller ont établi cette conduction des membranes aux solides.

Le rôle du tympan intermédiaire à l'air et à l'osselet transmetteur est bien clair ici ; c'est celui de toute membrane tendue. Le passage direct des vibrations de l'air aux solides exige des dispositions spéciales, et il est presque nul ; on sait que c'est tout l'opposé pour leur transport des solides à l'air.

De plus, l'interposition de la cloison permet d'intervenir activement et d'agir, par les variations de sa tension, sur le degré de la sensation, et crée la possibilité de l'accommodation de l'organe de l'ouïe.

Sensibilité du tympan. — Quand l'onde sonore frappe le tympan, elle agit mécaniquement sur le toucher, et le passage du courant qui ébranle la cloison doit donner une sensation tactile, laquelle s'associe avec la sensation sonore pour indiquer la direction du son.

Un autre élément de cette information est la sensation de l'acte musculaire, qui, immédiatement, se produit au contact de l'onde, au moment où elle franchit le tympan. En effet, ainsi que nous allons le voir, le tenseur se contracte aussitôt ; et c'est une troisième sensation, d'origine motrice, qui s'ajoute à la tactile et à l'acoustique et complète la connaissance et l'assure.

Hermann, Kuss et M. Duval ne sont pas éloignés d'admettre
que la sensibilité cutanée joue un rôle dans l'orientation ; je
partage cette opinion ; mais je pense que la sensation musculaire est aussi utile à la fonction de latéralisation. Certains
cas pathologiques paraissent aussi le démontrer (audition
fausse, paracousie).

**Cavité de l'oreille moyenne. Appareil de transmission tym-
panique. Tympan et chaîne des osselets.** — Nous voici arrivés
avec les ondes vibratoires à la chaîne des osselets et à l'appareil de transmission qui con-
duit celles-ci à la fenêtre labyrinthique.

L'instrument acoustique se
complique ; derrière la membrane, la cavité tympanique
et, au fond, la paroi et l'entrée de l'oreille interne ; entre
le tympan et celle-ci, les re-
liant, une tige osseuse articulée, coudée, mobile, bras
de levier de muscles actifs ;
c'est la caisse et son contenu.

La chaîne des osselets est
« l'âme » de cet instrument,
a-t-on dit ; peut-être est-ce une
comparaison peu acceptable,

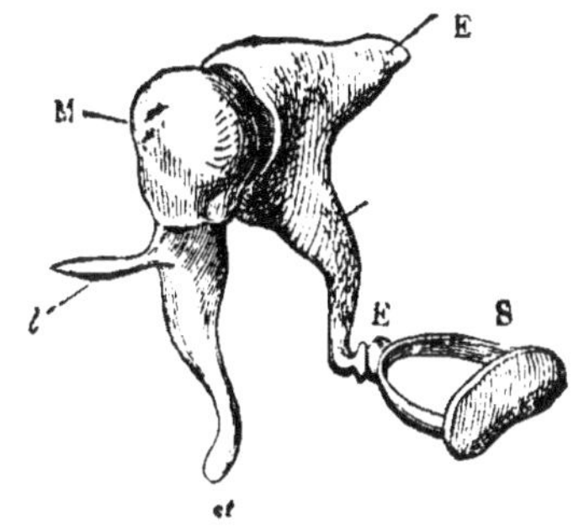

Fig. 49. — Osselets de l'ouïe.

M, tête du marteau ; *st*, longue apo-
physe ou manche ; *l*, apophyse grêle ;
E, enclume (apophyse supérieure) ;
E', longue apophyse de l'enclume ;
E'', os lenticulaire ; *S*, étrier.

si l'on rappelle que les deux points où « l'âme » en question est
en contact avec les parois, la cloison et la fenêtre ovale, sont
des points mobiles et tout à fait isolément mobiles.

La caisse otique n'est pas un appareil de renforcement ; elle
n'est pas comparable à la caisse du violon, par exemple ; son
rôle est tout autre ; elle isole le nerf sensoriel et contient l'appareil de conduction.

J'ai appelé, il y a longtemps, la caisse la « chambre noire »
de l'oreille et je suis encore dans la même opinion.

Mais ce n'est pas celle de tout le monde ; car il est des physiologistes qui admettent la conduction par la fenêtre ronde
(deuxième fenêtre du labyrinthe, fermée par une membrane,
nommée tympan secondaire) ; nous discuterons cela tout à
l'heure.

La caisse tympanique est un *isoloir* et un *réservoir* d'air et contient l'appareil de transmission et ses moteurs ; la fenêtre ronde fait partie de sa paroi interne ; il importait de soustraire en effet le tympan secondaire au choc direct des ondes sonores.

Le marteau, ce rayon solide du cercle formé par le tympan, s'articule avec l'enclume et celui-ci avec l'étrier : les jointures de ces osselets sont lâches, et permettent une assez grande laxité, en certains sens, celui de la détente surtout.

Par le fait de la tension, au contraire, les têtes des osselets se joignent et s'accolent complètement, de sorte que la tige conductrice, segmentée, coudée, à segments mobiles, est rendue rigide, fixe et unifiée : c'est l'action du tenseur. Alors les trois osselets font corps ensemble, c'est-à-dire que la transmission osseuse est par là accrue, assurée tout d'abord ; c'est le geste de l'attention auditive, quand l'individu écoute et dresse l'oreille au bruit.

Il y a donc une audition passive et une audition active ; mais la détente est une sorte de repos pour l'organe.

Au point de vue de la conductibilité, la chaîne des osselets ne laisse rien à désirer. Politzer, Buch ont expérimentalement montré les vibrations de ces osselets conducteurs du son.

Ceux-ci, quand leur connexion est complète et transforme la ligne brisée en une tige rigide, transmettent les ondes sonores, comme on sait que les solides les conduisent, avec rapidité et sans perte, si leur volume n'est pas disproportionné.

Une poutre transmet au loin le gratté d'une épingle ; et Tyndall, dans une expérience célèbre, fit entendre dans son amphithéâtre, à tout son auditoire, un morceau de musique joué sur le piano dans un sous-sol, à la distance de deux étages ; il lui suffit de coiffer d'une planchette de sapin l'extrémité de la poutre de sapin saillante dans la salle ; l'autre bout touchait la table d'harmonie du piano.

Les solides conduisent, et les tiges solides transmettent sans déperdition et sans affaiblissement, à de grandes distances, tous les sons parce qu'ils en limitent le rayonnement, les canalisent, pour ainsi dire, et les dirigent aussi sûrement qu'un tube cylindrique plein d'air (tube acoustique).

A mon sens, telle est la fonction de la chaîne osseuse, au point de vue auditif ; elle en a un autre, d'accommodation et de protection, dont nous allons parler bientôt.

Expérience. — Toynbee a fait l'expérience suivante pour démontrer qu'une tige articulée transmet les mouvements vibratoires et les sons aussi bien qu'une tige droite rigide. L'expérience de la poutre grattée avec une épingle et qui conduit le son à son extrémité éloignée est bien connue de tous.

L'expérience de Tyndall et Wollaston est classique aussi.

Voici celle que Toynbee a disposée : trois morceaux de bois sont assemblés en zigzag ; une extrémité touche l'oreille de l'observateur, l'autre un corps sonore (diapason, montre, etc.) soit un mètre de maçon ou d'arpenteur) et le son passe parfaitement.

J'ai rendu le phénomène plus saillant peut-être par le dispositif suivant analogue.

Expérience. — Soit une montre tenant à sa chaîne de métal ; l'extrémité libre de celle-ci est introduite dans le méat et maintenue là du bout du doigt ; or, l'autre oreille close, on n'entend rien tant que l'on ne tend pas la chaîne de montre en tirant fortement dessus pour que les maillons se touchent bien.

Transmission par la chaîne des osselets : oscillation totale ou moléculaire? l'une et l'autre. — Cependant, comment expliquer le passage des ondes et des vibrations d'une amplitude relativement extrême, par rapport à la petitesse des organes chargés de les propager ?

Il y a des amplitudes énormes, et des ondes assez ordinaires ont un mètre et souvent davantage de longueur.

Weber et Helmholtz pensent que la propagation ne se fait point molécule à molécule ; le courant vibratoire moléculaire, à leur avis, n'est plus admissible ici ; la chaîne osseuse est un point imperceptible au rapport de ces longueurs d'ondes ; et ils admettent que le transport se fait par un seul mouvement de totalité et que toute la chaîne oscille d'un seul bloc ; le mouvement moléculaire serait transformé en un déplacement de la masse.

La propagation moléculaire rappelle l'expérience classique des boules accolées, suspendues par des fils ; une d'elles

déplacée retombe sur les autres, et la dernière seule se trouve
écartée du groupe par la transmission de la force à travers les
billes en contact. Je penserais plutôt à l'expérience de Savart
sur les vibrations longitudinales, si je voulais trouver une
démonstration semblable. Savart, par la friction d'une tige
solide, y détermine des vibrations longitudinales, assez vives
parfois, pour qu'une boule libre placée au contact de l'extrémité de la tige soit chassée par le choc des ondes.

Nous avons là une transformation de vibrations moléculaires en mouvement de translation ; mais à une condition,
c'est que la boule ne fasse pas corps avec la tige. Or, nos
osselets, pour mobiles qu'ils soient, ne sont pas comparables avec ce dispositif expérimental ; et on admettra difficilement, d'autre part, ce choc sur le nerf labyrinthique,
quand on saura qu'il ne peut supporter la plus petite pression
en excès sans provoquer le vertige et la chute à terre (vertige
labyrinthique).

Tout se passe plus simplement dans l'oreille et surtout dans
des proportions fort réduites.

Puisque j'ai eu à citer cette expérience de physique de
Savart, je dirais que ces déplacements, qu'il a pu obtenir par
les vibrations longitudinales dues aux frictions énergiques
sur des tiges solides, sont d'une petitesse extrême ; ainsi, bien
qu'il ait agi sur des solides d'un mètre au moins de longueur,
il n'a pu constater qu'une élongation de six dixièmes de millimètre. On peut donc admettre que pour la chaîne des osselets
c'est une quantité insignifiante. Le courant vibratoire moléculaire la traverse donc sans la déformer, sans causer de
heurts ni de chocs, mais il passe et va se propager à travers
l'étrier dans le liquide intralabyrinthique.

C'est là la qualité particulière de la transmission par les
solides ; elle isole, canalise, sans perte et sans secousses, tout
le fleuve sonore.

Il ne se produit jamais ainsi au niveau du tympan, ni au niveau
de l'oreille sensible, du labyrinthe, de changements brusques
ou continus, véritablement nuisibles par leur amplitude demc-
surée ou par leur grande intensité. L'action musculaire joue
ici un rôle tutélaire ; elle modère les amplitudes des ébranlements ; au reste, celles-ci sont rendues déjà moins redou-
tables par le fait des articulations des osselets qui constituent

une chaîne brisée, que les contractions musculaires raidissent
et rendent élastique.

Weber, Helmholtz, Bonnier veulent que l'onde franchisse
la chaîne des osselets comme un point infiniment petit de
l'espace, et la déplace en masse, oscillation totale, de sorte
que c'est un véritable choc que produit l'étrier.

Ce mouvement en dedans vers le labyrinthe est surtout prononcé, on le sait, sous l'influence de l'action du tenseur, quand
il se contracte pour la protection ou l'accommodation de l'organe auditif.

La transmission par les solides, telle que je la conçois, est
rendue absolument excellente par la présence de la *platine de
l'étrier*, dont l'analogie est frappante avec la plaquette de
sapin, dont Tyndall s'est servi dans son expérience relatée
précédemment, et qui fit entendre, aussitôt placée, les sons du
piano, caché au loin, à tout son amphithéâtre.

Comme celle-ci, la platine de l'étrier termine du côté du
milieu labyrinthique, liquide, la tige solide conductrice, et
transporte le courant vibratoire au sein de l'oreille interne.

Mais pourquoi chercher bien loin l'explication qu'on a sous
les yeux! Voyez le phonographe dont le style est indiscutable-
ment l'analogue de la chaîne des osselets et le disque, celui
du tympan.

Pour qui sait lire les tracés, il est hors de doute que les
mouvements de vibrations moléculaires sont transmis intégralement par l'appareil inscripteur (V. fig. 2 à 26).

On les retrouve sur la cire inscrites dans la période, très
apparentes suivant la hauteur, le timbre et l'intensité, plus
caractérisées dans le chant, mais toujours distinctes ; certes,
on ne peut nier les mouvements périodiques de translation,
mais ils se fondent avec les vibrations moléculaires et ne
deviennent très appréciables que dans les forte excessifs et
les bruits violents, ainsi que nous l'avons dit déjà au para-
graphe où nous traitons de l'intensité des sons.

Du moment que l'on reconnaît sur les graphiques les
vibrations partielles et les ondes, il n'est plus permis de
douter de leur existence dans le milieu labyrinthique et de
leur passage sur la platine de l'étrier ; à mon sens, la démonstration est complète.

Rôle de la fenêtre ronde. — Mais cette lecture des phonogrammes, sur laquelle nous avons si souvent insisté dans ce travail sur l'audition, ne nous donne-t-elle pas aussi la solution d'un problème toujours posé, toujours discuté, celui de l'audition par la fenêtre ronde?

Je pense qu'elle nous éclaire sérieusement sur la connaissance du rôle dévolu à ce tympan secondaire à ce point de vue important.

Au reste, tout ce qui agit sur l'étrier a un retentissement forcé sur la fenêtre ronde ; tension et détente sont simultanées.

Les lois de Müller montrent que la conduction du son d'une membrane à une autre par une couche d'air interposée est très inférieure à celle d'un solide qui les unit toutes deux, ce qui est le cas ici ; mais l'expérience parle plus haut encore.

Si, comme tout porte à l'admettre, le disque et le style du phonographe sont des organes analogues et équivalents au tympan et à la chaîne des osselets, est-ce forcer l'analogie que de comparer l'oreille labyrinthique au rouleau de cire de l'instrument parleur ; et, dès lors, la fonction de transmission étant assurée complètement, visiblement de ce côté, quelle sera celle de la membrane de la fenêtre ronde à l'égard de cette transmission ?

Comment admettre l'existence d'un second courant vibratoire traversant la caisse par l'air et pénétrant au labyrinthe par là? Le premier est solidien et actif. Plus vite et plus intense, il effacera le second ; sinon, c'est une cacophonie (Brooke) qui résulterait de l'accès de ces deux systèmes d'ondes sonores se heurtant dans l'oreille interne; ce qui est absurde.

Ces arguments sont classiques ; j'ai ajouté ceux-ci que je crois d'une logique sérieuse. La transmission par les solides de la chaîne du tympan, canalisant le courant sonore et le dirigeant à travers la cavité tympanique vers la fenêtre ovale, me semble un fait justifié, ayant un but précis. La chaîne, certes, est une partie de l'appareil tenseur, protecteur ; mais c'est justement parce qu'il est conducteur des vibrations que son action d'arrêt ou d'atténuation existe ; l'une se déduit de l'autre.

De plus, la platine de l'étrier apporte les vibrations au cœur même du labyrinthe, au niveau du vestibule, ce centre de l'oreille interne, où utricule et saccule se trouvent logés et où s'ouvrent les divers accès vers les canaux semi-circulaires et vers la rampe sensorielle du limaçon.

Ce chemin n'est-il pas plus direct et plus sûr que celui qu'on fait prendre, dans d'autres théories, au courant vibratoire, qui aurait à cheminer à travers l'air de la caisse, puis aboutirait à la fenêtre ronde et, par elle, à la rampe, veuve d'organes sensibles, la rampe tympanique, pour gagner par un énorme détour le vestibule et enfin le nerf épanoui dans la rampe sensorielle ?

Le phonographe va encore nous donner les arguments utiles pour combattre une opinion incidemment émise par Bernstein et autres auteurs, après Helmholtz, il est vrai, sur les changements subis par le courant sonore, dans son intensité, par ses passages successifs dans les osselets au sortir de la membrane tympanique.

Bernstein calcule, d'après la longueur proportionnelle des leviers, que les vibrations arrivent à la platine de l'étrier renforcées d'une façon que j'ose qualifier de prodigieuse (30 fois). Pourquoi ce grossissement, et comment l'accepter ? Il paraît étrange et inutile à la fois. Est-ce que rien dans la fonction indique qu'un semblable affaiblissement se produit dans le passage des ondes des membranes aux solides ?

Les lois physiques nous rassurent à cet égard. Pourquoi, quel besoin de cette intensité croissante ? L'analyse sensorielle n'est-elle donc qu'une affaire d'intensité sonore ? On sait bien que non ; au contraire, une trop grande force de l'impression sonore nuit plutôt à sa distinction.

Mais regardons ce qui se passe dans le phonographe. Le style et le soc graveur sont-ils suffisants pour inscrire les plus fins détails de l'onde qui a frappé le disque ?

Les nuances les plus fines, les souffles les plus fugaces, les plus délicates intonations, les plus légers accents, les émotions même, sont rendus avec fidélité par le parleur ; et les graphiques les gardent exactement fixés sur la cire. Or, le mécanisme de l'inscription est assez simple ; les leviers sont susceptibles certainement de grandir les figures, de creuser la cire et d'y tracer des sillons ; mais il fallait, n'est-ce pas, ici une certaine force pour *entailler* la *surface du rouleau*, résister à la rotation rapide indispensable, pour grossir un peu le phénomène. C'est bien autre chose que d'agiter le liquide labyrinthique de vibrations moléculaires, apportées par le simple contact de la platine mince et large de l'étrier. L'œuvre graphique des vibrations est admirable sur le rouleau.

L'effort, au labyrinthe, eût été hors de proportion avec l'effet cherché et avec le travail à accomplir; un contact solidien suffit amplement, pour faire vibrer une masse liquide (lois de Müller, exp. de Tyndall, *loc. cit.*, *le Son*). Le style ici c'est la branche de l'enclume, à pointe mobile.

Je ne crois pas que l'opinion de Bernstein soit soutenable. L'appareil de transmission est un organe de concentration: il réduit la masse des ondes du dehors à un pinceau, si j'ose ainsi dire par analogie avec le pinceau lumineux, et qui trouve son entrée par la fenêtre ovale dont l'ouverture est à peine de 3 millimètres carrés.

Mouvements de l'étrier. Ses moteurs. Leurs limites. — Dans ses oscillations, l'étrier se meut dans la fenêtre ovale; ce déplacement ne dépasse pas 1 18 à 1/14 de millimètre, d'après Helmholtz; j'avais moi-même trouvé 1/10 de millimètre comme limite; c'est un glissement horizontal de la platine entière dirigé de dehors en dedans, un mouvement de piston et non en volet, comme on l'a dit (Lucœ, Politzer, etc.).

Mais le tympan peut subir des ébranlements d'une amplitude supérieure sans que l'étrier le suive, grâce à l'articulation incudo-malléenne, laquelle, résultant de l'emboîtement réciproque des deux têtes de l'enclume et du marteau, permet un écartement sensible du manche du marteau et de la branche stapédienne de l'enclume. Helmholtz s'est appesanti tout particulièrement sur les effets tutélaires de ces dispositions articulaires, qui isolent heureusement l'étrier du tympan dans les mouvements trop étendus de dedans en dehors de cette dernière membrane.

Axe de rotation des osselets. Oscillations tympaniques. — La chaîne de propagation des vibrations qui commence au tympan et finit à la platine ou base de l'étrier est donc mobile à ses deux extrémités et, en son milieu, flexible.

Quand une onde frappe vigoureusement le tympan, tout l'appareil oscille en dedans autour d'un axe de rotation et de suspension antéro-postérieur, que contribuent à former la branche horizontale de l'enclume en arrière et l'apophyse grêle du marteau en avant (les deux têtes articulées en formant le centre) (fig. 48, 49).

Dans les mouvements généraux, les deux osselets associés

oscillent donc autour de cet axe simultanément ; et, à mesure que la membrane tympanique s'enfonce, l'étrier reçoit la poussée identique en dedans par l'action de l'onde qui passe ; puis l'équilibre se rétablit par l'élasticité des tissus.

Mais si, à l'inverse, une aspiration se produit attirant le tympan en dehors, ou. si l'air pénétrant dans la caisse tympanique le refoule au contraire ; arrivé à un certain degré, l'étrier cesse de suivre le déplacement imposé à la cloison ; et celle-ci se porte seule en dehors avec le manche du marteau, qui s'écarte alors de la branche stapéenne de l'enclume.

Si l'écartement s'exagère, les deux têtes des osselets se désemboîtent et l'étendue de ce déplacement du tympan en dehors peut atteindre jusqu'à 4 et 5 millimètres (Helmholtz, Gellé [*Méthode graphique*]), grâce à la laxité articulaire dans ce sens.

Tout mouvement en dedans a donc pour effet immédiat d'associer et de joindre les osselets en une seule tige coudée jusqu'à la platine de l'étrier : c'est la direction du courant sonore. Mais c'est surtout sur des préparations fraîches que les mouvements s'observent dans toute leur étendue, soit dans leur ensemble (oscillation en dedans, oscillation totale), soit dans leur limitation, si le tympan est isolément refoulé vers le dehors. Si l'on a eu soin d'ouvrir un des canaux semi-circulaires (c. major) et d'y faire couler un peu d'eau, on voit la surface miroitante agitée d'oscillations concomitantes de celles du tympan et de même sens, ainsi que Toynbee l'a dit le premier.

Tout le mécanisme délicat de la conduction des sons au labyrinthe et l'effet de l'action motrice appliquée aux leviers que représentent les osselets de l'ouïe se montrent ainsi réalisés et démontrés, visibles et appréciables.

D'autre part, par la même contraction qui tend le tympan, refoule l'étrier et clôture la fenêtre ovale, et en même temps, synergiquement, la fenêtre ronde (deuxième entrée du labyrinthe) se trouve tendue ; et le labyrinthe, par ce seul. fait, instantanément fermé.

La même appareil sert donc à la transmission des vibrations et à les arrêter au passage ; la protection est dans les mêmes mains que l'adaptation fonctionnelle de l'organe.

Mouvements du tympan démontrés et analysés par la mé-

thode graphique, puis par l'endotoscope — On peut observer les déplacements du tympan à l'inspection, au moyen du speculum auris ; on l'examine plus sûrement au moyen du speculum de Siègle, à l'aide d'un bon éclairage.

Cet instrument a son pavillon fermé par une glace ; de plus, un ajutage auquel s'adapte un tube de caoutchouc permet d'aspirer ou d'insuffler l'air dans la cavité close qui résulte de l'introduction hermétique du speculum dans le conduit de l'oreille examinée.

La cloison tympanique saine obéit très bien aux aspirations faites alors par le tube avec la bouche ; elle se porte en

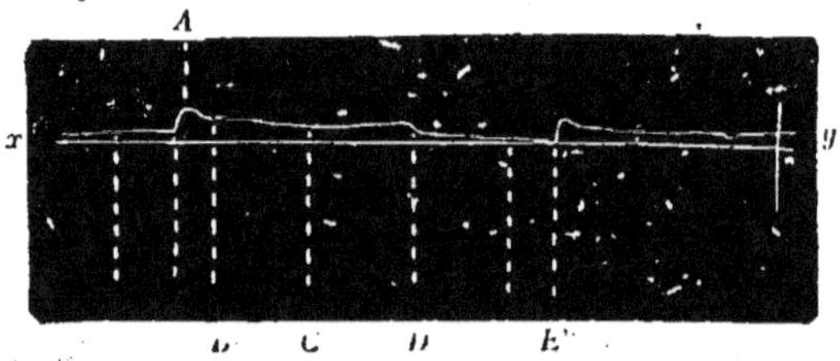

Fig. 50.

xy, ligne axile fictive ; *A*, sommet de la courbe d'ascension, due aux déplacements du tympan par l'aération de la caisse ; *B*, descente brusque du tracé annonçant le retour de la membrane à sa première position ; *C*, descente plus lente ; *D*, crochet qui accentue le retour vers *xy*, dû à un mouvement de déglutition ; *E*, nouvelle ascension par une aération nouvelle.

dehors, puis elle revient à sa position première sous l'influence de son élasticité et de celle des ligaments de la chaîne des osselets.

J'ai rendu mensurables ces déplacements au moyen de l'*endotoscope* qui les amplifie. C'est un manomètre en forme de *b*; la branche horizontale garnie de caoutchouc s'introduit dans le conduit. De l'eau affleure dans la courbe du tube de verre jusqu'à un zéro. Au-dessus du zéro, la longue branche verticale d'un calibre bien plus étroit est graduée ; elle est maintenue verticale par un bandeau frontal. Le niveau du liquide s'élève ou s'abaisse suivant que le tympan est refoulé en dehors par la douche d'air ou attiré en dedans quand on avale, le nez pincé.

Les mouvements de déglutition et la douche d'air intratympanique se manifestent par des oscillations très caractéristiques du niveau. L'ascension est très variable et différente dans les cas pathologiques.

La moyenne de l'ascension de ce liquide de l'endotoscope, quand on réussit l'insufflation d'air dans la cavité de l'oreille moyenne, est de 1 centimètre à 1 centimètre et demi, ce qui, vu l'amplification, répond à un déplacement de 3 millimètres, 4 au plus de la surface de la membrane.

Dès que le sujet déglutit ensuite un peu de salive, le niveau s'abaisse brusquement comme il s'était élevé, par le retour élastique à la position d'équilibre. (Gellé, 1868, *Acad. méd.*, et *Soc. Biologie.*)

Les oscillations que cause l'acte de la déglutition simple sont très faibles et réduites à une petite secousse du liquide. On augmentera le déplacement du niveau si on a tout d'abord porté le tympan en dehors par une insufflation d'air opérée par les voies nasales ; en pinçant le nez, avant d'avaler, l'effet est grossi.

J'ai poussé plus loin cette investigation ; et j'ai tenté de noter ces mouvements par la *méthode graphique* qui en montre bien le sens et l'étendue, ainsi que la puissance des actes qui les produisent (aspiration, aération, déglutition, Valsalva-épreuve, déglutition le nez clos).

On peut voir par la figure ci-jointe les mouvements amplifiés par un levier, inscrits par les procédés de Marey. La grande étendue relative des déplacements du tympan possibles en dehors se montre bien ici ; les effets de la déglutition sont très faibles, mais rendus cependant très apparents, quand on a eu soin de ballonner le tympan en dehors par avance au moyen d'une insufflation d'air dans la caisse par la trompe d'Eustache (V. fig. 50).

Ces résultats concordent avec ce que la vue, l'endotoscope ont fait constater, et aussi avec les notions acquises depuis les expériences manométriques à peu près identiques de Politzer de Vienne (1), dont le dispositif plus simple ne comporte ni amplification, ni mensuration.

(1) Politzer s'est servi le premier d'un manomètre filiforme en U très court, contenant un index d'alcool coloré (*Traité d'otologie*, trad. Jolly).

Moteurs de la chaine des osselets. — La tension et la détente sont actives ; deux muscles, celui du marteau pour la
première, celui de l'étrier pour la seconde, en sont les agents.

Le muscle tenseur tympanique, si volumineux chez les canidés et les félins, etc., est plus effilé, plus mince chez
l'homme. Logé à l'étage supérieur de la paroi interne de la
cavité tympanique, il offre un tendon volumineux qui se réfléchit au niveau du bec de cuiller et se porte directement en
dehors et s'insère sur le manche du marteau, à travers la caisse.

Son insertion est perpendiculaire à peu près à l'osselet qui
sous-tend la membrane du tympan : l'action est donc énergique
malgré le petit volume du muscle.

Le tenseur est bien nommé : son action est d'attirer vivement le tympan vers l'intérieur ; déplacement dont nous venons de montrer les effets sur le reste de la chaine et sur le
labyrinthe (Wollaston, J. Müller, Savart).

L'intensité de la contraction est variable ; ce qui explique
les différences dans les effets sur l'audition.

La section de ce tendon amène une détente immédiate de
la membrane qui a perdu alors une partie de son ressort
élastique.

L'étendue du déplacement en dedans causé par l'action du
tenseur est limitée par celui de l'étrier, c'est-à-dire qu'elle ne
peut dépasser 1/18ᵉ de millimètre à 1/10ᵉ de millimètre.

Que peut-on attendre d'un semblable effort ! et sous
quelles influences a-t-il lieu ?

Tout d'abord l'effet doit être instantané, puisqu'il résulte de
la contraction d'un muscle de la vie animale ; et s'il peut se
répéter, il est peu probable qu'il soit durable et continu par
la même raison (spasmes et contractures à part).

L'expérience de *Secchi*, de Bologne, vient à point pour montrer l'activité du tenseur et ses causes.

EXPÉRIENCE DE SECCHI. — En voici le dispositif intéressant
tel que je l'ai vu exécuter par son auteur au dernier Congrès
de Florence (*Otologie*, 1895, etc.).

Sur un chien de forte taille, immobilisé, il met à nu la bulle
de l'oreille droite ; il l'ouvre de façon à y introduire et à fixer
à la paroi un tube (manomètre) en U très fin qui contient une
goutte de liquide coloré oscillant ; le jour tombe directement
sur ce manomètre, qui grâce à son adaptation hermétique va

montrer toutes les variations de la tension de l'air intérieur de la bulle.

Tout ainsi disposé, les yeux des assistants, fixés sur le tube en U, virent la goutte colorée s'élever en dehors vivement chaque fois qu'on faisait un bruit fort (claquement de mains, aboiement de chien surtout); or ce déplacement de l'index coloré était dû à la contraction du tenseur sous l'influence de l'excitation acoustique.

La démonstration fut complète; je passe sous silence plusieurs observations intéressantes que cette opération permet de faire, me limitant à ce qui est en question ici. (*C. R. Laryng. Otol.*, Congrès de Florence, 1895.)

La contraction du tenseur rétracte le tympan et comprime l'air inclus vivement; et le manomètre l'indique par son index qui s'élève dans le tube.

L'action est instantanée; c'est un réflexe de la sensation auditive surtout (Exp. de Hensen, 1878), visible s'il est né d'un bruit nouveau, ou d'un son déjà connu, significatif, appelant l'attention (un aboiement par exemple). C'est aussi l'opinion de Pollack (1886), le réflexe cesse, le limaçon détruit.

L'augmentation de la tension du tympan est brusque, immédiate et brève; ce dispositif relativement simple la rend sensible aux regards.

L'action existe; elle est appréciable malgré la petitesse du muscle tenseur.

Quant à l'effet obtenu par une aussi faible secousse, une si petite modification de la membrane, l'expérience suivante le rend manifeste, et le démontre très sérieux et non négligeable.

Expérience. — Faisons passer un courant sonore (celui du trembleur d'une pile à courant induit) bas et peu intense, par un téléphone que nous écoutons; puis le son écouté, plaçons au contact du disque l'extrémité fine d'une tigelle de bois, analogue à un crayon Walter; celle-ci est posée en équilibre de telle sorte qu'il n'y a aucune pression sur le disque, mais un simple attouchement : immédiatement le son du téléphone, bas et grondant, s'éteint, au point d'être indistinct; on enlève le contact, si léger, et toute la force du son reparaît; c'est le son fondamental de la plaque. Dès que la tigelle touche le centre du disque, le bruit disparaît de nouveau, et un son minuscule, grêle et aigu le remplace.

Nous avons montré que les *pressions* exercées sur le disque du téléphone peuvent ainsi donner naissance à une gamme véritable de sons chromatiques. — Mais ce sont des pressions graduellement plus intenses qui donnent lieu à ces phénomènes. — Nous ne parlons actuellement que de simple contact ; or, aussitôt que le contact a lieu, le son s'atténue si fortement qu'il peut disparaître, s'il est faible, immédiatement.

Le son qui passe alors est extrêmement réduit d'intensité, et totalement changé de tonalité et de timbre ; c'est un son grêle, aigre, aigu, surtout très affaibli, et devenu méconnaissable (sons partiels). -

Il suffit d'un simple attouchement de la membrane vibrante pour modifier aussi profondément sa conductibilité.

Je répète qu'il ne s'agit pas ici de tension, mais purement d'un contact, qui brusquement donne cette atténuation capitale.

C'est donc un acte que le petit muscle tenseur tympanique est fort capable d'opérer d'une façon intermittente, rapide, comme tout muscle agit.

Cet effet est admis par tous les physiologistes (Savart, J. Müller, Wollaston).

Ils reconnaissent que la contraction du muscle interne du marteau remplit le rôle de tendre la cloison et d'abaisser l'intensité du son.

Comme conséquence logique de l'effet rapide et passager de cette contraction, à l'état physiologique, est-on autorisé à refuser au tenseur le rôle d'accommoder, d'adapter le tympan suivant la hauteur des sons ?

On ne peut croire en effet à cette action continue, suffisamment soutenue.

Examinons de près cette petite question.

L'expérience du trille de 10 notes de Helmholtz montre que au-dessus de 1/10⁰ de seconde l'impression sonore est indistincte ; pour que deux sons qui se succèdent soient discernés, la discontinuité sentie, il faut au moins 1/10ᵉ de seconde d'intervalle entre eux. Le muscle tenseur se contracte-t-il pour chaque son qui frappe l'oreille ? La contraction musculaire, la secousse simple a, on le sait, une durée connue égale à 0ˢ,05 (cinq centièmes de seconde) ; l'élément psychique auquel obéit sa contraction n'a pas une durée moindre ; cela donne exactement 1/10ᵉ de seconde pour le temps nécessaire à ces deux actes, moteur et psychique.

Par suite, il est admissible que le tenseur opère une contraction à chaque son qui se présente, surtout si l'on sait que l'effet produit sur la conduction de la membrane tympanique exige peu d'effort et réalise une atténuation remarquable malgré cela ; sans doute les sons attendus, connus, ne causent qu'une faible excitation motrice (Wundt).

La confusion qui a lieu pour les sons graves dans le « trille de Helmholtz » tient sans doute à la durée plus grande de la détente de la cloison, après la contraction ; les sons bas exigent, en effet, une plus grande amplitude des déplacements de l'appareil.

Au point de vue de l'accommodation à la hauteur des sons, le simple bon sens interdit d'admettre un travail musculaire pareil ; les sons non seulement sont divers, rapides, opposés, mais complexes, simultanés, etc. ; aussi ce serait demander l'impossible à une contraction musculaire nécessairement brusque, passagère, et que le volume du muscle ne permettait pas de croire durable et continue, au moins autant que l'immense cortège des vibrations le peut exiger ; mais on ne saurait nier l'action tutélaire du tenseur contre l'excès d'intensité.

Notre expérience fait toucher du doigt. ou mieux entendre l'effet net de l'action du tenseur ; il atténue aussitôt les sons ; il les modifie ; il abaisse l'énergie de ceux qui sont amples et graves, mais il s'oppose moins à la pénétration des sons aigus.

Duverney, Valsalva ont émis cette opinion aujourd'hui classique et que les expériences de Politzer, de Lucœ, de Mach, Pilker, et celles de Buck (de New-York), ont établie définitivement ; le rôle modérateur, protecteur, du tenseur du tympan est démontré.

Nous devons dire cependant que Helmholtz lui attribue une autre manière d'agir.

L'appareil de transmission mis en activité transformerait, suivant lui, le mouvement de grande amplitude et de faible énergie, apporté par le tympan, en un mouvement d'amplitude faible et d'énergie plus grande, nécessaire à la propagation sur la chaîne et dans le labyrinthe.

J. Muller (1) montre bien dans les lignes suivantes à quelle influence obéit le tenseur dans sa contraction physiologique : il dit : « Si l'on admet qu'à l'occasion d'un son très intense le muscle du tympan entre en action par l'effet d'un mouvement réflexe, de même que font l'iris et le muscle orbiculaire des paupières lors d'une impression de lumière très vive, attendu que l'irritation est transmise par les nerfs sensoriels au cerveau, et de celui-ci aux nerfs moteurs, il devient évident que, quand un bruit intense frappe l'oreille, le muscle du tympan peut assourdir l'ouïe par son mouvement réflexe. »

C'est aussi l'avis de Beaunis et de M. Duval. Le Pr. M. Duval compare le tenseur aux fibres circulaires de l'iris et le stapédius à ses fibres radiées au point de vue de leur rôle. Une expérience de mes cours (école pratique, 1876-86) rendait sensible l'action de la tension d'une membrane sur la propagation des sons (V. fig. 51).

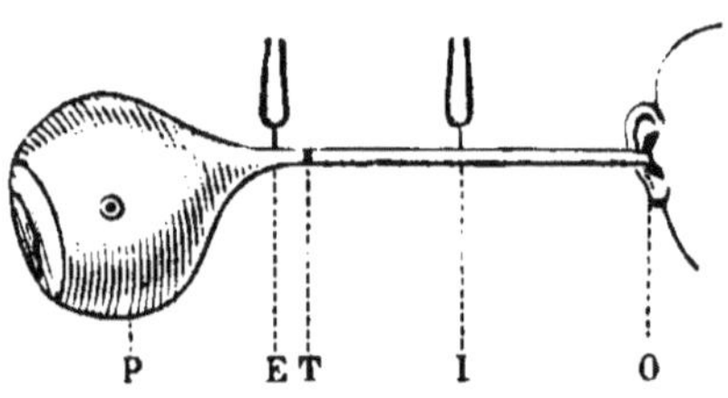

Fig. 51.

T. membrane en baudruche, tympan simulé ; *P*, poire à air et tube adapté au conduit ; *E*, diapason posé en dehors de *T* ; *I*, le même posé en dedans de *T* ; *O*, oreille.

Expérience. — Un tube de caoutchouc est hermétiquement adapté à l'oreille de l'observateur ; à son extrémité libre une baudruche ferme la lumière du tube rigide en ce point ; puis un tube est ajouté à la suite, lequel aboutit à une poire de caoutchouc.

1° Si, cela établi, on pose le talon du diapason sur le tube, en dehors du point où se trouve la baudruche, le son passe ; mais, à la moindre pression exercée sur la poire, l'air tend la baudruche ; et le son cesse de passer à l'oreille de l'observateur ; ou est fortement atténué, s'il est énergique.

2° Posons maintenant le talon du diapason en dedans de la cloison de la baudruche, entre elle et l'oreille ; si l'on presse la poire à air, on constate aussitôt que le son du diapason devient plus intense ; la baudruche tendue vibre difficile-

(1) *Traité de phys.*, t. II.

lement, arrête le courant sonore à la sortie, et cause un renforcement que l'oreille perçoit.

3° Cela acquis, enlevez la cloison de baudruche ; dès lors la pression de la poire à air s'exercera directement sur le tympan de l'observateur ; posez le diapason vibrant sur le tube, à quelque distance de l'oreille ; et si vous pressez sur la poire, le son sera fortement affaibli à chaque coup.

C'est le tympan de l'opérateur cette fois, qui, surtendu, ne livre que difficilement passage au courant sonore, vers le nerf auditif.

On voit que ´c'est la condition analogue de l'expérience n° 1 de tout à l'heure.

La tension du tympan, quand elle s'augmente, s'oppose donc à la transmission ; elle atténue le son aérien, abaisse son intensité.

Les preuves surabondent, mais valent mieux que des assertions.

4° Nous avons déjà parlé de la propagation des sons par les solides de la tête, par les os du crâne, et montré qu'un diapason qui vibre posé sur le vertex est perçu pendant un assez long espace de temps ; et que si l'on bouche l'oreille, comme nous l'avons dit, le son s'accroît de ce côté (Lucœ).

EXPÉRIENCE. — Mais maintenant nous allons comprimer l'oreille même, c'est-à-dire comprimer le tympan, tandis que le diapason vibrera sur le sommet de la tête ; nous imitons ainsi ce que nous avons fait en tendant la baudruche, il y a un instant, dans l'expérience n° 2. Vous vous rappelez que, la pression tendant la cloison de baudruche, alors que le diapason était posé sur le tube en dedans de celle-ci, le son présentait un accroissement de sonorité aussitôt.

Dans la nouvelle expérience, la pression agit du dehors sur le tympan et le diapason sonne au vertex ; on pourrait s'attendre à observer un accroissement analogue du son, puisque les conditions semblent identiques dans ces deux expériences ; or, il n'en est rien.

C'est que l'oreille offre un appareil ajouté, annexé au tympan, la chaîne des osselets qui comprend l'étrier ; et, à chaque pression sur le tympan, l'étrier est également refoulé : il clôture le labyrinthe, et tend la fenêtre ronde en même temps ; par suite, au lieu d'augmenter comme tout à l'heure avec la baudruche, le son du diapason-vertex s'atténue ; et même il peut disparaître, s'il est peu intense.

C'est le jeu de l'appareil tympanique pris sur le vif.

L'action de ces « pressions centripètes » est très significative en otologie.

EXPÉRIENCE. — L'épreuve de Valsalva, qui consiste à faire l'effort de souffler par le nez qu'on tient fermé en le pinçant entre les doigts, a pour effet de tendre la membrane du tympan anormalement (surtension) et de nuire à la conductibilité (lois physiques) ; or, si l'opération a réussi, le sujet ressent un affaiblissement de l'ouïe de ce côté (où l'air intratympanique a été comprimé et par lui le tympan surtendu) ; et en même temps, on peut observer que l'audition du diapason posé sur le crâne a diminué aussi.

La ventilation forcée de la cavité tympanique a un double effet, ainsi que je l'ai depuis longtemps démontré expérimentalement, elle tend la cloison et simultanément la fenêtre ronde ; en même temps, elle excite le moteur tympanique.

Le tenseur tympanique peut chez de rares personnes se contracter spontanément par acte volontaire (Wollaston, J. Müller, Bérard, Luschka, Bonnier, M. Duval).

Certaines affections catarrhales de l'arrière-gorge causent parfois ces spasmes curieux ; ailleurs, ceux-ci s'associent à des tics. L'odontalgie, la migraine, l'otite externe les provoquent (Gellé).

EXPÉRIENCE. — J'ai rendu sensible la contraction du tenseur par le dispositif suivant ou *épreuve des réflexes binauriculaires :* un diapason la_3 petit est adapté par son talon à l'extrémité d'un tube de caoutchouc de $0^m,40$; l'autre extrémité est introduite dans l'oreille droite ; dans la gauche s'insère hermétiquement l'embout d'un tube de caoutchouc aboutissant à la poire à air (V. fig. 52).

Dans le silence de la nuit, on fait tinter très finement le petit diapason en le tenant à distance, du bout des doigts ; or, le son bien entendu droit et faible est à chaque fois atténué et éteint par les pressions douces, mais brusques, exercées sur la poire, qui refoulent le tympan gauche.

Cette expérience montre l'action d'une oreille sur l'autre : la pression agit sur le tympan et sur l'appareil conducteur, puis, par l'étrier sur le labyrinthe, d'où le réflexe d'accommodation et de défense est transmis à l'organe opposé ; celui-ci contracte son tenseur, et l'audition aérienne est abaissée, par suite, de son côté.

Sans doute la sensibilité générale joue son rôle dans la pro-

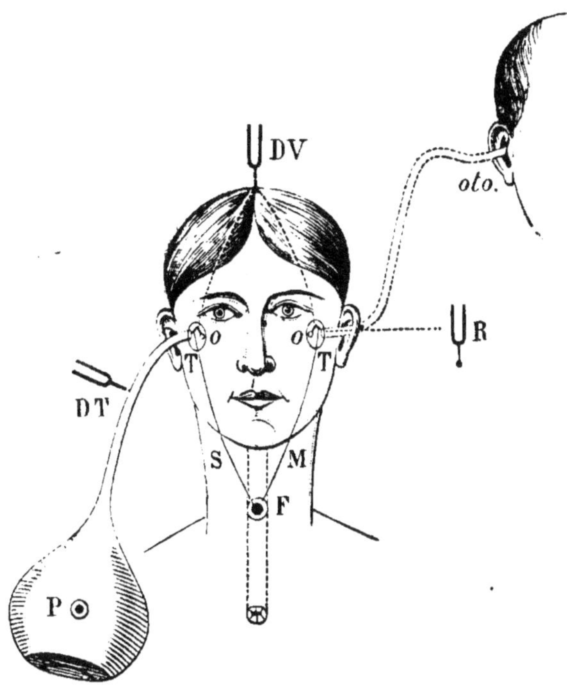

FIG. 52.

P, poire à air, avec tube adapté à l'oreille, agit sur *T* et sur *O* ; *T*, tympan : *O*, caisse et chaîne, étrier (*O*) ; *DT*, diapason posé sur le tube ; *DV*, diapason posé sur le vertex, le son se propage en *O* ; *oto*, otoscope, pour entendre *DV* ; *R*, diapason en face de l'oreille gauche ; *F*, centre réflexe cervical : dans l'épreuve des réflexes binotiques d'association, la pression de la poire *P* sur *T O* à droite fait agir le tenseur gauche simultanément, et *R* est moins bien entendu.

vocation du réflexe ; cependant, il existe même chez les hémi-anesthésiques, hémi-sourdes ; mais elles ont gardé l'intégrité des mouvements et du sentiment musculaire.

Cette excitation réflexe, par parenthèse, autorise à admettre une sensibilité d'un ordre particulier tactile, au nerf vestibulaire, le cochléaire (sensoriel) n'étant plus en cause. Il faut se rappeler à ce propos que les réflexes innés (Flechsig), de défense, naissent aussi d'excitations de la sensibilité générale de l'organisme.

Autre expérience. — L'étalon du diapason est fixé dans l'extrémité d'un tube de caoutchouc, dont l'autre bout est introduit dans l'oreille. On constate qu'à chaque fois que l'on contracte les mâchoires avec force le son du diapason s'affaiblit brusquement ; on produit cela à volonté (la déglutition, le nez pincé, le Valsalva opèrent le même changement, mais par action directe sur la tension tympanique).

Le phénomène est dû à ce que le tenseur se contracte en même temps que les muscles masticateurs ; le même nerf moteur leur étant distribué et les animant tous, l'excitation rayonne sur tout le groupe à la fois (Fick, Politzer).

Je trouve dans cette petite expérience un signe sérieux des parésies et paralysies du tenseur ; la sémiotique auriculaire en a tiré parti (Gellé).

La contraction spasmodique du tenseur s'accompagne d'une petite sensation de choc dans l'oreille, et d'un bruit léger de claquement qui peut devenir par sa répétition un tourment pour certains sujets excitables (Bruit de Leudet).

Elle est alors souvent produite par une action réflexe née de la sensibilité générale ou de l'acoustique (catarrhes). Politzer, Gellé n'ont point vu le tympan secoué par cette contraction, qu'il est facile de confondre avec celle du releveur du voile qui agit de même. M. Duval les a vus.

Quand, sous une action quelconque (déglutition, insufflation, etc.), la membrane du tympan a été déplacée hors de la position d'équilibre, de tension moyenne normale, elle y revient aussitôt par l'action de l'élasticité de son tissu et par celle de ses ligaments et de ses muscles.

Les ligaments sont mis en tension anormale et réagissent ; celui de Toynbee, qui sert de gaine au tendon tenseur, agit par traction en dedans et ramène la cloison dans ce sens.

Les ligaments du marteau, décrits si bien par Helmholtz ; ceux des jointures et de l'enclume, puis les muscles tenseurs et ceux de l'étrier ainsi excités aident aussi au retour de l'état statique ordinaire.

Dans les mouvements du tympan qui le portent en dedans, (tension extrême, refoulement, aspiration du côté de la caisse, etc.). C'est l'élasticité, et la résistance du tissu même de la cloison qui réagissent ; et il faut dire que cette élasticité est sollicitée par chaque mouvement de déglutition ; le poids des deux têtes du marteau et de l'enclume articulées et penchées en dedans de l'axe de rotation aide à ce retour.

Or les mouvements de déglutition se répètent à chaque instant ; c'est ainsi que la cavité tympanique est aérée: le rôle de l'élasticité du tympan est de haute importance à ce point de vue.

Théories diverses de l'innervation des muscles tympaniques. Nerf tympano-moteur de Longet. — Quand l'appareil de transmission tympanique est vivement actionné par les sons qui frappent l'oreille, le point de départ du réflexe d'accommodation et de défense est le labyrinthe même qui subit l'ébranlement vibratoire ; les nerfs cochléaires et vestibulaires (ampullaires) transmettent cette impression aux centres respectifs et de là l'excitation se réfléchit sur les moteurs de la chaîne.

Les opinions diffèrent sur les voies suivies par le réflexe.

Les algies du conduit et des diverses parties animées par la cinquième paire le font naître à coup sûr. Dans l'audition, les uns veulent que ce soit par le nerf de Wrisberg (moteur tympanique de Longet) que le circuit se complète. Celui-ci se jette dans le ganglion géniculé ; or, le facial donne le rameau du stapédius un peu plus loin, dans le canal de Fallope. D'autre part, le petit pétreux va au ganglion otique qui donne au tenseur un rameau moteur; ainsi les deux muscles associés fonctionnellement le seraient aussi par leurs origines motrices : ce serait le cas dans les contractions synergiques des deux muscles (Longet).

Une autre opinion admet le passage du réflexe par le facial pour le stapédius, et par le ganglion otique et indirectement par le masticateur pour le tenseur (Luschka). C'est sans doute l'explication des contractions synergiques du premier, avec les peauciers de la face (Lucœ), et du second avec les masticateurs (audition atténuée par la mastication (Fick, Gellé) et par la paralysie faciale.

L'expérience de Politzer montre l'action du trijumeau sur la contraction du muscle interne du marteau, ou tenseur du tympan : elle est classique.

Par des excitations galvaniques directes sur le trijumeau,

dans le crâne, il est parvenu à faire contracter le muscle interne du marteau ; et à l'aide de son « tympanographe » il a pu rendre visibles ces contractions par leur action sur la membrane du tympan.

D'autre part, Fick a montré que toute contraction un peu énergique des masticateurs s'accompagne d'une contraction du muscle interne du marteau ; ce qui tendrait à prouver que leur innervation motrice serait la même et due à la racine motrice du trijumeau ; c'est l'avis du Pr M. Duval.

Il y a un instant, nous avons montré, avec le tube otoscope auquel on suspend un diapason, quel est l'effet de ces contractions des mâchoires sur l'audition.

Politzer a vu sur ses tracés, sur ses graphiques, les courbes des mouvements s'aplatir ; et il a constaté à l'auscultation la diminution de la sensation sonore sous l'influence de l'action des masticateurs.

D'après ces divers résultats expérimentaux concordants, on peut croire que le muscle tenseur est chargé d'accommoder les tensions du tympan pour la propagation des sons de hauteurs diverses.

La plupart des physiologistes ne pensent pas, ainsi que nous l'avons dit du reste, qu'il soit possible d'admettre des variations aussi rapides et aussi complexes de tension que l'exige la multiplicité des sons qui se succèdent, dans un air de musique, par exemple.

Bernstein dit que, sans aller aussi loin, il y a lieu de croire que le muscle est susceptible d'entrer en activité, dans l'acte d'écouter ; cela se produit lorsqu'un son nouveau frappe l'oreille et éveille l'attention, ainsi qu'il résulte des expériences probantes de Secchi : le muscle obéit à la sensibilité soit sensorielle, soit générale.

Une faible contraction cause une faible tension ; une tension moyenne est bonne pour l'audition ; une contraction vive, énergique arrêtera le courant sonore offensant par une tension brusque et intense (réflexe de défense).

Muscle stapédius ou de l'étrier ; détente de l'appareil ; mécanisme de celle-ci ; antagonisme et synergie. — Une faible tension du tympan et de l'appareil des osselets accompagne l'effort d'attention auditive ; une forte tension affaiblit au contraire la propagation des sons, en appliquant la base de l'étrier dans la fenêtre ovale et tendant la fenêtre ronde aussitôt.

Cette action du tenseur a un contrepoids dans l'action opposée du muscle de l'étrier.

Celui-ci s'insère au col et à la tête de l'osselet articulée avec l'enclume, et l'attire en arrière surtout ; son tendon, réfléchi comme celui du muscle du marteau, agit dans un plan assuré et avec une direction fixe ; il limite les refoulements de la platine et les arrête ; c'est là une action très importante et protectrice de l'oreille interne.

La contraction du stapédius attire en arrière, avec la tête de l'étrier, la branche descendante de l'enclume, articulée avec elle.

Or, l'enclume est fixée en ce sens à la paroi postérieure de la caisse, et ne peut que basculer en avant par un effet de levier interrésistant ou mouvement de sonnette (Sappey) ; sa tête liée à celle du marteau s'infléchit, entraîne en bas cette dernière ; et le marteau oscillant autour de l'axe de rotation commun des osselets, son manche est porté en dehors.

Cette action est la contre-partie de celle de la tension ; c'est l'effort pour la détente.

Sur le cadavre on fait exécuter facilement ces mouvements complexes aux petits osselets et à la cloison, par une traction du tendon du stapédius ou plus facilement en portant l'extrémité de la branche stapédienne de l'enclume en arrière.

Considérés isolément les deux muscles tympaniques sont donc antagonistes. Il est certain cependant que, dans l'audition active, ils entrent synergiquement en jeu ; l'appareil est tendu mais non fermé, puisque l'étrier est maintenu par le stapédius, et l'effort de fermeture contre-balancé par celui de la détente générale ; en définitive, l'élasticité générale de l'organe par l'effet de l'antagonisme des deux moteurs est accrue.

Mais si par une cause quelconque (paralysie du nerf facial, atrophie du stapédius, etc.) le tenseur reste sans antagoniste, la fonction est atteinte ; l'ouïe est abaissée par la tension sans limite du tympan ; et si celui-ci cède (ramollissement, relâchement pathologiques), l'étrier à son tour est immobilisé et refoulé ; alors toute l'oreille interne est close, comprimée, fermée jusqu'à la fenêtre ronde surtendue à son tour (surdité consécutive, bourdonnements, vertiges).

Nous avons dit que le tenseur est animé par le nerf masticateur ; le stapédius reçoit son activité du facial comme les muscles orbiculaires des paupières. Quelques physiologistes, Longet, Bonnier, pensent que le nerf de Wrisberg est l'agent de ces mouvements réflexes.

En somme, le stapédius est un protecteur ; et son activité évite les secousses et la compression du nerf labyrinthique ; son rôle est tutélaire.

Le Pr M. Duval professe que l'oreille posséderait ainsi, comme l'œil, des parties chargées de l'accommoder pour les sons bas ou aigus.

Avec la plupart des auristes, il faut reconnaître que l'effort est surtout dirigé dans le but de protéger l'organe, mais sert la fonction en contre-balançant l'activité du muscle tenseur ; l'ensemble agit comme l'iris qui limite et gradue l'intensité des excitations lumineuses. Toynbee dit expressément que le stapédius ouvre la voie, que tend à fermer le muscle interne du marteau (*loc. cit.*).

La suppression de l'action de l'un des deux grandit d'autant l'effet de l'autre ; c'est le frein annulé.

En résumé, ce petit muscle stapédius est utile par l'obstacle que son tendon réfléchi et fixe oppose à certains déplacements de la chaîne vers l'oreille interne et par son antagonisme évidemment nécessaire avec le tenseur.

Transformation de la chaine osseuse articulée en une tige élastique. — Les actions réunies des deux muscles tympaniques transforment la tige osseuse articulée, qui forme la chaîne en une tige rigide et élastique.

Je ne vois pas qu'on ait mentionné nulle part avant moi (Gellé, *Traité d'otologie*) le bon côté de cette transmission élastique et l'effet de cette contraction synergique des deux muscles tympaniques qui fait de la chaîne mobile, articulée, une seule pièce tendue qui n'est plus susceptible d'être disloquée par le passage du courant vibratoire, et de trois parties n'en fait qu'une momentanément.

Mais cette union a pour effet d'ajouter un élément important pour la transmission des mouvements, l'élasticité ; c'est l'absence d'à-coups, c'est la douceur, c'est la souplesse qu'on obtient alors dans cette mécanique aux leviers coudés, dès qu'ils sont réunis en un ressort élastique.

Une petite expérience met cette propriété en évidence et

montre ce qu'elle vaut dans un organe aussi délicat que celui
de l'audition.

EXPÉRIENCE. — Si vous montez sur une lourde voiture roulant sur le pavé, et qui vous secoue douloureusement ; vous
éviterez les ressauts, les cahots qui vont jusqu'à faire s'entre-
choquer les dents, en vous tenant debout sur la pointe des
pieds ; les jarrets tendus, les muscles contractés, transforment
aussitôt le pied, a jambe, le tronc en un levier coudé élastique dont les vibrations adoucies ne causent plus de secousses et n'arrivent plus à la tête.

**Bras de levier de la tension, bras de levier de la détente de
l'appareil de protection otique.** — Quelques mots d'anatomie feront comprendre le jeu des osselets et les mouvements
accomplis par les muscles tympaniques agissant sur ces leviers.

Chez l'homme adulte, comme chez le nouveau-né, sur une
pièce bien préparée, la membrane du tympan placée sous les
yeux, on voit aussitôt le trait rosé, à peu près vertical et mat,
formé par le manche du marteau, étendu de la saillie supérieure, ou l'apophyse externe, auprès du pôle supérieur du cadre tympanal, au centre déprimé de la cloison, à son ombilic

L'extrémité en spatule du manche du marteau forme le
centre et le point le plus creux de la surface concave. C'est
tout ce qu'on voit du côté du conduit auditif.

La longueur de ce rayon solide du tympan est de 5 millimètres à 5 et demi, quand le diamètre du cadre est de 12 millimètres à peu près.

Ce levier est bien plus long, et son extrémité centrale descend bien plus bas chez les carnassiers (chien) par exemple,
et les rongeurs (lapin, lièvre). En général, il est plus long chez
l'animal que chez l'homme.

C'est ainsi que l'on trouve par mensuration chez la chauve-
souris, le mulet, que l'extrémité ombilicale du manche est
distante du bord inférieur du cadre du cinquième seulement
du diamètre total de la cloison.

Chez le chat, cette distance atteint seulement 2 millimètres ;
chez le cochon, dont le tympan est très bien développé, cette
distance est de 3 millimètres, c'est-à-dire que, le diamètre tympanique étant de 10 millimètres, le manche du marteau a une
longueur de 7 millimètres.

Chez le mulet, le manche a 7 millimètres et demi ; le tympan ayant 10 millimètres et demi de diamètre.

Chez le chien, ainsi que nous l'avons dit, avec un tympan de 10 à 11 millimètres on trouve un manche du marteau de 8 à 8 millimètres et demi.

Chez le cheval, la distance de l'umbo au cadre est de 2 millimètres au plus (tympan de 9 millimètres).

Chez le veau, manche = 7 millimètres et tympan = 11 (1).

Chez le ouistiti (deux mensurations), 2 millimètres de distance.

Chez le lapin et le lièvre, dont le tympan est si remarquable, on trouve que la distance de l'ombilic au cadre atteint plus du 1/3, presque la moitié du diamètre du cadre, comme chez l'homme. Ainsi avec un diamètre tympanique de 8 millimètres et demi le manche de l'osselet a 5 millimètres.

Chez les macaques, le manche avait 5 millimètres sur un tympan de 9 millimètres.

Chez les primates, les anthropoïdes, il est difficile de constater quelque différence avec l'oreille humaine.

Chez l'homme, le levier de la tension atteint à peu près le centre de figure de la membrane.

Comparons le levier de la tension avec celui qui est l'instrument de la détente.

Cette détente, nous l'avons vu, est obtenue par la traction en arrière de la tête de l'étrier et de l'extrémité de la branche stapéenne de l'enclume, articulées ensemble.

Ce mouvement fait basculer les deux têtes des osselets en bas et en dedans, autour de l'axe de rotation de l'ensemble ; et ainsi la détente a lieu ; le manche du marteau et le tympan se trouvant alors refoulés en dehors.

L'énergie de ce mouvement, antagoniste de celui de la tension, peut s'apprécier au développement du levier qui l'opère. Or, chez les animaux en général, autant le manche présente de la longueur, autant la branche de l'enclume est raccourcie.

Déjà cependant chez le singe, (macaque), on voit l'enclume se dégager ; avec un manche de 5 mill., cet osselet a 3 mill. de branche stapédienne.

(1) Gellé, *Étud. otol*, t. I.

Chez le nouveau-né et chez l'homme adulte, on trouve souvent les mêmes proportions, 5 : 3, et parfois : 4.

On est frappé de ce développement graduel de la branche-levier de l'enclume et de la tendance ainsi manifestée par l'organisme vers l'équilibre des forces qui régissent les mouvements de protection, d'accommodation et la conduction dans l'appareil tympanique.

Chez l'homme, l'antagonisme est plus complet, et les forces opposées plus égales ; leur jeu, leur balancement doivent être plus parfaits et plus délicats. (Gellé, *Études d'otologie*, t. I, 1876-80, et *Trib. méd.*, id.)

La prédominance du tenseur semble être une caractéristique de l'animalité.

Quelle est l'aptitude auditive qui bénéficie de ce dispositif si bien équilibré chez l'homme ?

Nous avons déjà dit, avec les auteurs, que la fonction auditive est des plus passives, des moins fermées.

Cependant la différenciation ne s'obtient que par des oppositions bien franches et conscientes ; et la différenciation, c'est le point de départ de l'analyse et de la connaissance, du jugement, etc.

C'est au moyen des nuances que les catégories s'accusent ; que la comparaison est possible ; et qu'une certaine liberté est acquise à la fonction auditive.

Le choix et la défense (limitée, hélas ! mais possible par l'acte des muscles tympaniques et autres) sont aussi sûrs que l'adaptation de l'organe.

Plus actif et mieux pondéré sera l'instrument, plus la fonction acquerra de qualités et d'acuité.

Voilà le bénéfice dû à l'équilibre des deux forces antagonistes qui commandent la conductibilité du tympan et de l'organe auditif.

En définitive, c'est toujours l'action synergique des fléchisseurs dans l'extension, et des extenseurs dans la flexion. On sait que, par ces antagonismes, les mouvements sont assouplis, gradués, arrêtés à volonté, scandés, changés à l'inverse, et régularisés, sans à-coups, sans secousse ; puis maîtrisés jusqu'à un certain point. Les petits muscles de l'oreille, armés de leurs leviers, sont relativement très puissants (le bras de l'enclume, ou de la détente, est du premier genre, interrésistant ; le poin

d'appui est sur la paroi postérieure où s'insère la branche
horizontale de l'enclume ; celui du manche du marteau ou de
la tension est interpuissant : point d'appui, axe de rotation ;
point mobile, le tympan ; c'est le levier de la machine du remou-
leur) ; ils peuvent donc, soit associés, soit isolés, agir sur la
sensation définitive sérieusement.

On comprend que l'égalité des deux forces motrices opposées facilite l'action synergique des deux moteurs ; rapide sera la
tension, aussi rapide la détente.

Ainsi nous voyons que les dispositions organiques de l'oreille
humaine présentent une supériorité évidente sur celles des
animaux ; non pas que l'audition de ces derniers soit inférieure
à celle de l'homme, mais parce que celui-ci, grâce à ses facultés
cérébrales, lui impose des fonctions plus délicates et d'une
plus haute importance (parole, musique, etc.).

**De la transmission des sons par les os du crâne. Perception
cranienne.** — La plupart des expériences instituées et décrites
à propos de la conduction des sons aériens par l'appareil auriculaire montrent parallèlement les conditions de la propagation
au labyrinthe des vibrations sonores solidiennes (Diapason-
Vertex). Mach, Politzer, Lucæ ont bien étudié ce phénomène et
analysé ses conditions et les causes des altérations de la transmission fréquemment observées dans le cours des affections
auriculaires (sémiotique auriculaire).

Il résulte de leurs recherches, que mes expériences sont
venues confirmer, que les vibrations, pour parvenir à l'oreille
interne, suivent le même trajet que les ondes aériennes, et sont
propagées par le tympan et la chaîne des osselets.

Mais jamais le son cranien n'a ni l'intensité, ni la durée du son
apporté par l'air : la voie de l'air reste supérieure. L'oreille est
un organe aérien ; quand la perception cranienne est éteinte, le
son est encore perceptible par l'air, le corps sonore placé en face
de l'oreille. En définitive, c'est de l'air que vient la sensation.

J'ai expliqué suffisamment l'épreuve de Weber (occlusion
du méat, qui latéralise le son cranien) et montré les variations de sensations obtenues par les pressions centripètes qui
prouvent si bien que ces sons solidiens passent par l'étrier,
et subissent l'influence des compressions labyrinthiques (1).

______

(1) *Pressions centripètes,* Gellé. V. plus loin.)

Synergie d'accommodation des deux oreilles, et de l'activité de leurs muscles. — Dans l'audition d'un son, les deux organes auriculaires sont frappés le plus souvent à la fois ; cependant, celui qui se trouve dans la direction même du corps vibrant reçoit les ondes directes et plus énergiques ; l'autre est touché par des ondes réfléchies (V. fig. 52).

Les deux appareils de transmission entrent en jeu soit successivement, soit simultanément, ou mieux, il arrive sans doute que le muscle tenseur tympanique du côté directement frappé par le son se contracte plus tôt et d'une façon plus intense, car, l'excitation étant plus forte, l'action musculaire réflexe doit être plus vive et plus énergique de ce côté que du côté opposé.

Les mouvements dissociés ou associés des cornets des animaux donnent l'idée juste de ces accommodations.

A la sensation acoustique se trouve donc associée constamment une sensation d'origine musculaire, celle de la contraction, de l'effort bilatéral, et la différence entre celle de droite et celle de gauche donne naissance à l'orientation.

Il est supposable que les muscles pairs sont susceptibles d'agir ensemble dans un but, soit pour atténuer le son (les deux tenseurs), soit dans la recherche des sons faibles (les deux stapédius, qui ouvrent l'oreille [Toynbee]) ; à ce moment les masticateurs restent inertes et la bouche est béante. Chacun d'eux, de plus, peut se contracter dans un organe et moins dans l'opposé, puisqu'en somme les deux champs d'activité des oreilles sont différents et distincts.

Les réflexes seront-ils bilatéraux ou unilatéraux suivant les nécessités fonctionnelles ?

Quand ils sont nés d'une excitation acoustique, ils peuvent être unilatéraux, mais ils sont bilatéraux le plus souvent, puisque l'intensité du son commande d'ordinaire le réflexe. Cependant, si l'excitation réflexe a son origine dans la sensibilité générale, autant que l'on peut en juger d'après les cas pathologiques et les expérimentations, on observe que les deux oreilles se contractent de même synergiquement ; et qu'une excitation opérée sur l'une d'elles agit aussitôt en même temps sur l'autre (épreuve des pressions).

Les organes pairs ont leurs mouvements associés, mais non fatalement ; certaines personnes contractent un tenseur à volonté.

Épreuve de l'auteur, épreuve des réflexes binauriculaires. — Chez l'homme, la volonté a peu d'influence sur les muscles tympaniques ; cependant, ainsi que nous l'avons dit, certaines personnes jouissent du privilège (que le dressage accroît) de contracter à volonté le tenseur ; et le stapédius, d'après Fick, se contracterait dans les violentes contractions des peauciers de la face (V. fig. 52).

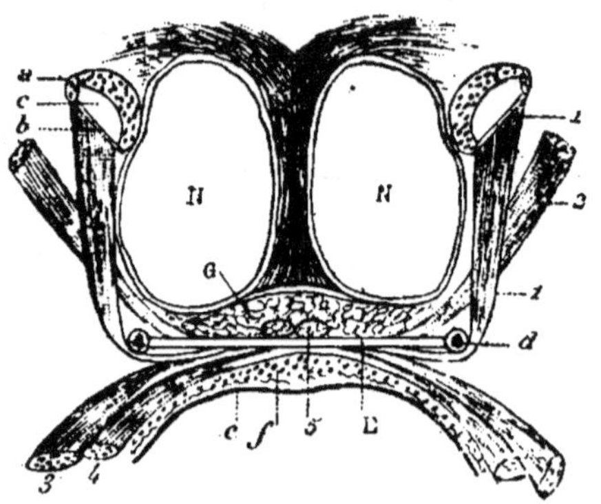

Fig. 53. — Constitution du voile du palais.

a, cartilage de la trompe d'Eustache ; *b*, portion fibreuse de la même trompe ; *c*, sa cavité ; *d*, crochet de l'apophyse ptérygoïde ; *E*, aponévrose du voile du palais ; *f*, couche glanduleuse inférieure ; *G*, couche glanduleuse supérieure ; *e*, muqueuse inférieure ; *N*, orifices postérieurs des fosses nasales et muqueuse supérieure ; *1*, muscle péristaphylin externe ; *2*, muscle péristaphylin interne ; *3*, muscle staphylo-pharyngien ; *4*, muscle staphylo-glosse ; *5*, muscle palato-staphylin.

L'acte réflexe, simple de sa nature, persiste bilatéral, qu'il soit né d'une sensation acoustique ou d'une irritation de la sensibilité générale (traumatisme, inflammation cutanée ou muqueuse, articulaire ou osseuse de l'appareil otique).

C'est le réflexe de défense, celui qui fait fermer les yeux par crainte, quand l'œil n'est pas en cause ; c'est un réflexe d'expression, tel celui constatable sur les cornets des animaux aux mouvements si démonstratifs à ce sujet.

Ces réflexes ont aussi des causes très éloignées (affections viscérales), que la pathogénie des bruits subjectifs, des vertiges, de la surdité a fait connaître en faisant rentrer les symptômes auriculaires dans la pathologie et la sémiotique générales.

Expérience. — J'ai découvert et décrit un procédé expérimental simple par lequel cette synergie des muscles bilatéraux est rendue appréciable, et c'est le tenseur d'un côté que je mets en action par une pression centripète exercée au moyen de la poire à air sur l'autre oreille.

Le signe de cette action d'une oreille sur l'autre est simple ;

un diapason vibre en face de l'oreille libre, et quand on comprime légèrement l'autre, le son de ce diapason subit un affaiblissement instantané, notable, significatif.

Un seul muscle peut atténuer ainsi la sensation auditive ; c'est le tenseur ; lui seul a cette action, parce que, seul, il tend le tympan et immobilise l'étrier déprimé ; il affaiblit le son ; il défend l'organe, on l'a compendieusement démontré.

A-t-on besoin d'une autre explication? Que la pression centripète agisse sur le labyrinthe, c'est évident ; mais elle agit aussi sur tout l'organe (peau, tympan, osselets, muscles) ; l'oreille répond donc à une excitation d'ordre général aussi par le réflexe habituel, banal, de défense, de protection, qui accroît la tension de l'appareil.

De là, l'atténuation de la sensation provoquée, à volonté et passagèrement, sur l'oreille gauche et vice versa.

J'ai appelé cette expérience l'épreuve de la *synergie d'accommodation binauriculaire, ou épreuve des réflexes binauriculaires* (fig. 52).

Aération de la cavité de l'oreille moyenne ; trompe d'Eustache, ses mouvements, ses moteurs. Action du tympan dans l'aération de la caisse. — L'oreille est un organe aérien ; le tympan subit la pression de l'air ambiant ; et l'air doit circuler dans la caisse, pour que jamais la tension de la cloison ne soit accrue d'une façon anormale ; pour cela, en effet, il faut que l'air inclus ait la même tension que l'air extérieur.

Le canal tubaire, qui relie la cavité de l'oreille moyenne à l'arrière-pharynx, est chargé de cette ventilation indispensable.

Fermé par l'accolement élastique de ses parois cartilagineuses, ce conduit s'ouvre au moment de la déglutition, d'une façon passagère, et se trouve aussitôt refermé.

Il se produit à chaque mouvement d'avaler, un va-et-vient de l'air de la caisse, où pénètre celui qui circule dans les cavités du pharynx nasal.

Les agents de l'ouverture de la trompe d'Eustache sont les muscles du voile du palais, nommés aussi muscles tubaires, vu leur double action : ils relèvent le voile, quand on avale, et en même temps, par leur insertion supérieure, ils ouvrent les trompes.

L'élasticité du tympan est mise en jeu au moment où les

deux parois tubaires se décollent pour ouvrir le canal ; par l'aspiration ainsi exercée sur lui, il s'enfonce légèrement, se tend, et, dès que l'air pénètre, il revient à la position d'équilibre, par une oscillation qui se reproduit à chaque déglutition. On a comparé ce mécanisme au clignement : c'est la salive qui ici remplace les larmes.

Ce jeu est entretenu par l'action musculaire dans la déglutition (muscles bilatéraux, volumineux, énergiques) ; et c'est grâce à l'élasticité des tissus tubaires et du tympan que se réduit ce déplacement intermittent.

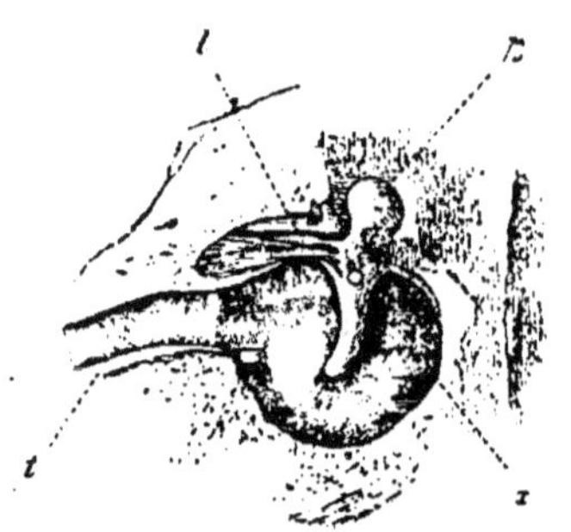

FIG. 54. — Oreille moyenne, paroi externe ; vue du dedans.

t, trompe d'Eustache ; *l*, longue apophyse du marteau avec son ligament ; *k*, tète du marteau ; *x*, point d'insertion du muscle tenseur de la membrane du tympan (muscle interne du marteau).

Aussi les lésions du tissu tympanique, les altérations de son élasticité, la gêne de sa mobilité, entraînent-elles, de même que l'imperméabilité de la trompe d'Eustache, des troubles sérieux de l'audition (causes : otites, pharyngites, rhinites adénoïdes, obstruction tubaire, relâchement du tympan).

Quand on veut aérer artificiellement la caisse, on insuffle de l'air par les narines, au moment où le sujet fait une déglutition.

Quand l'obstruction de la trompe empêche d'aérer la cavité de l'oreille moyenne, le vide s'y produit ; et la pression atmosphérique persistant refoule le tympan en dedans (d'autant plus qu'il est plus altéré et relâché par la maladie) ; et il en résulte de la surdité, des bruits subjectifs et souvent des vertiges à tomber à terre, par suite de la compression consécutive du nerf labyrinthique.

La muqueuse de ce conduit est très humide, tapissée d'un épithélium vibratile et incessamment lubrifiée par le mucus sécrété par d'énormes glandes acineuses ; les mouvements intermittents des parois tubaires sont ainsi faciles et silencieux.

L'orifice guttural de la trompe s'appelle le pavillon, il est très sensible ; c'est la cinquième paire qui lui donne sa sensibilité. Celle-ci est le point de départ de réflexes au contact de la sonde (raucité de la voix, douleur au niveau du larynx, larmoiement, etc.).

Dans les paralysies du voile du palais, dans ses perforations, la fonction tubaire est compromise et souvent annulée, et l'audition par suite fatalement en danger.

Il faut aussi noter que le muscle releveur du voile, qui ouvre la trompe d'Eustache, est animé par le nerf masticateur, comme le muscle du marteau (ouverture de la trompe dans le bâillement).

Réservoir d'air, cellules aériennes de l'apophyse mastoïde. — Levier de la rotation de la tête (orientation). — Derrière le pavillon auriculaire chez l'homme, on voit une saillie conique solide, dont la pointe est tournée en bas ; la surface est cutanée et la ligne des cheveux s'arrête à son niveau pour dégager l'oreille ; c'est l'apophyse mastoïdienne. Le conduit auditif longe sa face antérieure, qui mène à l'oreille moyenne. Cette saillie osseuse puissante couvre un diverticulum de la caisse du tympan, un ensemble de grandes et petites cellules osseuses pleines d'air, et communiquant par un point élevé avec celle-ci.

C'est une cavité anfractueuse, aérée, séparée, évidée pour rendre l'os plus léger sous un volume plus étendu, nécessaire aux insertions de muscles importants.

Réservoir d'air, annexe de l'oreille tympanique, elle accroît la quantité d'air inclus, dont alors la tension varie moins vite, nécessité de premier ordre dans la circonstance.

Ces deux saillies de la base du crâne sont placées chez l'homme dans le même plan transversal que l'orifice occipital et les surfaces condyliennes, qui s'articulent avec les vertèbres cervicales.

Elles forment les extrémités des leviers, droit et gauche, de la rotation de la tête sur le pivot de la colonne cervicale.

Leur large surface permet de larges insertions musculaires et assure l'action de muscles puissants, qui servent aux attitudes variées de la tête dans la recherche des sons à l'horizon et dans l'orientation consécutive.

Ces cellules aériennes ne sont point encore développées à la naissance : elles ne sont formées entièrement qu'à 6 ans.

Ces apophyses n'existent point chez les animaux inférieurs,

elles coïncident avec la station bipède ; quelques primates et l'homme parmi les mammifères les possèdent. La bulle les remplace chez les singes et les autres animaux, comme réservoir aérien (V. fig. 33, 34, 35, 36).

Chez les carnassiers, par exemple, un creux existe à sa place ; mais les mouvements de rotation sont chez eux (quadrupèdes) très limités et nuls dans le plan horizontal ; les oreilles sont toujours latérales ; mais les condyles articulaires de l'occipital regardent en arrière et ne sont pas sur le même plan que les conduits.

Le conduit auditif de l'homme est au contraire placé et pour ainsi dire accolé en avant du levier de la rotation de la tête.

L'oreille peut donc être portée vite et facilement vers tous les points de l'horizon, pour en explorer les bruits et leur direction dans l'espace, et en découvrir l'origine. Nous jugeons de celle-ci par le sentiment des contractions musculaires effectuées dans la recherche, et des attitudes prises pour obtenir le maximum de sensation sonore sur l'une des oreilles.

Les principaux muscles qui s'attachent à l'apophyse de chaque côté de la base du crâne s'insèrent aux parties latérales de la colonne vertébrale, des côtes supérieures et des épaules de chaque côté ; les uns sont antérieurs, les autres postérieurs, etc.

Dans leur action unilatérale, ils font tourner la face du côté opposé ; le sterno-mastoïdien gauche la tourne à droite, et vice versa.

Au moment de l'attention auditive, ces muscles entrent en action, dressent la tête, dirigent l'orifice du conduit, tandis que d'autres muscles, les masticateurs par exemple, se relâchent et laissent la bouche béante ; la respiration s'arrête, la déglutition se suspend ; et les yeux suivent l'oreille qui écoute et explorent les alentours.

C'est le geste de l'attention auditive. Quel est l'agent de toutes ces accommodations pour l'audition ? Quel nerf anime le sterno-mastoïdien, le trapèze, ces gros muscles sterno-mastoïdiens, etc. ? c'est le nerf spinal.

De l'auditif au spinal, ou mieux entre leurs noyaux d'origine, doivent s'échanger bien des réflexes dans l'acte d'écouter. On remarquera la coïncidence des actes véritablement

inhibitoires, ou plutôt d'arrêt, suspensifs, qui coïncident
alors avec l'excitation motrice des rotateurs de la tête ; c'est
là le cortège ordinaire de l'attention volontaire ou non.

Au nerf spinal s'associe l'influence du pneumo-gastrique
(arrêt de la respiration, de la voix), du glosso-pharyngien
dans la déglutition ; puis celle du facial, et des centres des
mouvements d'équilibration et de station ; ainsi on obtient
l'orientation ; et l'audition enfin est assurée.

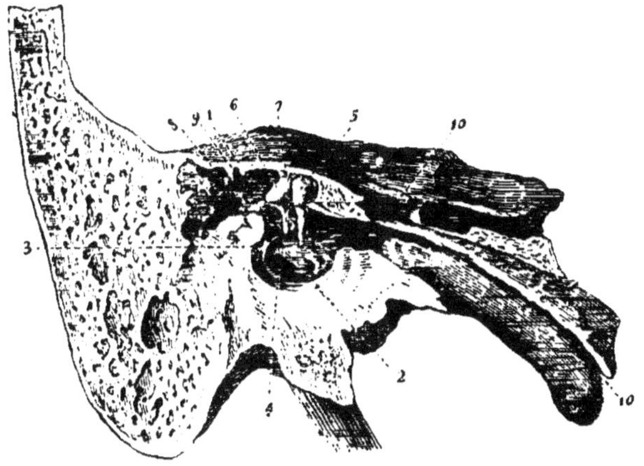

Fig. 55. — Paroi interne de la cavité du tympan.

1, fenêtre ovale et étrier ; *2*, promontoire ; *3*, pyramide ; *4*, fenêtre ronde ;
5, marteau et son ligament supérieur ; *6*, enclume ; *7*, ligament supérieur
de l'enclume ; *8*, son ligament postérieur ; *9*, muscle de l'étrier ; *10*, *10*,
trompe d'Eustache.

Le torticolis d'origine auriculaire n'est pas rare ; il est ou
labyrinthique, ou tympanique, ou mastoïdien d'origine ; mais
c'est sans doute l'irritation du labyrinthe qui en est le point de
départ (Gellé, Redard).

J'ai dit que, pour moi, la caisse et ses annexes aériens ne
représentent nullement un appareil de résonance. Je suis ici
en complète communion d'idées avec le Dr Beauregard.

Dans l'étude excellente qu'il donne de l'oreille et de la fonction auriculaire chez les cétacés, il montre que ces réservoirs
d'air sont tous disposés de telle sorte que l'équilibre des pressions extérieures et des tensions intérieures de l'oreille est
assuré par un balancement curieux entre l'aération et la réplé-

tion variable de plexus veineux et artériels énormes qui occupent les cavités annexes.

En plongeant, dit Beauregard, l'animal soumet l'air inclus dans la bulle à une pression énorme contre laquelle lutte un tympan très épaissi, uni aux osselets soudés plus ou moins entre eux et aux parois osseuses ; or, à ce moment même, la trompe ne peut pas fonctionner, puisque l'animal est dans l'eau : c'est alors que l'air des sinus passe dans la bulle en même temps que les plexus se vident de leur sang.

Quand au contraire l'animal remonte à l'air, la pression diminue, le sang afflue de nouveau dans les plexus, écartant les parois des sinus et l'air de la bulle y reflue.

Chez ces animaux aquatiques, les plexus sanguins joueraient en réalité quelque peu le rôle de la vessie natatoire chez les poissons. En tous cas, la bulle aérienne des cétacés fonctionne pour équilibrer les tensions intérieures avec celles de l'extérieur.

Disons cependant que Rapp n'interprète pas ce rôle de même ; pour lui, les sinus remarquables, qui agrandissent la cavité tympanique des cétacés, paraissent être disposés comme des membranes tendues, destinées à recevoir une grande partie des vibrations venues par l'intermédiaire des os et à les conduire jusqu'au labyrinthe (1).

Signalons en terminant que dans l'inflammation suppurative de l'oreille le danger, souvent pressant et méconnu, réside dans la suppuration de ces cavités intra-osseuses mastoïdiennes, et dans la rétention du pus, inévitable presque, dans cette impasse.

§ VI. — LE LABYRINTHE OU OREILLE INTERNE

Vue générale. — L'air a propagé à l'oreille et celle-ci a éprouvé et conduit le courant vibratoire jusqu'à la platine de l'étrier, à la fenêtre ovale, entrée du labyrinthe ou oreille interne. Celle-ci est formée de cavités osseuses (labyrinthe os-

(1) Cétacés, *Dict. physiol.* Richet.

seux) contenant l'organe sensoriel (labyrinthe membraneux).

C'est dans ces cavités multiples que la partie sensible de l'appareil périphérique du sens de l'ouïe est exposée et qu'elle subit les ébranlements périodiques, propagés par le liquide

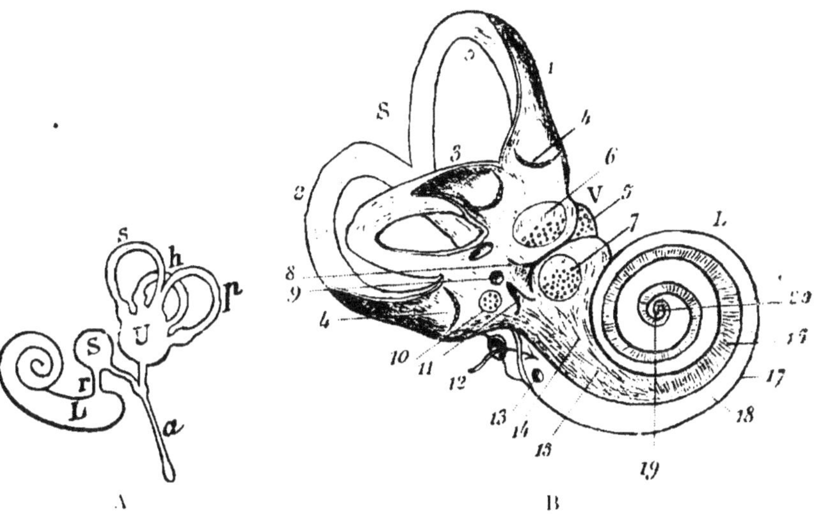

Fig. 56. — A, le labyrinthe membraneux, et B, le vestibule, les canaux semi circulaires et le limaçon, ouverts en grande partie pour montrer l'intérieur du labyrinthe membraneux.

A. U, utricule ; S, saccule ; r, canalis reuniens ; L, canal cochléaire ; a, aqueduc du vestibule ; s, p et h, canaux semi-circulaires, supérieur, postérieur et horizontal ; B, V, vestibule ; S, canaux semi-circulaires ; L, limaçon ; 1, canal sem-icirculaire supérieur ; 2, canal postérieur ; 3, canal horizontal ; 4, crête acoustique dans les ampoules des canaux semi-circulaires ; 5, tache criblée antérieure ; 6, fossette semi-elliptique ; 7, fossette hémisphérique et tache criblée moyenne ; 8, fossette cochléaire ; 9, orifice de l'aqueduc du vestibule ; 10, tache criblée postérieure ; 11, fossette sulciforme ; 12, fenêtre ronde ; 13, orifice de l'aqueduc du limaçon ; 14, orifice vestibulaire du limaçon ; 15, 16, canal cochléaire ; 17, lame des contours ; 18, rampe tympanique ; 19. hamulus ; 20, hélicotrème.

intérieur, lesquels sont ainsi transformés en excitations du nerf spécial, le nerf auditif.

Le labyrinthe est un appareil trop complexe pour que sa description exacte trouve place dans ce travail ; mais on peut en exposer les traits principaux dans une vue d'ensemble, réservant les détails pour les chapitres où sont traitées les fonctions de chacune de ses parties. Au reste, les notions d'anatomie zoologique que nous avons données dans nos précédents chapitres vont nous servir à la compréhension de ce sujet.

Supposons que, dans une préparation anatomique, toute l'écaille temporale, le tympan et son cadre et l'apophyse mastoïde ont été séparés du fond, du rocher, ouvrant ainsi les cavités aériennes tympaniques et mastoïdes, pour laisser à nu la paroi interne de la caisse.

La masse du rocher est là, contenant l'oreille interne. L'aspect de cette surface labyrinthique de la cavité tympanique est curieux (fig. 55).

On voit aussitôt la tête de l'étrier saillante, remplissant la fenêtre ovale ; mais il est impossible de découvrir la deuxième fenêtre, la fenêtre ronde ; celle-ci est dissimulée, cachée aux regards et comme défendue, profondément située dans un fond de dépression osseuse inaccessible sans de grands détours.

Cette disposition étrange est à peu près générale chez les mammifères ; la fenêtre ronde est partout peu apparente.

Pour qui a voulu en faire l'entrée des sons, il est intéressant de rappeler cette sorte de situation cachée. De toutes façons on est forcé de constater que cette membrane, ce tympan secondaire, bien à l'opposé du tympan, collecteur des sons, semble se mettre à l'abri sous la saillie osseuse du promontoire et même derrière certaines formations osseuses, chez les canidés, par exemple, comme pour éviter le courant sonore.

Ah! pour s'offrir au choc sonore, on ne peut vraiment plus mal s'y prendre ! on sait nos conclusions à cet égard ; le courant sonore entre au labyrinthe par la fenêtre ovale.

Quant à la fenêtre ronde, elle laisse sortir le flot des ondes vibratoires qui ont traversé l'oreille interne ; et qui viennent se perdre dans la cavité tympanique et s'évadent par le conduit, où l'otoscopie les décèle parfaitement (otoscopie, sémiotique auriculaire).

Cette particularité anatomique du siège de cette fenêtre achève de juger l'opinion des adversaires de la conduction du son par la chaîne des osselets et l'étrier.

Ainsi, à la vue, une seule fenêtre s'offre au passage du courant vibratoire, la fenêtre ovale, seule entrée du labyrinthe enseveli dans la masse éburnée du rocher.

Pourquoi cette situation profonde de l'oreille interne, cette tendance à s'éloigner du milieu ambiant, à s'isoler, à s'enfermer, à se clore, si accusée par la position de la fenêtre ronde d'abord, et la petitesse de la fenêtre ovale ensuite ?

On remarquera que du méat auditif à la fenêtre ovale la voie affectée au passage des ondes sonores va se rétrécissant jusqu'au labyrinthe. Encore, au seuil y a-t-il, ainsi que nous venons de le faire voir, tout un appareil de défense, de fermeture, préposé à la sauvegarde des parties sensibles auriculaires, incluses dans le labyrinthe osseux.

La nature est dans la logique des choses ; pour bien voir, il faut éclairer l'objet et se placer dans le noir ; et pour bien entendre, l'observateur se met dans un endroit isolé.

La masse osseuse du rocher est un isoloir ; le nerf acoustique n'est alors abordable que par une petite fenêtre. L'orifice labyrinthique est tel, qu'il est facile à fermer ; les passages étroits sont plus commodes à défendre.

Quand nous voulons distinguer quelque chose au loin, nous braquons notre lunette sur ce point, et tout le reste disparaît un moment pour nous, grâce à son petit objectif.

L'oreille peut choisir son horizon ; elle est apte à le limiter, à le préciser, par suite à le latéraliser ; toutes conditions nécessaires à la différenciation et à l'orientation également.

Entrons plus avant (V. fig. 48).

Dès que la fenêtre ovale est franchie, l'observateur se trouve en présence d'une enfilade de cavités inégales qui ont fait donner à l'oreille interne le nom de *labyrinthe*.

Le labyrinthe se présente chez les vertébrés, et surtout chez les mammifères comme constitué par trois parties principales : 1° une médiane. vestibulaire, qui contient l'utricule et le saccule, les deux vésicules auditives primordiales, réunies par un canal commun qui aboutit aux canaux endolymphatiques. Ces deux vésicules sont entourées d'un liquide, la périlymphe, qui les isole de la paroi osseuse, excepté en leur point adhérent où les nerfs afférents les pénètrent à leur sortie des gaines osseuses (V. fig. 57).

Là où la fenêtre ovale s'ouvre sur la paroi externe du vestibule, l'étrier est proche des deux vésicules.

2° Les trois canaux semi-circulaires dont les ampoules reçoivent des rameaux du nerf vestibulaire : ces canaux abou-

tissent par leurs deux extrémités à l'utricule dont ils sont les
diverticules. Ces fins canaux sont entourés aussi par la périlymphe ; les ampoules sont libres dans la cavité ampullaire et
non adhérentes au niveau du point d'insertion du nerf ampullaire ; ils contiennent de l'endolymphe comme l'utricule, et des

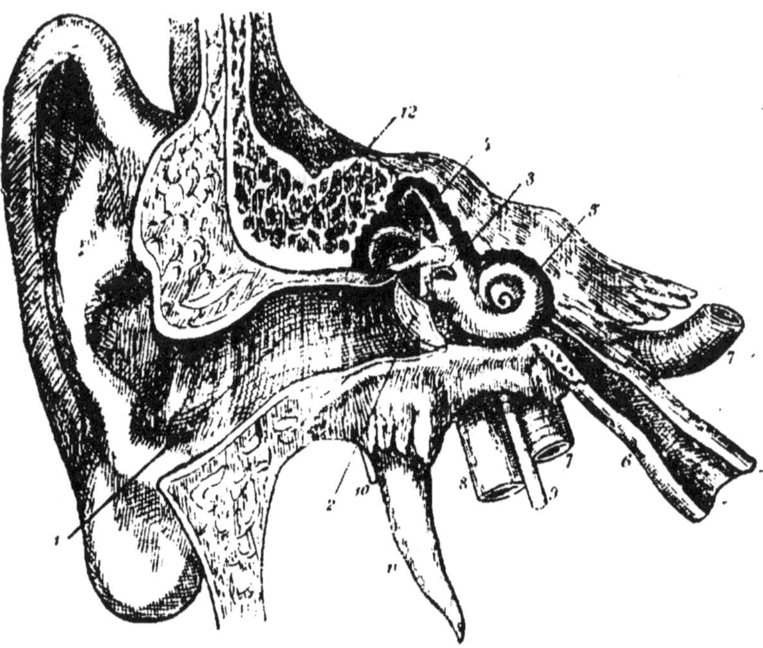

Fig. 57. — Vue générale de la disposition du labyrinthe osseux dans
l'épaisseur du rocher.

1, conduit auditif externe ; *2*, membrane du tympan coupée ; *3*, fenêtre ovale ;
4, canaux semi-circulaires ; *5*, limaçon ; *6*, trompe d'Eustache ; *7*, artère carotide interne, passant à travers le canal carotidien ; *8*, veine jugulaire interne ;
9, nerf pneumo-gastrique ; *10*, nerf facial à sa sortie du trou stylo-mastoïdien ;
11, apophyse styloïde du temporal ; *12*, cellules mastoïdiennes.

corpuscules cristallins portés et retenus par des fibrilles cellulaires au niveau des crêtes auditives, c'est l'*otoconie* ou *sable*
auditif.

Les canaux semi-circulaires sont disposés d'une façon particulière, à peu près constante ; ce qui a de tout temps contribué à faire admettre leur rapport fonctionnel avec l'orientation.

En effet, chacun d'eux est orienté dans un des plans de l'espace. Le plus grand (C. major) a une direction antéro-postérieure ; le moyen, une transversale ; et le plus petit (C. minor) est horizontal.

Les canaux sont situés dans l'épaisseur du rocher dans autant de canaux osseux, et à la partie postérieure du vestibule ; ils sont inégaux.

Chaque ampoule possède une crête sensitive, couverte de cellules auditives ciliées et fusiformes et d'otoconie, comme les macules de l'utricule et du saccule du reste. Toutes ces divisions membraneuses communiquent entre elles et avec les canaux endolymphatiques dont nous montrerons tout à l'heure les importantes connexions.

3° En avant du vestibule, se trouve la *cochlée* ou limaçon, dont la rampe vestibulaire s'ouvre immédiatement au-dessus de la fenêtre ronde à laquelle aboutit la rampe tympanique. Entre les deux, la membrane basilaire et la lame spirale.

Le canal cochléaire communique avec le saccule, et ainsi avec toutes les autres parties ; l'endolymphe y reçoit les mêmes pressions et les mêmes vibrations.

C'est dans ce canal contourné, spiral, que se trouve *la papille sensorielle*, en hélice, couverte des grosses cellules cylindriques ciliées et des cellules fusiformes auditives, avec les plexus nerveux terminaux du nerf cochléaire.

La périlymphe remplit également toutes les cavités labyrinthiques autour des vésicules et des canaux, et est en rapport avec un canal spécial périlymphatique dont il sera reparlé.

D'après ce coup d'œil d'ensemble, on voit que la cavité de l'oreille interne, enclose de murs osseux épais, n'offre que deux points mobiles, la fenêtre ovale et la ronde, et deux diverticules canaliculaires très déliés, qui laissent à peine circuler les liquides.

Tension intralabyrinthique. — Dans ce dispositif, la moindre pression du dehors augmente la tension du dedans ; la fenêtre ronde membraneuse subit ces tensions intralabyrinthiques tant qu'elles restent physiologiques, normales. En ce cas, toutes les forces se font équilibre et la tension tympanique règle celle de tout l'organe. Mais on conçoit que des pressions venues du dehors peuvent agir sur les deux fenêtres, soit par compression de l'étrier, ou raideur, fixité de la fenêtre ronde, etc., soit par le reflux des liquides des canaux lymphatiques, soit encore par une lésion osseuse ou intralabyrinthique (néoplasme, exostose, tumeur épithéliale, vasculaire, etc.), ou encore par l'absence ou la gêne de la circulation de l'air de la caisse par la trompe.

Ainsi que cette structure le fait voir, ainsi que les notions de zoologie nous l'ont appris tout d'abord, l'organe de l'ouïe est disposé pour percevoir les plus petites variations de tension et par conséquent de pression tympanique. Nous avons montré ces mêmes fonctions en activité chez les plus simples animaux; et en cela la fonction auditive se confond avec la tactilité, ainsi qu'on l'a dit. Dans mes livres et dans mes leçons, j'ai comparé le labyrinthe à une sorte de manomètre.

Vibration, choc, pression, tension, détente, compression, sont des phénomènes que l'oreille labyrinthique perçoit et auxquels elle obéit ; car l'acte tactile (choc vibratoire) provoque alors un réflexe, en même temps que l'audition fournit au moi une notion acoustique, d'ébranlement vibratoire périodique quelconque.

Influence du milieu. — L'influence du milieu se montre là évidente ; c'est un rapport important que celui de l'état de tension de l'air, non seulement au point de vue auriculaire, mais aussi à l'égard de la respiration, de la circulation et des forces nerveuses; le cerveau étant l'organe qui a le plus besoin d'oxygène.

La tension tympanique est commandée par celle de l'air ambiant ; et par suite celle-ci commande la tension labyrinthique.

Quand cet équilibre est gravement rompu, le labyrinthe réagit ; le vertige, les troubles de l'équilibre manifestent la souffrance du nerf inclus.

Dans les conditions plus légères, ce sont seulement les mouvements de défense qui sont provoqués (rotation de la tête, fuite, etc.). L'individu cherche à éviter les causes de son malaise (anxiété, vertige, faiblesse semi-syncopale, etc.).

Rôle du liquide intralabyrinthique. — Les liquides endo et périlymphatiques jouent un rôle important à deux points de vue : 1° quant à la transmission des vibrations apportées par la platine de l'étrier ; 2° quant à la transmission des pres-

sions au nerf inclus (intra ou extralabyrinthiques). C'est par
eux que ces deux fonctions sont remplies.

Les deux liquides séparés par la mince membrane des vésicules et des canaux ont la même tension évidemment, puisque
les formes du labyrinthe membraneux sont constantes ; et ils
ont, à peu près, la même composition (Breschet, Scarpa).

Cette tension intralabyrinthique est nécessaire à la fonction ; Flourens a montré par ses expériences que l'ablation
de l'étrier, l'ouverture de la fenêtre ovale amenaient la surdité par suite de l'écoulement du liquide et du défaut de tension résultant. Kessel a observé que cette surdité diminue et
finit par disparaître par suite de la réparation par une membrane obturatrice.

J'ai noté cela chez les grenouilles et chez les pigeons.

En otologie, l'observation fait constater l'amélioration de
l'ouïe, dans certains cas de ramollissement avec relâchement
des ligaments, quand on comprime légèrement l'étrier, mis à
nu par une perforation large du tympan.

**Canal et sac endolymphatiques. Aqueduc du vestibule ;
aqueduc du limaçon ; diverticule périlymphatique.** —
La pression intérieure des cavités du labyrinthe se transmet à
la fenêtre ronde qui joue, en fléchissant, le rôle de soupape ;
l'étendue du déplacement est minime, puisqu'il est égal à
celui de la platine de l'étrier, mais indispensable ; quand la
fenêtre est immobilisée, fixée, le labyrinthe est nécessairement
comprimé.

Mais les canaux périlymphatiques et endolymphiques offrent
des voies libres à la sortie d'une partie du liquide inclus, et
peuvent par là éviter la compression dans de certaines
limites (fig. 45).

D'autre part le sac et le canal endolymphatiques, par leur
situation, rendent possible l'accroissement de tension intralabyrinthique quand la tension intracranienne augmente ; il
y a là des connexions qui rendent la compression inévitable,
si le courant lymphatique reflue vers le labyrinthe.

Les expériences de Weber-Liel (1879) ne laissent aucun
doute à cet égard. Le canal endolymphatique se forme par la
réunion des canalicules qui unissent l'utricule et le saccule
dans le vestibule ; il se porte par un conduit osseux jusqu'à
la dure-mère, où il se dilate en ampoule, à la surface du

rocher, dans le crâne (Hasse); c'est l'aqueduc du vestibule.

Le sac lymphatique sous-dure-mérien, ainsi placé, met la tension labyrinthique sous l'influence de la tension intracranienne (Weber Liel, Retzius, Schwalbe, Key; Testut; M. Duval).

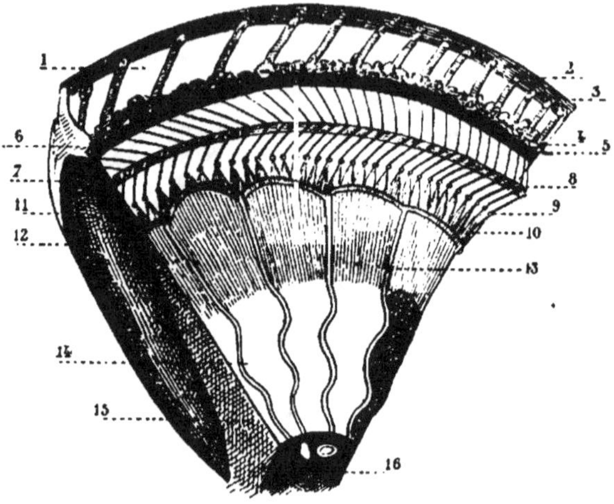

Gellé fecit.

FIG. 58. — Oreille interne, vue schématique du contenu de la rampe vestibulaire.

1, paroi externe du limaçon, ligament spiral externe; de *1* à *3*, vaisseaux parallèles qui ferment; *4*, *5*, houppes vasculaires sur le bourrelet spiral externe (*6*); *7*, *8*, vaisseau spiral sur la membrane basilaire, au-dessous de la voûte (*8*) des organes de Corti, des rangées régulières qui portent les cellules ciliées enlevées ici; *9*, lame perforée donnant passage aux pinceaux nerveux de la voûte de Corti; *10*. pinceaux des fibres de l'acoustique aboutissant à ces trous; *11*, arcades des capillaires qui terminent en ce point les divisions rayonnantes et flexueuses (*13*) de l'artère auditive (*14*); *12*, rampe tympanique sous-jacente à la membrane basilaire; *14*, divisions de l'auditive, flexueuses d'abord, droites ensuite. réunies par les arcades régulières (*11*), de *1* à *11*, coupe du ligament spiral externe; *15*, pinceaux nerveux en faisceaux parallèles à leur service du ganglion de Corti ou de Rosenthal; *16*, coupe de la lame spirale au niveau de la columelle et orifices de pénétration des divisions nerveuses et vasculaires.

D'autre part, de la rampe tympanique du limaçon part un canal (aqueduc du limaçon) qui vient déboucher à la surface de la dure-mère, auprès du trou déchiré postérieur. Par ses voies lymphatiques, le labyrinthe est donc en communication permanente avec la cavité du crâne. C'est là une sorte de subordination importante à connaître pour le pathologiste. Il

est bon de dire que cette circulation lymphatique est extrêmement lente et se fait par des canaux capillaires (Testut,
Poirier, 1892; M. Duval).

Cependant le canal endolymphatique n'est pas cloisonné
comme l'est le périlymphatique (Bonnier).

Sécrétion du liquide endolymphatique. — Cette sécrétion
paraît devoir être attribuée aux *zones vasculaires* du limaçon
(ligament spiral externe) et surtout aux *houppes vasculaires*
que j'ai dépeintes (*Traité d'otologie*, 1880) et figurées dans
mes cours ; et que Schwalbe a le mieux décrites sur la protubérance externe de ce ligament spiral (fig. 58, 4).

Mode d'ébranlement du liquide intralabyrinthique. — Malgré leur multiplicité, et les variétés de formes que les cavités
labyrinthiques présentent, les ébranlements qui frappent la
platine de l'étrier sont immédiatement communiqués au liquide
inclus ; et par lui le mouvement vibratoire (vibrations liquidiennes) va toucher les diverses parties sensibles (macules,
crêtes, papille auditive), en même temps à peu près et avec une
force à peine différente.

Dans le liquide intralabyrinthique, et grâce à lui, les vibrations s'éparpillent, et chacune des vésicules des ampoules,
chacun des canaux est frappé, excité à la fois.

La multiplicité de ces points sensibles de l'oreille interne,
et leur séparation relative au moyen de ces petits canaux de
communication très rétrécis, qui isolent chaque vésicule ou
canal, indiquent que dans chacun de ces endroits, où il existe
une surface couverte de cellules sensorielles, et où aboutit
un rameau nerveux, la vibration liquidienne agit d'une façon
sans doute différente, et s'adresse à des sensibilités d'ordres
distincts : la différenciation des excitations commence là ;
ainsi grâce au liquide, dont la vibration rayonnera de toutes
parts, une seule excitation provoque des effets multiples.

Or, ainsi qu'on le verra plus loin, ces multiples excitations
s'adressent à des centres de sensibilité et de motricité fort
nombreux, qui font du labyrinthe membraneux un foyer, d'où
partent une foule de réflexes et de sensations, et où s'établissent
de nombreuses connexions, avec les autres sens, avec leurs
moteurs, avec leurs centres, avec leurs parties périphériques,
avec les grandes fonctions, les principaux viscères, etc., etc. ;
et qui possède une activité remarquable sur la motricité, soit

qu'elle l'excite (impulsions), soit qu'elle la paralyse (inhibitions).

Nous nous occuperons spécialement, dans ce travail sur
l'audition, du rôle des différentes parties du labyrinthe à ce
point de vue, sans négliger cependant l'exposé des phénomènes de motricité qui ont donné lieu à l'hypothèse d'un « sens
de l'espace » dont les crêtes ampullaires seraient les organes
périphériques (de Cyon) ; mais nous serons plus limités dans
ces explications un peu en dehors de notre étude.

Oscillation totale et vibrations moléculaires. — La structure
de la platine de l'étrier et les conditions de son articulation
avec les bords de la fenêtre ovale nous ont conduit à admettre
un seul sens du déplacement de cette base de l'osselet, sous
l'action des moteurs de la chaîne ; on sait que l'on ne peut
mieux comparer le jeu de cette base qu'à celui d'un piston
dans un cylindre. Ce mode de mouvement, surtout dans les
proportions infinitésimales où il s'opère (maximum des déplacements = 1/10 [Gellé] à 1/14e, 1/18e de millimètre, 1/24^e
[Helmholtz]), permet-il des glissements inégaux de la platine,
tels qu'une partie s'incline et s'enfonce plus que l'opposée,
et qu'enfin, sa marche, si minime, soit oblique !

C'est l'opinion sérieusement exposée récemment encore par
le Dr Bonnier (*loc. cit.*) ; elle a été déjà avancée par quelques
physiologistes qui admettent soit un mouvement en volet, soit
un mouvement de bascule de la base de l'étrier. (Pour analyser
ces diverses opinions, voir étrier, et expériences de Toynbee,
de Politzer, les miennes.)

M. Bonnier déduit le sens de la direction intralabyrinthique
des ondes sonores de l'incidence avec laquelle elles frappent
la base de l'étrier, qui se présente alors plus ou moins obliquement dans le cadre de la fenêtre ovale. Ce sont là des hypothèses qui ont été émises pour étayer tout un système d'explications théoriques de la marche des courants vibratoires dans
l'intérieur du labyrinthe. L'auteur en effet croit que la transmission de l'incidence a lieu jusqu'à la macule sacculaire ou
utriculaire ; il a besoin de ces vues séduisantes pour expliquer, dit-il, l'orientation objective avec une oreille (p. 208 et
209 ; oreille ; physiologie). Or la démonstration est impossible ; et la propagation, indiscutable, a lieu sans doute en
tous sens dans un même liquide.

Quant à l'orientation objective unilatérale, dont on reparlera, elle se confond avec la notion d'extériorité et est aidée par d'autres sensations associées, certainement, mais surtout par la comparaison avec la sensation perçue du côté le moins directement frappé ; la latéralisation est une question de maximum d'intensité de la sensation ; de plus, l'orientation naît du sentiment des mouvements de recherche effectués. (Béclard, *Phys.*)

Dans une orientation, le mouvement joue le plus grand rôle ; en dehors de l'appareil auditif qui guide l'action, il se passe une foule de gestes d'adaptation qui concourent à découvrir l'origine de la sensation à l'horizon ; or nous avons conscience de ces efforts et de leurs tendances ; nous exécutons souvent comme preuve la série de mouvements inverses, pour constater que nous perdons le contact, et que c'est bien là le maximum et la direction précise du corps sonore.

Expérience. — Les oreilles *immobiles* sentent-elles, par les incidences du courant sonore, sa direction ? Les plus simples expériences plus haut relatées à propos du conduit auditif montrent l'incapacité fonctionnelle de l'organe dénué du concours des mouvements associés de recherche des nuances d'intensité (épreuve de Weber, de Gellé, du tube et de la carte, du tube et du diapason annexé, etc.) (1). Une foule de circonstances aident d'ailleurs à l'orientation.

Expérience. — J'ai cherché l'effet de l'incidence du courant sonore sur l'épreuve phonographique ; et je n'ai pu constater autre chose qu'une diminution d'intensité, caractérisée par une sonorité extrêmement faible du morceau inscrit, quand je plaçais à dessein ma bouche très obliquement par rapport à l'orifice du tuyau qui sert aux inscriptions sur le phonographe. Cela est connu de tous les praticiens. De plus, à la vue, les graphiques étaient très peu marqués, en rapport, on le voit, avec le peu de force du son produit ; donc l'obliquité du courant sonore, de son incidence éteint sa puissance tout d'abord.

---

(1) Expérience. — Soit un tube de caoutchouc auquel est appendu un diapason ; on le fixe à une oreille, l'autre est bouchée ; le sujet ferme les yeux ; or on peut porter à son aise le diapason dans tous les sens, en haut, en bas, en avant, en arrière, sans qu'il s'en doute ; car il a toujours la même sensation égale et unilatérale ; et aucun mouvement de recherche ne lui apprend le sens du déplacement.

C'est bien ce qui provoque nos mouvements de rotation de la tête, à la recherche du maximum qui répond à la direction la plus précise et la plus proche de la source sonore.

Comme Weber et Helmholtz, Bonnier, à l'opposé d'Hurst, admet le passage, d'un bloc, de l'onde sonore sur l'appareil des osselets, et un mouvement, un déplacement d'une seule volée pour la platine de l'étrier. L'ébranlement moléculaire ne franchit pas la platine, suivant lui (p. 101, *loc. cit.*).

Nous avons expérimentalement montré au moyen de l'analyse des graphiques du phonographe que cette propagation des vibrations moléculaires existe; et nous ajouterons que l'observation clinique en donne une démonstration précieuse; car, dans les cas où la platine de l'étrier a été immobilisée à la suite de maladie, par sa soudure au cadre de la fenêtre ovale, l'audition bien qu'affaiblie est loin d'être impossible, tant que le tympan transmet les vibrations; elle dure fort longtemps malgré cette lésion qui, d'après ces physiologistes, doit anéantir la fonction (V. fig. de 4 à 26).

Or, les vibrations passent, l'ouïe est conservée. Quelle raison empêcherait au surplus la vibration solidienne de se propager au liquide qui touche la base de l'osselet? Nous avons précédemment donné toutes les preuves de cette transmission stapédienne dans notre étude de sa fonction.

Dans l'expérience qui suit, on voit l'audition entière, excellente, sans autre transmission possible que la moléculaire évidemment.

Expérience.— Vous connaissez ce précieux instrument d'auscultation qu'on nomme « phonendoscope, du Dr Bianchi »: une tige rigide est vissée droit au centre d'une membrane mince, tendue dans un cadre, et qui couvre un réservoir d'air, auquel aboutissent deux tubes de caoutchouc, dont les bouts se placent aux oreilles de celui qui ausculte, tandis que le bout de la tige est appliqué sur la région à explorer. Cet appareil transmet avec une grande intensité les plus légers bruits de frottement et leurs modifications suivant l'état de l'organe sous-jacent. De la pulpe du doigt, on frotte la peau tout autour du bouton du phonendoscope, et le son, transmis avec ampleur, sert à délimiter les organes internes (estomac, cœur) et les lésions (épanchements, etc.), dont le diagnostic est ainsi facilité et le siège précisé. (V. leçons du Dr Capitan

Méd. moderne.) Or, la transmission ici est moléculaire, sans déplacement ; cette tigelle et la membrane vibrante ne donnent-elles pas l'image de l'étrier et de sa platine ?

Rôle de l'utricule. — La vésicule unique, primitive, premier vestige du labyrinthe chez les animaux, se segmente ; et finalement on trouve dans le vestibule humain deux petites vésicules, le saccule et l'utricule, accolées ; cette dernière presque au contact de la platine de l'étrier, dont la sépare une couche mince de périlymphe (V. fig. 45).

L'utricule communique avec les canaux semi-circulaires et avec les canaux endolymphatiques ; elle reçoit la pression transmise par la périlymphe, d'où qu'elle provienne ; mais surtout de l'étrier soit vibrant, soit refoulé par les moteurs tympaniques (oscillation totale).

L'utricule contient de l'endolymphe et présente un point d'attache à la paroi vestibulaire par lequel elle reçoit les nerfs. Là se remarque à sa face interne une *tache auditive*, c'est-à-dire une partie épaissie, couverte de cellules cylindriques, de cellules ciliées auditives, spécifiques, et d'une couche de sable auditif, ou otoconie, retenue par une substance molle celluleuse (V. fig. 30).

Cette disposition est très remarquable, car cette tache sensorielle, qui repose sur un plan solide, est dans les meilleures conditions pour assurer la sensation du choc de l'onde liquidienne transmise, qui vient la heurter de front.

C'est là de toutes façons un organe de premier rang, des premiers touchés et sans doute très facilement excitable par suite de ses dispositions anatomiques.

J'ai pensé lui attribuer d'après cela le rôle *d'appareil d'alarme*, d'éveil de l'attention auditive. Elle perçoit la sensation acoustique vague, le bruit quelconque, et c'est aussi le rôle que lui attribue Helmholtz.

Pour le professeur M. Duval, l'utricule fournit la notion d'intensité du son, la qualité de la sensation la plus indispensable à la perception, et la plus générale à la fois.

Bonnier (p. 203) veut que l'utricule soit l'organe de perception des *variations lentes et non périodiques de pression*, sa macule perçoit tactilement ; c'est dire la même chose.

Helmholtz dit : « L'analyse de la sensation ne serait faite qu'au moyen des autres parties qui apportent une plus grande somme de vibrations et de sensations, d'après lesquelles nous prendrons conscience et nous analyserons le phénomène sonore; mais du premier coup c'est le son, la vibration d'un corps à distance, et la présence de ce corps qui nous sont annoncés, et c'est l'intensité tout d'abord qui frappe; c'est la sensation générale, non analysée encore, mais suffisante pour une sorte de : garde à vous ! »

Dès lors, l'impression sonore tient l'animal en éveil ; il est averti, il peut se mettre sur la défensive ; et, s'il connaît l'origine du bruit perçu, il peut fuir un ennemi qui s'annonce par ses mugissements, ou courir sus à un gibier qui s'est trahi par ses cris.

Si la sensation brusque est brutale, émouvante, surprenante, des réflexes moteurs entrent en jeu, et défendent le sujet contre le bruit et contre leur auteur.

Le nerf utriculaire est assez volumineux, il s'accole aux nerfs ampullaires sagittal (major) et horizontal (minor), se jette dans le ganglion de Scarpa et forme le nerf vestibulaire.

Saccule. — Le *saccule* est la deuxième vésicule vestibulaire ; il est en communication par un fin canalicule avec le *canal cochléaire* ou du limaçon (V. fig. 45).

C'est une vessie plus petite que l'utricule ; également adhérente par une partie à la paroi osseuse du vestibule, et offrant en ce point une *tache auditive*, épaississement de la paroi interne, couvert de cellules cylindriques ciliées et fusiformes, et auquel aboutissent les filets nerveux issus de leurs cribles osseux (taches criblées).

Il est remarquable que les deux vésicules vestibulaires, qui sont les premiers appareils labyrinthiques apparus, soient toutes deux soudées à la paroi, par laquelle elles reçoivent leurs rameaux nerveux, ce qui les différencie totalement des ampoules et du canal cochléaire, dont les dispositions semblent être absolument opposées ; en effet, les papilles ou crêtes sont supportées dans ces deux dernières parties par des tissus membraneux élastiques, de formes spéciales surtout dans le limaçon.

Ces nuances délicates dans la structure correspondent évidemment à des fonctions différentes ; et il doit y avoir d'autres sensations fournies par ces derniers organes où l'onde vibratoire ne vient plus heurter, comme un obstacle, la paroi osseuse couverte de la tache auditive sensible. Autant celle-ci doit apporter de notions vives, extemporanées, à la connaissance, autant les ampoules et le canal cochléaire doivent fournir de sensations douces, mitigées, fines et surtout délicates.

Aux unes, le son fondamental ; aux autres, les harmoniques sans doute ; aux unes, l'éveil ; aux autres, l'analyse.

Bonnier constate que le saccule est rempli de sable, d'otolithes qui couvrent sa macule, ce qui n'existerait pas pour l'utricule ; il en conclut que le saccule se rapproche davantage des formations otocystiques, que nous avons étudiées en zoologie.

Le saccule, par suite de la présence de ces otolithes, conduirait mieux les vibrations périodiques ; et serait l'organe de la perception des sons sériés et rapides.

Cependant cet auteur ajoute que les deux vésicules se ressemblent singulièrement, excepté cependant que la macule du saccule est couverte d'une membrane (tympan sacculaire) très fortement convexe (ce qui n'est pas dans l'utricule) et à laquelle il fait jouer un rôle important (1).

Le rôle des otolithes et celui de cette membrane ne semblent pas cependant très évident au point d'éclairer la fonction. Il faut se contenter d'émettre des hypothèses sur l'attribution à donner à des parties si minimes : ce sont des vues intéressantes cependant, qui montrent surtout à quel degré l'analyse scientifique a été poussée.

D'ores et déjà concluons que les deux vésicules nous montrent une structure simple, absolument comparable à celle des vésicules otocystiques des animaux inférieurs (céphalopodes); et qui, par suite, ne doit servir qu'à la perception de sensations simples, et, si avec la plupart des auteurs on leur attribue à l'une la notion d'intensité, à l'autre, avec Bonnier, celle des vibrations périodiques, rapides (c'est presque dire la hauteur du son, bien qu'il s'en défende avec raison, un élément psychique intervenant en ce cas), on est conduit à accorder à l'utricule la propriété excito-motrice, réflexe, stimulée par les ébranlements du milieu labyrinthique, et au saccule la sensation sonore simple, transmise aux centres sensoriels cérébraux. Avec ces deux sources de sensations, la

(1) Bonnier, p. 255 à 263.

dualité fonctionnelle de l'acoustique existe déjà ; il est sensitif
et à la fois origine de réflexes, ou excito-moteur. Mais ces
réflexes naissent de sensations spéciales ; car les actes réflexes
sont une propriété générale des tissus ; et, ici, ils sont commandés par des organes spéciaux, un appareil sensoriel précis, les cellules auditives spécifiques, les cellules à cils.

L'otoconie ou sable auditif. — Les macules, ou taches auditives, les crêtes des ampoules sont recouvertes d'une couche
de cristaux fins et mobiles, qu'on ne trouve qu'au niveau des
surfaces sensibles de ces vésicules.

Ce sont les vestiges des énormes otolithes des animaux inférieurs et des poissons entre autres.

Ces rapports intimes avec les papilles sensorielles induisent
à leur accorder un rôle quelconque dans la fonction.

Quel est ce rôle ?

Pour Helmholtz, ce sable agité sur les surfaces sensibles
par les vibrations du liquide endolymphique prolonge la durée de la sensation d'ébranlement.

Les grains de sable auriculaire pèsent plus lourd que le
liquide où ils résident. L'onde les soulève, les remue, les
déplace ; à ce moment, les cils des plateaux sont dégagés,
découverts, et l'ébranlement touche les points sensibles utiles ;
puis le calme revient ; les cristaux d'otoconie retombent en
leur position habituelle.

Est-ce au moment où a lieu ce dégagement des surfaces
sensorielles ? Est-ce par la chute des cristaux soulevés, agités,
que se caractérise leur action ? Pour J. Muller, pour A. Sie-
bold, ils renforcent l'excitation ; pour Waldeyer, P. Meyer,
Ranke, Béclard, c'est un effet d'amortissement au contraire
qu'ils produisent.

Bonnier, rappelant le développement des premières formations otolithiques des animaux inférieurs (mollusques), considère que, grâce à ces mouvements communiqués par le
liquide vibrant aux masses inertes solides, la continuité de
l'ébranlement, sa périodicité, sont assurées par les chocs rythmiques de ces cristaux déplacés qui retombent ensuite en leur
première position d'équilibre.

J'avais pensé tout d'abord que cette otoconie multipliait les
chocs et les ébranlements en surface par leur entre-choque-
ment.

Quoi qu'il en soit, on peut admettre qu'ils contribuent à supprimer les vibrations consécutives, en reprenant leur position primitive après le passage de l'onde ; ils agissent par leur masse. N'oublions pas en terminant cette notion expérimentale : les deux vésicules vestibulaires suffisent à l'audition. La destruction du limaçon n'amène pas la surdité ; celle des canaux non plus, tant qu'elles sont indemnes.

Canaux semi-circulaires et leurs ampoules ; crêtes ampullaires ; sensations ampullaires ; réflexes ampullaires. — Ces formations auriculaires apparaissent, nous l'avons dit, de bonne heure dans la série animale ; ces trois canaux s'orientent à peu près toujours dans le même sens que chez l'homme. Cette constance dans les rapports des canaux semi-circulaires entre eux a de tout temps frappé les physiologistes ; elle indique une fonction primordiale, générale, annexe de celle de l'ouïe (V. fig. 45).

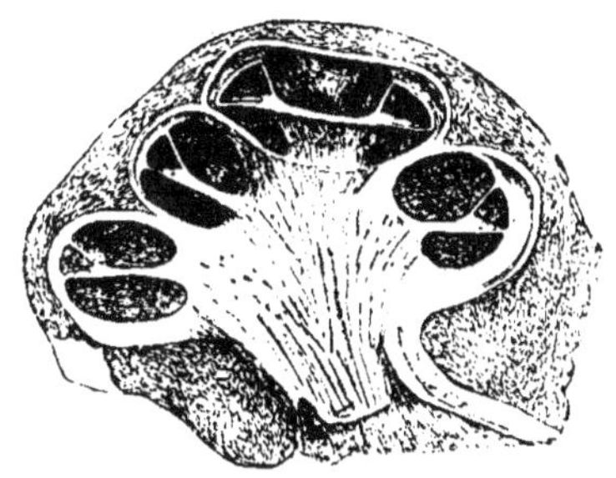

FIG. 59. — Coupe longitudinale du limaçon.

Ses spires sont coupées quatre fois, et chacune d'elles laisse voir les deux rampes et le canal cochléaire.

Les ampoules et les canaux sont issus de l'utricule, l'organe chargé de percevoir l'intensité des sons, d'après l'opinion accréditée, et d'où partent les réflexes de défense et d'adaptation ; c'est l'analogue des otocystes dont Wervorn fait des organes de l'équilibre (cténophores).

Les canaux représentent un ensemble de perfectionnements tendant au même but (fig. 56).

Les nerfs ampullaires sont des émanations de la branche vestibulaire totalement différenciée fonctionnellement de la cochléaire et possèdent des réactions motrices.

Par eux, l'influence du sens de l'ouïe rayonne sur les mouvements du corps.

Chaque ampoule reçoit un pinceau de fibres nerveuses, au niveau *de la crête sensorielle*. Celle-ci est formée d'un épaississement de la paroi recouvert de *cellules ciliées* et *cylin-*

driques, associées aux *cellules fusiformes* (cellules en baguette, cellules molles ou en fil de Schultze), qui émettent par leurs extrémités libres un abondant chevelu de cils auditifs, longs, mobiles et baignant dans l'endolymphe, plus fluide chez l'homme

Chez la raie, j'ai observé au niveau de l'ampoule, sur des coupes de la crête, des formations cellulaires en forme de lanières longues, supportant des cristaux d'otoconie de distance en distance, qu'on voyait briller avec éclat, dans la préparation.

Il y a moins d'otoconie chez l'homme au niveau des ampoules. Mais on trouve, même chez les mammifères, au-dessus de la touffe de crins auditifs, une *masse molle* (cupule terminale) qui semble la protéger et l'isoler (Coyne, etc.).

Les taches auditives ont présenté aussi une sorte de membrane tectoriale, ainsi que nous l'avons vu ; cela rappelle (Meyer, Kuhn, Coyne) la disposition de la membrane de Corti du limaçon (Meyer).

Les surfaces sensitives sont donc terminées par des *cils auditifs* qui baignent dans le liquide de l'ampoule ; elles en reçoivent les vibrations qu'elles transmettent aux cellules fusiformes, regardées comme des appareils nerveux terminaux, se continuant avec les fibres des nerfs ampullaires.

Les rapports intimes des filets de leurs plexus et des fibrilles qu'ils émettent avec les cellules de la crête et des macules ont été bien démontrés par les travaux de Kuhn, Rüdinger, M. Schultze, U. Pritchard, Hasse, V. Grimm, Odénius, Coyne, Reich.

Dans leur trajet, les trois canaux et leurs ampoules sont isolés totalement par le tissu osseux si dense du rocher ; cela assure une différenciation complète de leur rôle : sous la même excitation, ils conduisent trois impressions différentes ou à trois foyers sensibles différents.

Quel est le rôle de ces organes auditifs? Et d'abord, se présentent ces questions : Les canaux et les ampoules et leurs nerfs sont-ils des organes de l'ouïe; ou ne sont-ils que cela, n'ont-ils pas d'autres fonctions?

Cela peut paraître quelque peu étonnant ; mais ces questions ont été posées depuis les travaux si nombreux qui ont montré les rapports intimes de ces organes avec l'équilibration, la stabilité, etc., avec toute la motricité, et depuis les études sur le développement morphogénique et philogénique des appareils organiques dans la série zoologique ; elles en sont les suites naturelles et des plus intéressantes.

Ainsi, bien que liées intimement à la fonction et à l'organe de l'ouïe, ces parties ampullaires sont devenues pour certains les organes périphériques chargés de porter à la connaissance le sens des attitudes, des mouvements de la tête et du corps (Goltz), et Cyon n'a pas craint d'en faire *l'organe périphérique d'un sens de l'espace.*

On voit que l'intérêt de l'acte auditif pâlit et disparaît même auprès de quelques physiologistes pleins d'imagination.

Celle-ci chez les expérimentateurs est curieuse à observer ; il semblerait que la vue des phénomènes doit mettre un frein à des interprétations hâtives, à des explications un peu trop métaphysiques ; on constate des faits, on édifie aussitôt une théorie neuve et le besoin de savoir, de connaître aidant, la théorie triomphe.

Mais elle n'aura qu'une existence scientifique éphémère.

En effet, après avoir lu et pesé les notions acquises, démontrées par les nombreux travaux expérimentaux auxquels on s'est livré sur les organes ampullaires et les canaux semi-circulaires, on remarque que les seuls faits constants, indiscutables, sont les phénomènes d'excitation, d'inhibition ou de perturbation motrices, déjà signalés par le premier physiologiste qui ait étudié la question, si compliquée depuis, par Flourens.

L'hypothèse règne en maîtresse sur tout le reste ; hypothèse féconde cependant, il faut le dire.

Rôle des canaux semi-circulaires dans la fonction auditive. — Dans ce travail sur l'audition, nous ne devrons rechercher dans les fonctions attribuées aux canaux semi-circulaires que celles qui ont des rapports bien établis avec la fonction de l'ouïe, et ceux-ci sont très sérieux.

Il est clair que le milieu intralabyrinthique, liquide, de l'endolymphe et de la périlymphe, est commun aux ampoules, aux canaux semi-circulaires comme aux autres vésicules et canaux de l'oreille interne dont ils font partie constituante.

Il est évident que ces organes sont touchés, émus comme tous ceux inclus dans la cavité labyrinthique par les vibrations liquidiennes dues à celles de l'étrier et de l'oreille moyenne venues de l'extérieur.

D'autre part, on ne peut nier que les tensions intérieures du labyrinthe ne retentissent certainement sur ces organes et que ce soit sous forme de choc, de pression, que l'action a lieu.

D'ailleurs, ainsi que je l'ai déjà fait observer, les crêtes ampullaires représentent une sensibilité particulière, car les phénomènes réflexes, que les expériences démontrent résulter de leur irritation, sont un fait général des tissus ; et la présence d'un dispositif sensoriel spécial (cellules ciliées en crête) conduit à penser qu'il s'agit d'une sensibilité spéciale aussi, différenciée ; et comme c'est du liquide labyrinthique que vient l'excitation physiologique des crêtes ampullaires, on doit croire que celle-ci est une vibration, un choc ou une pression produite au moment du passage du mouvement vibratoire qui a envahi l'oreille interne après la moyenne et l'externe.

Il y a donc une fonction ampullaire éveillée par l'audition, concomitante de celle-ci, concordant avec celle-ci, accordée avec elle par la communauté d'origine et du moment de l'excitation. L'origine est le courant sonore, le moment celui de l'ébranlement des liquides intralabyrinthiques.

Les canaux semi-circulaires doivent donc être étudiés tout d'abord au point de vue de leur rôle dans la fonction auditive.

D'ores et déjà, on peut avancer que le limaçon n'a rien à voir aux réflexes de motricité, que les lésions des canaux semi-circulaires produisent immédiatement, à la volonté de l'expérimentateur. Les canaux sont les principaux agents de ces troubles des mouvements, si bien décrits par Flourens. Mais, physiologiquement, ils commandent certaines séries de mouvements d'accommodation, de synergie, de défense, etc., différents suivant le mode et le degré des chocs, des vibrations, des pressions et de la tension qui leur est transmise par le liquide labyrinthique et par l'ébranlement sonore lui-même.

De ces actes moteurs, les uns sont réflexes, involontaires, instinctifs, tels que ceux d'adaptation, d'attention, de défense, etc., d'autres sont réfléchis, voulus ; et c'est cependant encore la sensation sonore qui les dirige, mais de seconde main ; les centres nerveux sensoriels sont alors sollicités tout d'abord (1)

Les ampoules transmettent aux centres moteurs, par le nerf vestibulaire, l'impression des variations de tension, des ébranlements du milieu labyrinthique ; c'est presque la réponse à une sensation tactile, la plus délicate de celles-ci, celle de l'onde sonore liquidienne, que les déplacements de la tête les contractions des moteurs de la chaîne des osselets, les gestes de protection de l'oreille, les mouvements de fuite et qui ont lieu surtout suivant l'intensité du phénomène.

C'est pourquoi j'avais, dès il y a longtemps (1876), comparé le labyrinthe à un manomètre, conduit par l'analyse des cas pathologiques, qui montrent amplifiées ces actions réflexes, nées du labyrinthe ; ainsi, c'est à la fois le manomètre de la tension intralabyrinthique et le manomètre de la pression extérieure, puisque normalement ces pressions se font équilibre ; ajoutons à cela la sensibilité aux ébranlements périodiques, aux chocs des vibrations ; nous aurons nommé les sensations diverses que ces organes apportent au moi. A quels foyers ces sensations vont-elles ?

Le médecin otologiste étudie à chaque instant les accidents pathologiques, troubles de l'équilibre, vertiges, titubation, etc., provoqués par des affections de l'oreille qui ont causé ces excès de compression, rendu possibles ces chocs blessants (hyperesthésie des nerfs ampullaires, nerfs sensibles) au point que la moindre excitation vibratoire ou autre amène une perturbation motrice énorme, subite ou durable (vertige).

C'est un médecin auriste, Ménière, qui en 1861 a, le premier, montré dans une nécropsie la lésion des canaux semi-circulaires, origine des troubles de la station et de l'équilibre observés chez le sujet.

---

(1) *Contraction du tenseur instinctive, réflexe auditif de défense.* — Le premier geste de tout animal à l'audition d'un bruit, à la vue d'un objet ou animal inconnu, est un mouvement d'hésitation, de précaution, de crainte ; les paupières se ferment, les membres se ramassent, le corps se pelotonne ; lentement, et après ce premier temps les sens et les gestes s'adaptent au nouvel acte : vision, audition, préhension sont secondaires.

Peut-être la contraction du tenseur démontrée par Secchi sur le chien, à chaque aboiement du voisinage, n'est-elle que cela ; et non déjà une adaptation. Celle-ci se ferait donc par une détente calculée, consécutive, comme nous ouvrons les yeux peu après, plus ou moins, en face d'une vive clarté.

La pathologie auriculaire fournit, on peut le dire, de véritables expérimentations, au point de vue du rôle des canaux ; soit qu'on soulage une compression cause de vertige, soit à l'inverse que l'on provoque un vertige dans certaines lésions otiques, l'activité réflexe du labyrinthe est journellement démontrée dans la pratique auriste.

Mais les réflexes auriculaires, et leurs générateurs, tension exagérée intralabyrinthique, choc, etc., peuvent provenir d'ailleurs que de l'oreille même ; et les troubles de circulation, de respiration, les affections stomacales, rénales, etc., retentissent d'une façon très énergique et très fréquente sur l'organe de l'ouïe, et sont susceptibles de faire apparaître les troubles réflexes ampullaires connus (vertige, etc.).

Ces rapports étroits que je signale entre les fonctions auriculaires labyrinthiques et les autres appareils organiques sont des plus intéressants à constater et nous en reparlerons dans un instant.

Un traumatisme de l'oreille montre bien l'action du labyrinthe sur la motricité ; un enfant reçoit le choc d'une balle lancée avec force, directement sur l'oreille droite ; il tombe immédiatement à terre, sans perdre connaissance. C'est l'acte inhibitoire dans toute sa simplicité. Un enfant est atteint d'otorrhée avec large perforation du tympan ; on lui injecte brutalement un liquide dans le conduit ; il tournoie et chute aussitôt avec quelques spasmes oculaires, sans perdre un moment connaissance ; c'est le vertige subit, dû à la pression brusque du labyrinthe.

Ce sont les signes d'une irritation, d'une commotion de l'oreille interne, et des canaux semi-circulaires, comparables aux effets des lésions expérimentales des vivisecteurs.

On comprend alors comment on peut voir dans les canaux semi-circulaires un organe périphérique de l'équilibration.

Dans l'audition, leur action réflexe n'est sollicitée que par les ébranlements des parties auriculaires, transmis au liquide inclus dans le labyrinthe. Dans le jeu ordinaire de l'oreille tympanique, cette sensibilité particulière des crêtes ampullaires est surtout excitée par les pressions de la base de l'étrier, dans les contractions du tenseur du tympan, soit dans le cas d'aération insuffisante de la cavité tympanique, lesquelles amènent immédiatement une compression du labyrinthe, d'intensité variable.

En pathologie, ainsi que je l'ai dit, tout à l'heure, les causes sont plus nombreuses, les unes auriculaires, d'autres périotiques ; d'autres enfin très éloignées.

Au point de vue de la fonction de l'ouïe, le rôle des canaux indique une sensibilité exquise, qui est le point de départ d'autres réflexes d'adaptation ou de protection soit locaux, soit généraux.

La tension du tympan est réglée par cette sensation de tension intralabyrinthique (nous avons dit qu'elles se font équilibre), en même temps que par les sensations sonores cochléaires.

La synergie d'accommodation des deux muscles frénateurs tympaniques, ou leur action séparée, dépendent de ces sensations de tension et de pression intérieures, ou de l'intensité de l'ébranlement vibratoire éprouvé ; il en est de même dans l'association fonctionnelle binauriculaire.

L'appareil auditif possède des « tutamina » et un réglage spontané de ses impressions et de ses activités. Les crêtes ampullaires sont les petits organes sensibles, excito-moteurs, qui commandent cette fonction délicate ; la cérébration n'a rien à voir dans ces actions et réactions insensibles dans l'état physiologique.

Il n'en est plus de même dans l'état pathologique, ainsi que je l'ai montré par quelques exemples.

J'ai publié à propos de « l'aura » dans le vertige auriculaire, et M. Bonnier a parfaitement exposé et développé dans son étude sur le vertige, qu'il faut lire, tout ce qui a rapport à ce sujet. Cet auteur a classé les sensations fournies par les ampoules : celles de tension intérieure, celles de pression du dehors, musculaire ou du milieu, celles d'ébranlements périodiques et celles de trépidation.

Les premières sensations de pression sur les crêtes sont dites *manoesthésiques ;* elles sont manométriques pour ainsi dire, ainsi que je l'ai indiqué dans mes livres. (Article Surdité, *Dict. méd. chirurg.*)

La sensation de pression est nommée *baresthésique*. L'auteur reconnaît des fonctions *manoesthésiques* et des fonctions *baresthésiques* au labyrinthe ; et par conséquent aux canaux semi-circulaires surtout ; les ébranlements vibratoires donnent les sensations *sismesthésiques*, qui constituent l'excitation sonore.

Les fonctions sensorielles, d'audition tonale, de sonorités sont dévolues au limaçon, on le sait : nous allons les décrire. On doit aussi attribuer aux canaux ampullaires une action vaso-motrice très active et que la pathologie met souvent en évidence. Dans un organe aussi délicatement doué, les irritations expérimentales et pathologiques dépassent dans leurs effets tout ce que peut donner l'excitation physiologique, et ce qui a lieu dans le fonctionnement normal de l'appareil.

Mais, par ce grossissement des réactions, l'expérimentation a permis de mettre en évidence les retentissements si curieux et si importants des lésions du labyrinthe sur les organes voisins, sur les principales fonctions, et surtout sur les fonctions de station, de l'équilibre et sur les mouvements généraux.

Le labyrinthe apparaît comme un foyer de réflexes des plus puissants et des plus divers ; cette puissance d'action sur la motricité peut amener, nous l'avons vu, l'inhibition totale des forces, la résolution et la chute à terre, sans perte de connaissance.

Une lésion pathologique auriculaire, si elle touche le labyrinthe, peut provoquer toute la série de ces troubles de l'équilibre et des mouvements.

Disons, par avance, que les troubles de sensibilité, un peu trop négligés par les vivisecteurs, ont une importance égale aux troubles moteurs absolument, ainsi que je l'ai prouvé par l'étude de l'aura du vertige de Ménière (*C. R. Soc. Biologie*).

Dans les cas pathologiques, en même temps que la perturbation motrice, on observe en effet des troubles visuels, pupillaires, vaso-moteurs, des algies, des hallucinations auditives, visuelles, motrices, etc. (Voir plus loin).

Nous avons dit que l'expérimentation a démontré que la destruction des canaux semi-circulaires n'empêche pas l'audition tant que les deux vésicules vestibulaires fonctionnent.

Rôle des canaux semi-circulaires en dehors de la fonction auditive, comme organes d'un sens de l'espace, des attitudes, etc. — Nous serons assez bref dans l'exposition de ce sujet, qui fourmille d'expériences et d'interprétations aussi diverses que nombreuses. Il nous paraît surtout utile de dégager par une analyse succincte les éléments qui permettent de comprendre et d'apprécier le rôle des canaux semi-circulaires dans l'audition et dans les lésions auriculaires, qui montrent associés la surdité et les troubles de motricité caractéristiques de leur irritation concomitante (surdité et vertige).

Le fait expérimental découvert par Flourens, en 1824, est celui-ci : quand on fait subir un traumatisme à ces canaux semi-circulaires, il en résulte des troubles de l'équilibre, des mouvements, de la station, une incoordination motrice des plus remarquables ; et suivant le canal blessé, le sens des mouvements se modifie dans une direction verticale, transversale ou antéro-postérieure.

Depuis, Pierret, Brown-Séquard, Bechterew et Cyon ont montré que l'on produit les mêmes désordres en irritant le tronc du nerf labyrinthique après sa section. Pour ce dernier auteur, les canaux semi-circulaires sont *l'organe périphérique du sens de l'espace*. Mais la notion de l'espace est une abstraction, qui prend ses origines dans une foule d'impressions associées, diverses, c'est-à-dire venues de différents organes en relation avec le monde extérieur.

L'apport auditif se joint à ceux des autres organes pour former une notion générale, celle de l'espace.

D'autres observateurs ont expliqué la fonction des ampoules, et Breuer à leur tête, par le choc du liquide inclus, sur les crêtes, grâce à son inertie, sous l'influence des déplacements, des mouvements de la tête et du corps.

Crum Brown, Goltz, ont admis le choc de l'endolymphe comme phénomène initial ; mais Cyon, Mach, n'ont pas accepté cette opinion. Bridge, Bernhart, Benedict, Bonnier, etc., partagent l'idée de Crum Brown.

Je ne puis entrer dans l'énoncé de toutes les hypothèses émises ; les uns ont nié toute action des canaux (Steiner) ; d'autres ont rapporté cette action aux lésions des pédoncules cérébelleux (P. Meyer, Bottcher) ; d'autres ne voient qu'une action réflexe, inconsciente (MM. Duval, Laborde, Lœwemberg) ; certains restent dans le doute, et sur l'action et sur ses causes, sur les phénomènes et sur leur origine (Baginski, Steiner, Tomazewicz, Delage).

Gellé, Bruchner, Masini admettent que les canaux sont des organes complémentaires de l'appareil de l'audition, commandant les rapports de celle-ci avec les mouvements associés.

Ewald, à mon sens, comme Kreidl, Lee, Wlassack, a montré le fait important, c'est-à-dire cette action permanente de l'ensemble des canaux semi-circulaires sur les forces motrices, soit pour les exciter (impulsions), soit pour les inhiber (inhibitions, parésies).

Bonnier, en dernier lieu (1890), a repris l'hypothèse de Breuer, et l'a soutenue avec talent ; il croit trouver dans ces organes le point de départ des notions d'attitude et d'orientation.

Dans un travail sur le rôle des canaux semi-circulaires, lu à l'Académie en 1882, je disais que l'expérimentation avait fourni tout ce qu'elle peut donner ; et je concluais à la nécessité de tenir grand compte de cette autre expérimentation que la clinique otologique observe ou réalise même, et qui est fort instructive, parce qu'elle met en relief à la fois le résultat, la perturbation fonctionnelle, et sa cause productrice, la lésion auriculaire.

Mais il y a d'autres sources d'information.

A ce point de vue, l'étude du développement des organes et des fonctions dans la série zoologique est fertile en enseignements. C'est ainsi que la physiologie générale, la morphogénie ont conduit Bonnier à admettre, avec Goltz et autres, que les crêtes ampullaires conduisent aux centres psychiques les notions subjectives, d'abord, objectives ensuite des attitudes de notre tête, de nos membres et des mouvements du corps. Le frottement de l'endolymphe par un effet de recul d'inertie dans les mouvements des membres serait la source de ces sensations ampullaires.

J'insiste sur cette opinion dernière (que je ne partage pas) parce qu'elle a conduit l'auteur à une interprétation nouvelle des réflexes, nés du labyrinthe, et à en appliquer les données à l'étude des faits pathologiques. Hypothèse pour hypothèse, celle-ci s'est montrée féconde et logique, et devait être signalée en bonne place.

Pour ma part (Gellé, t. II, *Études d'otologie*), considérant que les sensations ampullaires naissent d'appareils sensoriels spéciaux, que les excitations consécutives se produisent sur trois points isolés (les trois canaux sont divergents et isolés dans leurs anses, et leurs ampoules, et leurs nerfs ; et cet isole-

ment indique bien une fonction séparée pour chacun d'eux),
et que de chacun de ces points sensibles un nerf ampullaire
distinct conduit l'impression vers un foyer, qu'on peut juger
différent à priori pour chacun d'eux, vu les précautions prises
pour assurer la différenciation, j'avais admis que les excitations nées de l'ampoule divergeaient vers trois foyers réflexes
(sensitivo-moteurs).

J'avais pensé que l'un de ces nerfs ampullaires mettait le
labyrinthe en rapport avec un des centres moteurs cérébraux
(région pariétale), tandis qu'un second arrivait aux centres réflexes bulbaires ; l'excitation du troisième aboutissait au cervelet ; division utile si tous les centres sensitifs sont moteurs.

Bien évidemment, ce ne sont pas là des actes réflexes
simples (Mach est aussi de cet avis), puisque les crêtes représentent des organes sensoriels, émanations et divisions de
l'acoustique, et éprouvent des sensations spéciales (de tension,
de pression, peut-être tactiles)? Il se fait là des excitations *ab
aure* qui sont transmises aux régions sensitivo-motrices cérébrales tout d'abord, et la réponse motrice est consécutive :
ce n'est pas exclusivement le réflexe inconscient, simple,
qu'on a cru.

Peut-être la sensibilité générale et l'acoustique se trouvent-
elles réunies à ce niveau.

Delage (1), dans son travail expérimental sur les organes
auditifs des céphalopodes, nie les déplacements de l'endolymphe, comme Cyon, comme Mach, etc. Il résume ainsi ses
idées très clairement (p. 23) : « La vésicule auditive simple
du vertébré primitif aurait eu pour fonction, comme l'otocyste de l'invertébré, de percevoir les bruits et de régulariser
la commotion.

« Elle se serait d'abord séparée en deux parties affectées
chacune à l'une de ces fonctions, le saccule pour la première,
l'utricule pour la seconde.

« Enfin, peu à peu se seraient développés les diverticules de
ces parties centrales, le limaçon pour percevoir les *sons* avec
leurs qualités de hauteur, de timbre, et non plus sous la

____

(1) *Sur la Fonction des canaux semi-circulaires de l'or. int.* (*Comptes
rendus Ac. Sc.*, 26 octobre).

forme de bruits ne différant entre eux que par leur intensité ; et les canaux semi-circulaires peut-être pour provoquer les mouvements des yeux compensateurs de ceux de la tête, afin d'éviter les illusions visuelles qui se produisent quand ils sont immobiles. » Il est difficile de mieux dire en peu de mots.

R. Ewald a bien étudié les rapports entre le labyrinthe et les mouvements du corps. Ses expériences très intéressantes confirmeraient les idées de Flourens et de Goltz, et la théorie de Breuer ; les excitations des crêtes dues au mouvement de l'endolymphe dans les canaux nous renseigneraient sur les mouvements de rotation de la tête.

Mais il reste encore des faits inexpliqués malgré tout : c'est surtout cette diminution si frappante du tonus musculaire après la section des nerfs acoustiques, l'absence de coordination motrice et une sorte d'insensibilité, de perte du sentiment musculaire. Ewald ne s'explique pas que la destruction de certains organes de sensibilité qui n'ont aucun rapport direct avec le système musculaire puisse altérer la sensibilité des muscles striés. Mais, le trijumeau coupé, le tonus des muscles faciaux n'est-il pas perdu ? Il suppose l'explication hypothétique suivante : que les vibrations incessantes des cils des cellules auditives produisent l'excitation de certaines parties du système nerveux central ; et que celui-ci a une action continue sur le tonus musculaire général : ce tonus est nécessaire ; sans lui il y a faiblesse et incoordination motrice.

C'est par cette action sur le centre que les destructions des appareils labyrinthiques influenceraient le système musculaire général (R. Ewald, septembre 1896, 68e Congrès des naturalistes et médecins allemands). Ewald et d'autres ont constaté des suppléances remarquables. M. Félix Santschi pense, à ce propos, qu'il faudrait accorder aux crêtes une sensibilité d'ordre tactile ; car il a vu aussi que la tactilité compense la perte des organes ampullaires, comme la vision du reste. Les nerfs sensoriels ont donc une influence remarquable sur les mouvements et sur leur coordination : l'acoustique aussi bien que l'optique.

Les ampoules des canaux semi-circulaires conduisent aux centres nerveux les notions de tension, de pression, d'ébranlement, de mouvement vibratoire, et, de leur côté, les muscles dans leur fonctionnement obéissent à des sensations

de tension, de pression, d'efforts, dues à leur contraction
même ; cette analogie dans les modes de sensibilité indique
sans doute, comme les expérimentations l'ont montré si bien,
l'existence d'un centre commun où les sensations de cet ordre
convergent, se centralisent, ce qui expliquerait les synergies
constatées et la simultanéité des actes et des troubles
excités.

Enfin je ne puis oublier de mentionner que Schiff a vu la
section des nerfs auditifs ne causer aucun trouble appréciable
de la locomotion, contrairement à ce qu'avait avancé Brown-
Séquard.

En résumé, il est établi par cette discussion que les canaux
semi-circulaires jouissent d'une influence énorme sur les
centres moteurs, sur l'équilibration et la direction des mouvements ; mais aussi sur la force de contraction et sur l'énergie ; que cette influence peut paralyser tout à coup la motricité au point de causer la chute à terre, ou de provoquer des
impulsions rotatoires, etc.

Mais il est aussi évident que, dans les lésions auriculaires,
ces troubles apparaissent également par l'irritation labyrinthique consécutive, et qu'il devait être fait une grande part à
l'étude de la physiologie de ces organes dans un travail sur la
fonction auditive.

L'excitation des crêtes des ampoules peut être directe ; elle
peut être réflexe ; la clinique montre toutes ces nuances étiologiques des troubles des mouvements, du vertige, etc. ; celui-ci nous amène à rappeler l'existence de troubles sensitifs
et sensoriels émanant de la même source. Je répéterai, en finis-
sant, qu'il y a loin de ces excitations excessives, traumatiques,
maladives, de ces phénomènes inhibitoires, syncopaux, etc.,
aux fines, délicates et passagères excitations, soit vibratoires,
soit de pression, qui résultent de la fonction auditive même,
du passage du courant sonore ou de la contraction du tenseur
raidissant la platine de l'étrier. Il y a une grande différence
entre le jeu physiologique et le trouble d'origine morbide ou
traumatique, ou expérimental.

L'anatomie du nerf vestibulaire qui fournit les nerfs ampullaires nous montrera ses origines manifestement en grande
partie cérébelleuses, et expliquera une symptomatologie qui
a été jugée par Charcot évidemment identique à celle du cer-

velet (V. expériences de Lieb et Baginski, contredites par celles de B. Lange) (1).

Limaçon ou cochlée ; organe de l'audition tonale, organe de la musique. — La structure des ampoules et des canaux

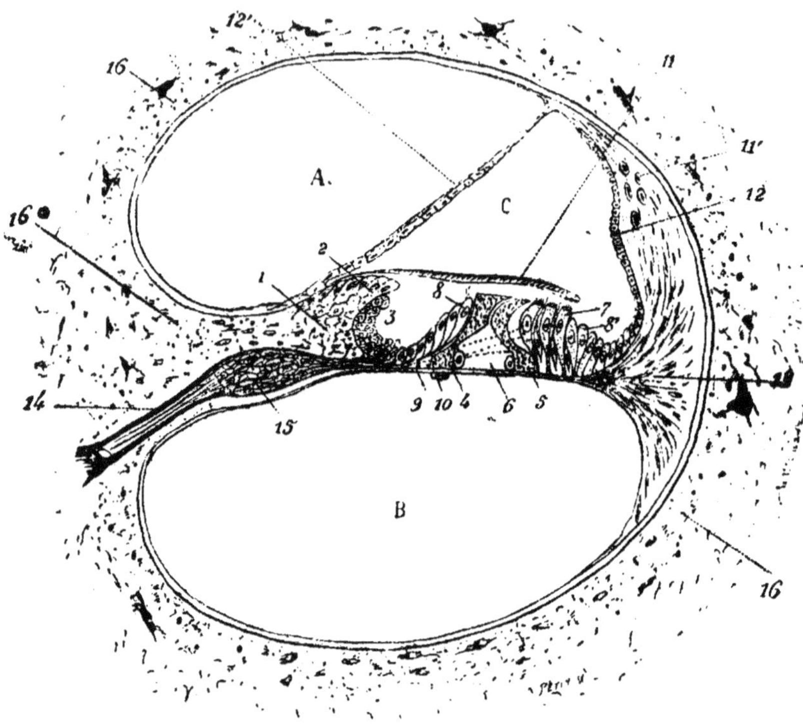

FIG. 60. — Coupe transversale du limaçon.

A, rampe vestibulaire ; *B*, rampe tympanique ; *C*, rampe cochléaire : *1*, lame spirale ; *2*, protubérance de Huschke ; *3*, sillon spiral ; *4*, pilier interne, et *5*, pilier externe de Corti ; *6*, tunnel de Corti ; *7*, cellules ciliées internes, et *8*, cellules ciliées externes ; *8'*, cellules de soutien ; *9*, membrane basilaire ; *10*, vaisseau spiral ; *11*, membrane de Corti ; *11'*, vaisseaux du ligament spiral ; *12*, crête spirale, zone vasculaire ; *12*, membrane de Reissner ; *13*, ligament spiral ; *14*, nerf cochléaire avec le ganglion spiral, *15*, dont les filets nerveux émergents vont se rendre dans les cellules de l'organe de Corti : *16*, *16*, zone osseuse (rocher entourant la lame des contours).

semi-circulaires était très différenciée de celle des vésicules

(1) Lange, *Ann. Pflugger's*, t. L, p. 615. — Lieb., *id.* — Baginski *Horsphare u. ohre bewegungen* (*Neurol. Centralbl.*, août, p. 458).

vestibulaires ; le limaçon montre une disposition d'un autre aspect, répondant à des exigences fonctionnelles d'ordre différent.

Une figure donne l'impression de la conformation de ce délicat organe mieux que toute description dont la longueur et la minutie nécessaires effraieraient le lecteur peut-être (V. fig. 60).

L'appareil cochléaire ne communique avec le vestibule que par un orifice, celui de la rampe, dite vestibulaire ; la périlymphe y abonde, enveloppant la formation principale, le *canal cochléaire*, organe sensoriel par excellence avec lequel le saccule est en rapport par un petit canalicule ; ainsi l'endolymphe circule dans le canal cochléaire au contact des cellules sensitives.

Le limaçon peut être comparé à un cône enroulé autour d'un axe creux ; celui-ci contient les rameaux nerveux qui s'inclinent et tournent en hélice pour pénétrer la paroi du cône (fig. 59).

La cavité du limaçon (la coquille de cet animal figure bien ce cône enroulé) est divisée en deux parties par une lame spirale osseuse qui accompagne les nerfs à leur entrée dans la cavité ; à la moitié du trajet d'une paroi à l'autre, c'est une membrane rigide tendue qui continue ce diaphragme, lequel partage le cône en deux rampes, la vestibulaire que nous avons vue s'ouvrir au vestibule et la tympanique qui aboutit à la fenêtre ronde ; au sommet du cône, les deux rampes communiquent entre elles et la périlymphe les remplit jusqu'à la fenêtre ronde.

C'est entre les deux rampes et protégé et enveloppé par la périlymphe que se trouve le *canal cochléaire* auquel arrivent par la *lame spirale osseuse* les filets nerveux de l'acoustique.

On voit aussitôt par ce dispositif combien délicats seront les ébranlements transmis à cet organe vésiculaire, membraneux, conique, isolé et suspendu entre deux couches de liquide.

De plus, la forme en hélice, en spirale de la membrane qui supporte nerfs et cellules auditives dans le canal cochléaire, donne une surface très étendue, où prend place la multitude des cellules auditives et des plexus nerveux qui doivent percevoir les vibrations du liquide intralabyrinthique, intermédiaire entre la partie sensible et le courant extérieur (fig. 58).

Sur cette membrane, qui coupe en deux rampes la cavité du limaçon, *membrane basilaire*, on remarque une saillie, la *papille auditive* de Huschke, qui consiste dans le groupe des *cellules auditives* (cellules ciliées, cellules fusiformes et cellules de soutien sur les bords) supportées par un ressort élastique, une sorte de sommier, *les organes de Corti*.

Ceux-ci constituent des piliers se faisant vis-à-vis, appuyés du pied sur la membrane basilaire et formant, par leur écartement en bas, une voûte continue, spirale qui supporte les cellules auditives ; on en compte trois à quatre mille.

Les piliers externes de la voûte sont plus déliés, plus élastiques, moins rigides que les internes ; ils s'insèrent sur une surface de la membrane basilaire d'aspect strié (*membrane striée*).

Ces fibres radiales (zone striée), rayonnant à la périphérie, ont été tout d'abord dotées d'un rôle important dans la transmission des ébranlements aux piliers de Corti par Helmholtz.

Il les avait comparées aux cordes d'un piano ; la basilaire portait une sorte de clavier. Les fibres radiées étant plus courtes à la base du cône cochléaire, les sons aigus étaient propagés en cet endroit et les graves au sommet du cône.

Cette séduisante théorie a été admise par tous les physiologistes. Les pathologistes à leur tour sont venus montrer par des postsections les lésions du limaçon concordant avec les symptômes (perte de l'audition tonale partielle) observés pendant la vie (Moos, Politzer, etc.).

Les vibrations de ces fibres radiées (cordes de Hensen, de Nuel) sont transmises aux arcs de la voûte de Corti, et par là aux rangées de cellules auditives (ciliées et fusiformes, disposées en quatre rangées sur la voûte).

Telle est la théorie de l'excitation de l'acoustique admise partout encore aujourd'hui depuis Helmholtz.

Quand Corti décrivit l'appareil des piliers de la voûte et la disposition si remarquable des cellules auditives rangées en spirale sur la papille sensorielle ainsi soulevée et élastique, on avait admis que c'était à eux que la conduction des vibrations semblait dévolue.

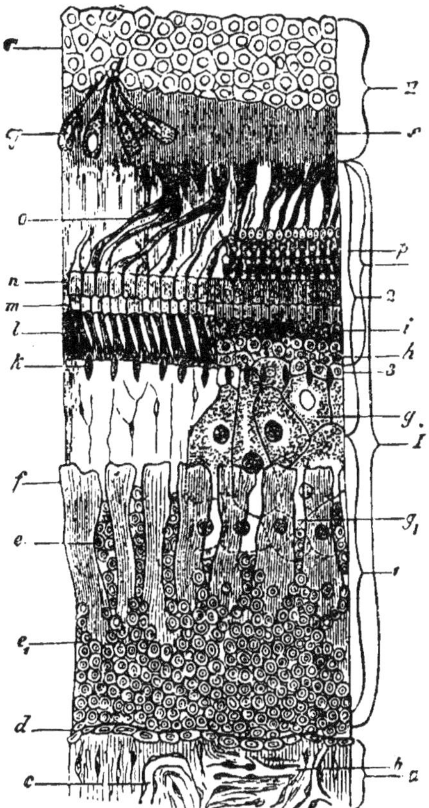

Fig. 61. — Paroi tympanale; ductus cochlearis du chien. Surface vue du côté de la scala vestibuli, après l'enlèvement de la membrane de Reissner, 300.

I, zona denticulata Corti; *II*, zona pectinata Todd Bowman; *1*, habenula sulcata Corti; *2*, habenula denticulata Corti; *3*, habenula perforata Kölliker. Organe de Corti : *a*, portion de la lamina spiralis ossea (l'épithélium manque); *b* et *c*, vaisseaux sanguins périotiques; *d*, ligne d'insertion de la membrane de Reissner; *e*, épithélium de la crista spiralis; *f*, dents auditives, avec les sillons interdentaires; *g*, *g'*, épithélium (gonflé) à larges cellules de sulcus spiralis internus, on les aperçoit dans une certaine partie entre les dents auditives, elles ont été enlevées sur le côté gauche de la préparation; *h*, cellules épithéliales plus petites, près de la rampe intérieure de l'organe de Corti; *k*, ouvertures à travers lesquelles passent les nerfs; *i*, cellules pileuses intérieures; *l*, piliers intérieurs; *m*, leurs têtes; *o*, piliers extérieurs; *n*, leurs têtes; *p*, lamina reticularis; *q*, quelques cellules pileuses extérieures mutilées; *r*, épithélium externe du ductus cochlearis (cellules de Claudius des auteurs); enlevé en *s* afin de montrer les points d'attache des cellules pileuses extérieures (d'après Waldeyer, dans le *Manuel d'histologie* de Stricker).

Hasse et d'autres anatomistes ayant démontré l'absence de ces petits organes chez les oiseaux chanteurs, entre autres, il fallut reporter la fonction aux fibres radiées, avec Helmholtz.

Depuis lors, plusieurs hypothèses ont été émises pour expliquer la propagation à toute l'étendue du clavier cochléaire des vibrations si nombreuses du liquide intralabyrinthique.

Pour ma part, dès 1876, dans mes leçons à l'École pratique, je défendais cette opinion que cette propagation se fait par les vibrations du liquide intérieur, intermédiaire obligé entre la platine de l'étrier qui les transmet et les organes membraneux du labyrinthe. A mon avis, les vibrations du liquide circulent dans ce vestibule, puis dans le canal cochléaire ; le courant ondulatoire passe sur la surface érigée des plateaux des cellules ciliées et des extrémités des cellules fusiformes, qui, sous son action, oscillent comme un champ de blé sous la pression du vent (Gellé, *Ét. d'otol.*, t. II).

Il se produit ainsi une action directe du mouvement vibratoire sur la papille sensorielle ; cette action fait en même temps onduler la *membrane élastique de Corti*, sur les plateaux ciliés, ce qui augmente l'ébranlement et lui assure la continuité (*Études d'otologie*, t. II, et *Soc. B.*, 1876-80).

Je faisais remarquer qu'il est loin d'en être de même quand on charge de ce rôle la fibre radiale de la zone striée de la membrane basilaire qui n'a de rapport qu'avec le pied du pilier externe de la voûte de Corti, et même avec plusieurs d'entre eux.

On s'est demandé aussi jusqu'à quel point il était permis d'admettre cette conduction, cette excitation par la fibre radiale (théorie de Helmholtz) ; car celle-ci n'offre qu'une longueur de 1/20 de millimètre à la base de la cochlée, et d'un demi-millimètre à son sommet ; de sorte que la corde la plus élevée n'est que 12 fois plus longue que la plus rapprochée de la base.

Ces proportions ne paraissent pas en rapport avec l'étendue de l'échelle tonale qui a 11 octaves. On peut douter que ces cordes si petites puissent vibrer pour des longueurs d'ondes qui atteignent souvent 1 mètre et plus.

On s'étonne aussi qu'il ne soit point question de la membrane de Corti, dont les rapports intimes avec la papille sensorielle de Huschke indiquent l'importance.

En effet, au-dessus de la papille on voit flotter une formation membraneuse rétractile, élastique, qui s'étend parallèlement à la membrane basilaire au-dessus de la saillie papillaire :
c'est la *membrane de Corti* attachée en dedans au-dessus de
la protubérance de Huschke (lame spirale), elle vient s'insérer en dehors au niveau des plateaux de cellules ciliées auditives de l'organe de Corti (fig. 60, 62).

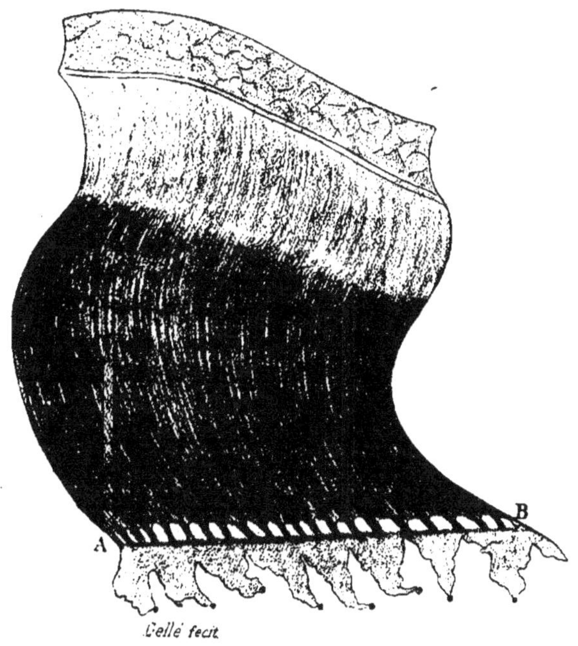

Fig. 62.

Sa structure est récemment connue ; elle serait formée par
la soudure des crins et cils auditifs des cellules auditives
(Cannieu, Coyne, Ayers).

On trouve donc dans le canal cochléaire placé entre les
deux rampes vestibulaires et tympaniques pleines de liquide
(périlymphe) : 1° au-dessus de la membrane basilaire résistante,
la papille de Huschke, avec les organes de Corti et les cellules
à cils auditifs ; 2° puis, au-dessus de celle-ci, flotte la membrane de Corti ; 3° au-dessus, le canal cochléaire est clos par

la membrane de Reissner, très mince et plus délicate ; l'endolymphe remplit les intervalles.

La membrane de Corti est donc jetée comme un pont entre la papille et la protubérance qui est son point fixe d'attache.

Comme le courant vibratoire arrive par la platine de l'étrier au liquide du vestibule, l'onde entre dans la cochlée par l'orifice de la rampe vestibulaire ; c'est sur la membrane de Reissner et sur la membrane de Corti que les ondes se portent, et que les ébranlements se propagent de la base du limaçon à son sommet, au-dessus et au contact de la papille ; la membrane basilaire participe sans doute à ce mouvement, mais sa forte tension l'y expose bien moins.

Comment se fait l'excitation auditive ?

Il semble résulter de l'analyse à laquelle les auteurs se sont livrés que c'est en définitive une action d'ordre tactile qui a lieu, au contact du courant ondulatoire et des cellules auditives ciliées. Les auteurs diffèrent dans l'explication qu'ils donnent du phénomène lui-même. Waldeyer, P. Meyer, pensent que l'excitation auditive est finalement produite par les ébranlements des cils auditifs, auxquels ces deux anatomistes attribuent une rigidité particulière.

Je constate que la plupart des théories sont en réalité basées sur l'action des vibrations du liquide labyrinthique dans la propagation des excitations à l'organe de Corti ; et je persiste à admettre que c'est ainsi que l'excitation se produit.

A.-B. Waller, Rochefort comparent la membrane basilaire à un tympan interne, supportant la papille de cellules ciliées spécifiques qui se trouvent excitées par les pressions qu'elles subissent dans les oscillations de la membrane de Corti (1891).

Cependant, d'après le trajet de l'onde, qui vient du vestibule et s'engage dans la rampe vestibulaire, son effort agit tout d'abord sur la membrane de Reissner, si faible, mince pellicule, frappe la membrane de Corti, élastique, et par elle, les cellules fusiformes et ciliées de la papille ; et il se trouve enfin borné ou épuisé sur la membrane basilaire extrêmement résistante et tendue.

C'est là une progression naturelle, et qui montre l'organe sensible touché directement et sûrement. Je n'ai jamais compris autrement l'ultime conflit entre la vibration et la cellule auditive.

J'ai été très heureux de voir Bonnier, conduit par ses études de morphologie, admettre ce rôle du liquide intralabyrinthique dans l'excitation de la papille sensorielle cochléaire. (Th. Paris, et *Physiol.*, t. II, p. 101 et suiv.)

Mais Bonnier pousse l'analyse dans une autre voie. Le liquide est non pas le conducteur des vibrations, mais il se meut avec la platine de l'étrier (oscillation totale). De plus, il obéit à l'effet de recul (théorie de Breuer) dans les mouvements divers ; et devient alors, par cette pression, l'origine d'excitations des crêtes des ampoules ; celles-ci sont ainsi les organes de l'orientation, les organes du sentiment des attitudes et des mouvements ; et partant de leurs directions (théorie de cet auteur).

Ceci intéresse, on le voit, surtout la discussion d'un sens de l'espace, mais moins la fonction auditive. Nous nous bornerons donc à extraire de ce long et consciencieux travail les éléments qui nous serviront à faire comprendre l'opinion de l'auteur sur la fonction auditive, et sur l'excitation de la cellule ciliée dans la cochlée. Elle marque un moment intéressant de l'histoire des variations des hypothèses sur l'audition.

L'orientation sera étudiée plus loin. Bonnier tout d'abord n'admet pas la théorie des vibrations ciliaires, qui remonte aux expériences de Hensen, sur les mysis, et qui, dit-il, a joué un rôle déplorable dans la physiologie auriculaire (p. 93).

On sait que Hensen avait observé les trépidations des poils de la mysis sous l'influence des vibrations sonores ; et que Helmholtz en avait déduit certaines conséquences au point de vue du rôle des fibres radiales.

Bonnier se demande si l'audition est aussi simple, pourquoi il existe un appareil d'une telle complexité pour l'obtenir ?

Une simple saillie papillaire épithéliale avec un assortiment complet de cils de longueurs variées aurait suffi largement, dit-il. On sait que l'organe est au contraire bien compliqué : ce qui explique du reste la multiplicité des hypothèses émises pour en comprendre le fonctionnement.

Mais, d'autre part, s'il répudie l'aide des cils en tant que susceptibles de vibrer sous l'influence des vibrations du liquide, l'auteur, s'appropriant les données modernes de la structure cuticulaire de la membrane de Corti d'un côté, de l'autre développant les idées de Rochefort, Waller, Hurst sur les fonctions de la membrane basilaire identifiée avec celle du tympan, dans la transmission, conclut que l'excitation des cellules auditives est le résultat des tiraillements opérés sur les cils auditifs par les oscillations de cette membrane basilaire, oscillations longitudinales et transversales comparables à celles de la corde lumineuse dont parle Tyndall, et qui, secouée par un bout, ondule, en larges ondes, de là vers l'extrémité opposée), qui, d'un bout à l'autre de la membrane, de la base au sommet du cône, provoquent des séries d'ondes, dont les changements de niveau expliquent les tiraillements successifs des cils des rangs de cellules. On sait que ces cils agglutinés font corps avec la membrane de Corti et la constituent (Coyne, Katz, etc.).

Ainsi l'ébranlement sonore n'éveille plus directement les vibrations par son influence sur les éléments de la papille cochléaire, l'inertie totale de l'appareil entre en jeu sous les sollicitations périodiques de cet ébranlement.

L'oscillation de l'appareil conducteur est totale, d'un bloc ; et, ajoute l'auteur (p. 99), la vitesse et l'amplitude de cette oscillation totale dépassent de beaucoup celles de l'ébranlement moléculaire (qu'il n'admet pas, nous l'avons dit).

Dans le limaçon, cette oscillation totale refoule le liquide qui déprime la membrane de Reissner et la membrane basilaire ainsi que la papille. Or celle-ci contient les cellules à cils, qui se continuent dans la membrane de Corti ; à chaque mouvement des membranes, les cils sont donc *tiraillés ;* et ce tiraillement est le mode d'excitation des cellules auditives spécifiques.

La mesure de ce tiraillement est en rapport avec le niveau de l'onde de la membrane basilaire, déprimée, puis redressée au passage du courant : elle donne celle de l'intensité, par son plus ou moins d'amplitude.

Les éléments cellulaires sont donc touchés inégalement ; mais l'onde qui passe déplace le point maximum de la courbe sans qu'il y ait cessation de continuité dans la succession des excitations des cellules contiguës ; ainsi se produit l'audition tonale, celle du son continu et périodique.

La papille ne reçoit qu'un seul ébranlement à un moment donné ; il résume tous ceux qui existent à ce moment ; les éléments basilaires ne décomposent point les sons comme les résonnateurs de Helmholtz. L'auteur n'admet pas non plus la spécificité nerveuse admise par celui-ci ; c'est la forme de l'ébranlement, résultat de la composition variable en éléments additionnés ou simultanés, qui différencie suffisamment les sensations éprouvées. Nous avons vu ici, à propos du timbre, que la figure de la période, sur le phonographe, change avec la tonalité, et suivant le timbre des sons : le mode des excitations remplacerait la spécificité du nerf telle que Helmholtz l'entend.

L'intensité ou le timbre sont sous la dépendance des différences de phase et des interférences ; mais la périodicité n'en est pas altérée ; car elle est due à l'ébranlement périodique d'un même élément sensoriel.

J'ai essayé de résumer ce long travail et d'exposer aussi clairement que possible la théorie, très travaillée, minutieuse, très méditée, de Bonnier ; je crois en avoir donné une idée suffisante pour que le lecteur soit curieux d'en lire le développement dans le traité même de l'auteur (*Physiologie*, p. 97 à 115).

Nous avons dit aux chapitres de l'intensité et du timbre des sons, guidé par l'examen des tracés phonographiques et par l'observation des sourds, pourquoi nous admettons la transmission des vibrations moléculaires. D'autre part, Bonnier nie qu'il existe des régions déterminées d'une surface sensorielle destinées à des perceptions toujours les mêmes. Cela, ajoute-t-il, ne se voit dans le fonctionnement d'aucun de nos organes des sens.

Il se refuse à admettre qu'une tonalité soit recueillie par un appareil accordé de tous temps à son intention et capable de garder l'accord pendant toute la vie (théorie de Helmholtz, p. 129).

Peut-on nier cependant la spécificité des nerfs sensoriels ? L'audition tonale n'est-elle pas l'œuvre du nerf et des foyers de l'acoustique ? Ceux-ci détruits, ne voit-on pas la fonction disparaître ?

L'excitation énergique, traumatique, expérimentale, quelconque du nerf auditif n'éveille-t-elle pas la sensation sonore ? Et les sourds de naissance n'ignorent-ils pas le son ?

. Sans doute la spécificité de la sensibilité de l'acoustique existe ; mais la sensation sonore est un complexe, une résultante des excitations de nombreuses fibres d'où naît un produit en rapport avec le nombre, les qualités et l'intensité des excitations partielles recueillies par l'appareil périphérique.

En définitive, c'est dans le cerveau, dans les centres nerveux auditifs et dans les centres d'association que se forment les sensations distinctes ou, mieux, les distinctions entre les sensations.

Depuis, dans un travail tout récent, un auteur anglais, Hurst (E.), a publié, dans le volume IX des *Transactions Soc. Biol.*, Liverpool (1895), une théorie nouvelle ou des interprétations différentes des notions acquises, dont Bonnier a fait la critique (p. 127, *loc. cit.*). Dans la transmission auriculaire, Hurst n'admet pas qu'il y ait à séparer la transmission en masse (en bloc) ou « molaire » de la transmission « moléculaire » de l'ébranlement.

On se rappelle que nous avons dit et montré au moyen des tracés du phonographe que l'expérience donne raison à cette interprétation ; et que la clinique (soudure de l'étrier) confirme cette opinion, à savoir que la transmission moléculaire existe.

D'autre part, Hurst admet le rôle « tympanique » de la membrane basilaire ; elle vibre comme le tympan et synchroniquement avec lui ; mais il veut que l'onde gagne en amplitude et en vitesse de la base au sommet du limaçon.

Or, Bonnier, je l'ai dit, ne croit pas qu'une région quelconque de la papille cochléaire ait une attribution tonale distincte et permanente, ainsi que le veut Hurst (tonalités aiguës en bas du cône, sons graves en haut). On ne peut oublier, en effet, qu'ici l'élément psychique se mêle à l'élément sensoriel ; et que l'éducation est indispensable à ses distinctions tonales et autres, et à leur reconnaissance.

Expériences de Gellé sur le limaçon ; la cochlée est l'organe des sensations sonores par excellence. Le nerf cochléaire n'est pas excito-moteur (1). — Au limaçon aboutit le nerf cochléaire, partie de l'acoustique. Le limaçon est l'organe de l'audition par excellence ; et son système nerveux est bien spécialement et exclusivement sensible aux excitations vibratoires périodiques ou non, multiples, simultanées ou successives qui assiègent la rampe vestibulaire et frappent la papille sensorielle étalée en hélice de la base au sommet du canal cochléaire.

____

(1) T. I et II. *Études d'otologie.*

L'expérimentation m'a montré qu'à l'opposé des canaux semi-circulaires, les dilacérations de la cochlée ne sont point suivies de mouvements ni de perturbations des mouvements, ou de l'équilibre.

Dans deux mémoires successifs, j'ai publié les résultats de mes recherches expérimentales sur ce sujet (1880). C'est sur le limaçon des cobayes que cette expérience est possible ; leur cochlée en effet est saillante dans la bulle ; elle est dégagée aux trois quarts, saillante et couchée le long de la paroi interne.

Cette disposition la rend très abordable par le conduit auditif à travers le tympan. Au moyen d'un stylet légèrement coudé à son extrémité, j'ai pu dilacérer l'organe, l'exciter, le détruire en grande partie et observer les suites immédiates et éloignées de ces opérations.

Or, le cobaye opéré se comporte comme les autres ; après un moment d'hésitation, il reprend ses habitudes, trotte, va et vient, mange comme à l'ordinaire ; et, fait important, il ne présente jamais aucune des perturbations motrices que l'on provoque si facilement par la blessure des canaux semi-circulaires.

Si l'on a dilacéré les deux cochlées, on remarque que, dans les premiers moments, l'animal n'est pas rendu sourd ; ce n'est que quelques jours après (8 à 12), quand le vestibule est envahi par l'inflammation traumatique, que la surdité complète est observée.

J'ai suivi plusieurs de ces animaux ; et ils n'ont par la suite présenté rien de particulier. Cependant, si la plaie suppure, le labyrinthe subit en entier les effets de l'inflammation traumatique ; et bientôt (un mois, un mois et demi après l'opération) j'ai vu apparaître les rotations sur l'axe, les rotations en roue, les perturbations motrices connues, dès que l'animal se meut ; indices des lésions de canaux semi-circulaires consécutives, et que l'autopsie m'a permis de constater.

Ainsi, aucune action réflexe de l'ordre de celles que l'on obtient dans les expériences sur les canaux, et même pas la surdité absolue, tant que les organes vestibulaires fonctionnent. Aucune douleur ; aucun trouble immédiat n'accuse une sensibilité vive ; la cochlée n'offre qu'un mode de sensibilité, la sensibilité acoustique ; c'est l'organe du son par excellence.

Il faut donc, d'après ces notions, abandonner la théorie du « vertige auditif » telle que l'avaient émise Brown Séquard et Vulpian. La cochlée est un organe exclusivement sensoriel.

Le vertige peut naître des sensations auditives, mais il est alors cérébral et non labyrinthique (fatigue, émotivité, affaiblissement).

Cependant la maladie attaque parfois simultanément tous les modes de sensibilité et tout l'organe de l'ouïe, centres et périphéric (grippe, otites).

On savait en pathologie depuis longtemps que le limaçon peut être éliminé par la maladie, et sa fonction détruite par conséquent, sans que la surdité soit absolue. Des observateurs nombreux et de premier ordre ont pu constater ces faits (Moos, Lucœ, Politzer, Schwartze, etc.).

Le limaçon, apparu tard dans la série zoologique, n'est donc pas un organe indispensable ; c'est un perfectionnement, il répond à une audition plus délicate, plus complexe, en rapport avec le développement cérébral plus avancé des animaux.

La différenciation capitale des deux nerfs vestibulaire et cochléaire se montre ainsi en pleine lumière par l'expérimentation ; et la dualité de l'acoustique est par là rendue évidente.

Il est clair que, bien que réunis dans une même cavité, les canaux et la cochlée possèdent et conduisent des modes d'excitations différents à des foyers sensoriels distincts.

Résumé des fonctions du labyrinthe. — Un coup d'œil d'ensemble sur les fonctions du labyrinthe résumera cette discussion complexe.

Le mouvement vibratoire envahit le vestibule, venant de la base de l'étrier ; de là, par la périlymphe, il se dirige sur les vésicules ; utricule et saccule sont frappés et fournissent une première excitation sensorielle et une première excitation motrice et en même temps le sentiment de la tension accrue et de la pression exercée sur l'étrier.

Puis, l'onde s'étale du côté des ampoules des canaux semi-circulaires et les traverse ; chacune d'elles est le point de départ d'un autre mode de sensation, mais surtout d'excitations motrices connues ; sans doute aussi y a-t-il là des associations binauriculaires obtenues. L'impression perçue à droite

sert d'éveil pour l'oreille gauche, qui s'adapte simultanément. De plus, l'orientation exige les mouvements de rotation
de la tête; et l'action synergique des yeux se trouverait
gênée sans l'excitation simultanée des mouvements de compensation des globes oculaires, etc.

C'est encore des ampoules que partent les sensations qui
déterminent ces actes réflexes. De même quand la tension
intralabyrinthique s'accentue; la sensation éprouvée détermine l'action des muscles tympaniques, des frénateurs, et
en même temps celle des péristaphylins externes qui ouvrent
les trompes.

Quand l'excitation est trop forte, trop longue, douloureuse,
l'individu fait des mouvements instinctifs pour l'éviter, et
son appareil auditif se dispose pour y résister. L'axe auditif
est tourné instinctivement à l'opposé, et les *zones silencieuses*
(région postérieure de la tête) sont portées du côté du bruit
nuisible.

C'est du labyrinthe que ces actes spontanés et non voulus
tout d'abord sont provoqués.

Les canaux ont encore des rapports avec les centres cérébraux, et des connexions avec les foyers réflexes, moteurs,
sensitifs et viscéraux. Ainsi des hallucinations peuvent naître
de ces parties du labyrinthe par les irritations pathologiques
(aura, vertige).

Le labyrinthe fournit la sensation de l'orientation latérale
du courant sonore.

La comparaison des deux sensations latérales donne la
direction, et les mouvements d'adaptation, de recherche en
marquent le sens.

En même temps l'onde se propage du côté du limaçon, par
la rampe vestibulaire; le courant vibratoire liquidien, les
pressions de l'étrier, agissent sur les délicates papilles en
hélice qui oscillent, et sur lesquelles oscille aussi la membrane de Corti qui donne de la douceur, de la continuité à la
transmission vibratoire.

C'est ainsi que la sensation auditive a lieu, et, d'après l'é-
tendue du clavier formé par les organes de Corti, chargés de
leurs quatre rangées de cellules, on peut apprécier l'énorme
quantité de points sensibles que les vibrations sollicitent,
et les innombrables contacts qui s'opèrent au passage des

ondes vibrantes, de la base au sommet de la cochlée.

Le limaçon par cette disposition et la multiplicité des fibres excitées est bien l'instrument par excellence de la récolte des sons complexes, associés, simultanés, périodiques ou non ; c'est là que le timbre et la tonalité prennent naissance par la fusion et la coordination des éléments primaires, des vibrations élémentaires ou partielles.

Aller plus loin dans l'explication et dans l'interprétation est périlleux, bien que très intéressant ; la science de la morphogénie et l'expérimentation qui ont conduit aux théories si nombreuses que nous avons exposées ne doivent-elles pas aussi nous rendre circonspects dans nos conclusions.

L'audition n'est-elle pas excitée avant l'apparition des organes dits de perfectionnement (canaux et cochlée) ; et ne voit-on pas avec quelque étonnement les cétacés, par exemple, dotés d'un limaçon énorme, tandis qu'ils possèdent des canaux semi-circulaires très réduits. Le cachalot, quelle audition tonale lui accordez-vous, si le limaçon n'a que cette fonction ?

Et pourquoi cet animal qui nage, plonge, se dirige et se recourbe en tout sens, dans la mer, est-il si peu pourvu de ces organes auxquels on attribue une fonction aussi importante que celle de l'équilibration et de l'excitation des mouvements et la notion des attitudes ?

Il y a des suppléances, répond-on. Mais n'est-ce pas le sens musculaire ou mieux la sensation des contractions, qui est la source des notions de direction, comme des efforts ? et n'est-ce pas plutôt à cette masse en activité que devrait revenir le pouvoir de fournir les sensations d'orientation et de direction.

Ces oppositions sont assez fréquentes ; ne sait-on pas que les oiseaux même chanteurs n'ont qu'un vestige de limaçon ?

C'est chez les Batraciens qu'il apparaît dans la série animale ; il est très développé déjà chez les crocodiliens (un quart de tour).

Le cobaye, n'offre-t-il pas un limaçon avec de multiples spires, et des mieux construits, pourquoi ? Le cri stupide de l'animal n'est-il pas toujours le même, etc. ? Comme organe de la musique, il est magnifiquement développé. Mais c'est aussi un excellent multiplicateur des excitations sonores, et c'est en cela qu'il est utile.

Mais je ne veux pas finir par une critique ; je désire montrer

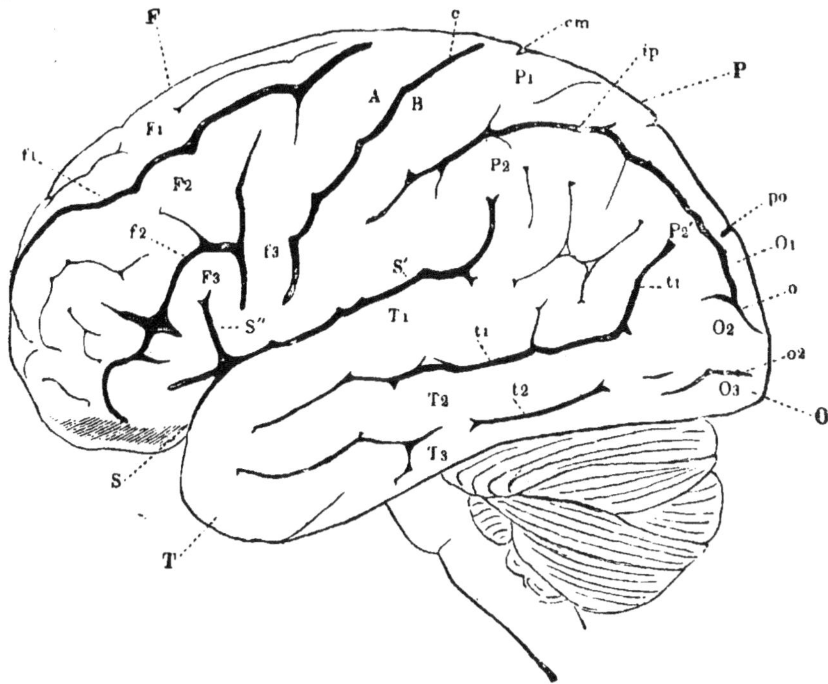

FIG. 63. — Vue latérale du cerveau de l'homme.

F, lobe frontal ; P, lobe pariétal ; O, lobe occipital ; T, lobe temporo-sphénoïdal ; S, scissure de Sylvius ; S', S", branches horizontale et verticale de la précédente scissure ; c, sillon de Rolando ; A, circonvolution frontale ascendante, et B, circonvolution pariétale ascendante. Circonvolutions frontales : F1, supérieure ; F2, moyenne ; F3, inférieure ; f1, f2 et f3, sillon frontal supérieur, moyen et inférieur, sulcus præcentralis ; P1, lobe pariétal supérieur; P2', gyrus supramarginal; P2", pli courbe (?) ; i, p, sillon intrapariétal ; cm, extrémité de scissure calloso-marginale ; O1, O2, O3, première, deuxième, troisième circonvolutions occipitales ; po, scissure pariéto-occipitale ; o, sillon occipito-longitudinal ; T1, T2, T3, première, deuxième et troisième circonvolutions temporo-sphénoïdales ; t1 et t2, première et deuxième scissures temporo-sphénoïdales.

les limites de nos connaissances, et combien elles invitent à la prudence dans l'émission d'hypothèses utiles, nécessaires, mais qu'il faut craindre de trop prendre pour la vérité exclusive. Enfin, il semble que, arrêtés dans la contemplation studieuse de l'organe périphérique, les auteurs oublient que tous les mammifères ont une organisation auriculaire et labyrinthique presque identique, et que seul l'homme possède la parole et a créé la musique. En définitive, c'est avec le cerveau que l'on entend, et le cerveau de l'homme entend autre chose et autrement que celui des animaux, avec des appareils bien peu différents des leurs.

L'homme cherche constamment d'instinct, à plus forte raison s'il est instruit, à distinguer la signification du bruit perçu, à reconnaître l'idée que représente le son, la voyelle, la syllabe, le mot : le mot, tour à tour effet et semence de l'idée.

Dire avec certains auteurs que le limaçon est l'organe de la musique, c'est énoncer un faux jugement ; c'est par le cerveau que l'on devient musicien, et c'est grâce à l'immense clavier du limaçon que l'on peut percevoir la multitude des sons qui, assemblés, coordonnés, combinés, donnent les sensations musicales.

§ VII. — NERF AUDITIF OU ACOUSTIQUE ; SES DEUX BRANCHES VESTIBULAIRE ET COCHLÉAIRE. — SES ORIGINES ; CENTRE SENSORIEL AUDITIF ET CENTRES RÉFLEXES AUDITIFS.

Nerf acoustique, origines labyrinthiques. — Nous avons montré dans l'oreille interne la cellule auditive ciliée éprouvant les chocs ou les tiraillements causés par les ébranlements du liquide labyrinthique ; il nous faut actuellement dire comment elle conduit aux nerfs spéciaux l'excitation reçue.

Quels rapports existent entre le système nerveux central et les appareils terminaux de l'organe de l'ouïe, crêtes, papilles, macules et taches auditives ? Quels sont les conducteurs de l'excitation labyrinthique ?

La cellule fusiforme, la cellule à cils, se prolonge du côté de sa base en filets noueux qui se perdent dans les plexus formés autour des rangées de cellules par les dernières divisions de l'acoustique.

Ces fib res sans myéline traversent les trous de la lame perforée et couvrent les organes de Corti de leurs rameaux plexiformes, qui montrent de fines cellules nerveuses de distance en distance. Ces filets arrivent à la base des cellules auditives et leurs divisions les entourent (fig. 58, 59. 60).

C'est ainsi que se fait l'union du système nerveux avec les éléments cellulaires.

Je rappellerai que les cellules neuro-épithéliales sont des formations ectodermiques, et que leur origine neurale est certaine ; nous en avons indiqué le développement dans un précédent chapitre.

De ces plexus nerveux primaires naissent des fibres qui, par les trous de la lame perforée, se logent dans la lame spirale, se réunissent en faisceaux et se jettent dans le ganglion de Corti ou ganglion spiral, formé d'un amas énorme de cellules bipolaires, inclus dans la lame spirale (fig. 59).

Au sortir de cette masse ganglionnaire, les faisceaux s'entre-croisent et traversent les trous osseux ; puis, réunis, ils forment le nerf cochléaire, qui s'unit dans le conduit auditif interne au nerf vestibulaire pour constituer le gros tronc de l'auditif. Ce tronc contient des amas de cellules ganglionnaires (ganglion de Scarpa); il en est de même du nerf vestibulaire.

L'*auditif* forme une sorte de gouttière qui reçoit le *nerf facial ;* entre les deux nerfs, les filets anastomotiques du *nerf de Wrisberg* qui vont se jeter dans le ganglion géniculé et

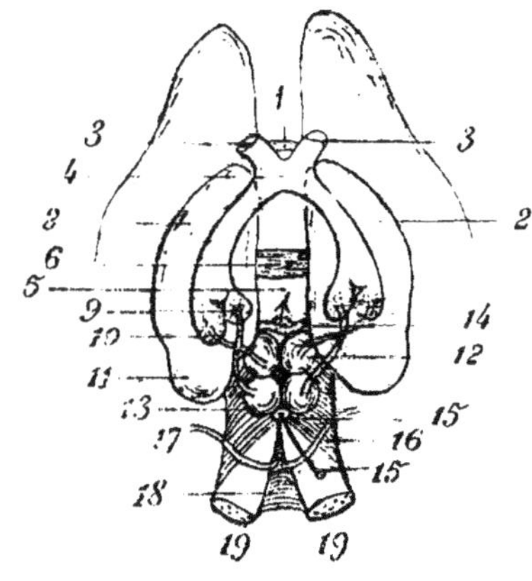

Fig. 64. — Schéma destiné à montrer les relations des tubercules quadrijumeaux avec les corps genouillés.

1, commissure blanche antérieure; *2, 2*, couches optiques; *3, 3*, nerfs optiques; *4*, chiasma ; *5*, ventricule moyen; *6*, commissure grise ; *9*, corps genouillé interne; *10*, corps genouillé externe ; *11*, pulvinar de la couche optique ; *12*, tubercules quadrijumeaux antérieurs ; *13*, tubercules quadrijumeaux postérieurs ; *14*, commissure blanche postérieure ; *15*, aqueduc de Sylvius dans lequel passe une flèche; *16*, ruban de Reil ; *17*, nerfs pathétiques; *18*, valvule de Vieussens ; *19*, pédoncules cérébelleux supérieurs.

l'unissent aux fibres de l'auditif (origine du nerf tympano-moteur de Longet).

L'acoustique offre comme les nerfs rachidiens deux racines ; l'antérieure répond à l'excitation par un mouvement et la postérieure répond à la sensibilité : l'analogie est complète avec une paire rachidienne.

La branche vestibulaire et la branche cochléaire restent distinctes histologiquement par la différence des fibres, minces et grêles pour celle-ci, et volumineuses pour celle-là.

Les *origines centrales de l'acoustique* accentuent encore la différenciation entre le nerf cochléaire et le nerf vestibulaire, montrant que le premier a surtout ses relations principales avec les foyers cérébraux, et le second, avec le cervelet.

Sans entrer dans le détail de ces fines descriptions anatomiques, qui, vu leur intérêt, ne peuvent être négligées, nous résumerons sur ces origines de l'auditif les notions acquises par les récents travaux de M. Duval, Cannieu, Houssay, Bechterew, Edinger, Monakow, Meynert, Huguenin, Erlitzky, Golgi, Held, etc., qui éclairent le fonctionnement de l'organe de l'ouïe et précisent ses rapports. Pour bien les saisir, je donne la planche dessinée par Bonnier (p. 183, *Anatomie*) qui est excellente (fig. 66).

Le nerf vestibulaire. — Le nerf vestibulaire formé de la réunion des nerfs ampullaires, utriculaire et sacculaire, se jette dans plusieurs noyaux qui le mettent en rapports soit avec les noyaux voisins, soit avec ceux du côté opposé.

Le noyau interne, celui de Deiters, celui de Bechterew, mettent la racine antérieure du nerf vestibulaire en rapport avec le vermis supérieur du cervelet et le noyau du toit du côté opposé ; du vermis, des fibres, par le pédoncule cérébelleux supérieur, s'élèvent jusqu'au *lobe pariétal* (pariétale ascendante, zone des circonvolutions dites psycho-motrices et sphère tactile).

Ainsi la plus grande partie des fibres se rend au cervelet, presque directement (centre des mouvements réflexes, coordonnés), et les autres à la pariétale ascendante (centre des mouvements volontaires).

Des mêmes noyaux partent des fibres d'associations avec le noyau de l'oculo-moteur externe (réflexe labyrinthique sur les mouvements de l'œil).

Enfin, un faisceau les mettrait également en rapport avec la troisième paire du côté opposé (Thomas), origine des associations réflexes pour les mouvements compensateurs des yeux dans la rotation de la tête (Cyon, Breuer, Hogyes, Delage, Goltz, Bonnier).

Mais il existe encore des faisceaux qui se suivent jusqu'au noyau facial (Held) (accommodation des mouvements de la face à l'audition et des contractions du stapédius).

En somme, le nerf vestibulaire met le labyrinthe en relations assurées avec le cervelet d'abord (centre de coordination motrice, point de départ des actes réflexes si nombreux dont l'audition est l'origine), puis avec la pariétale ascendante (centre psycho-moteur) ; de

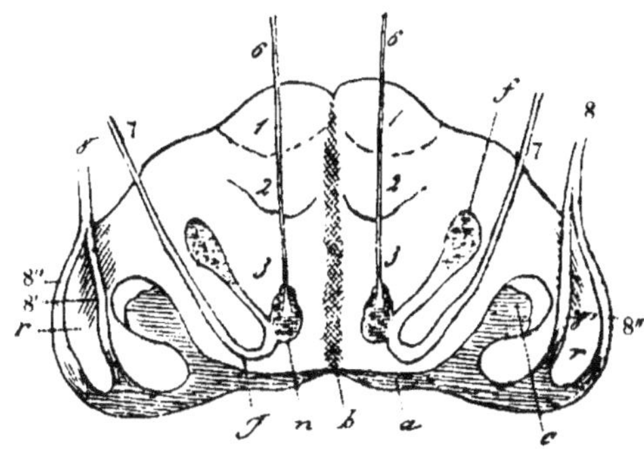

Fig. 65. — Coupe transversale du bulbe rachidien à sa partie supérieure (d'après Mathias Duval).

a, substance grise du quatrième ventricule ; *b*, raphé médian du bulbe ; *c*, noyau du trijumeau (tête de la corne postérieure de la moelle) ; *f*, noyau propre du facial (tête de la corne antérieure de la moelle) ; *g*, genou du facial ; *n*, noyau commun au facial et à l'oculo-moteur externe base de la corne antérieure de la moelle) ; *r*, corps restiforme ; *1*, pyramide antérieure ; *2*, cordon latéral ; *3*, cordon postérieur ; *6*, nerf oculo-moteur externe ; *7*, nerf facial ; *8*, nerf acoustique ; *8'* et *8"*, racines interne et externe de l'acoustique.

plus, avec les noyaux de nerfs moteurs de l'œil et du centre d'association des deux yeux, et enfin avec le facial.

On voit par ces rapports étendus l'influence des excitations ampullaires sur les mouvements. Flechsig admet que vraisemblablement les nerfs des canaux semi-circulaires sont en rapport avec la sphère tactile du corps (1).

La clinique montre souvent ces excitations spasmodiques

(1) Mouvements réflexes de défense. Flechsig *Die Localisation, der geütigen Vorgange*, Leips., 1896, 14 sq., et *Études sur le cerveau*, trad. Lévi, 1898.

nées du labyrinthe et de l'oreille malades, diplopie, nystagmus, strabisme, dilatation ou contraction papillaire, etc.)

Le nerf cochléaire. — Le nerf cochléaire se jette dans le noyau antérieur presque en entier et dans le tubercule acoustique, par ses fibres externes. Quelques-unes se dirigent vers la région pariétale opposée. La plus grande partie des fibres cochléaires se portent vers l'écorce temporale opposée (première temporale), surtout celles du tubercule acoustique ; d'autres se rendent dans le tubercule quadrijumeau postérieur, d'où elles divergent vers la couche optique, le corps genouillé interne et arrivent ensuite à l'écorce temporale.

Chez le fœtus, Held a signalé la seule voie acoustique directe constatée (*Dict. physiol.* Richet, p. 839), dans un faisceau dont les fibres se myélinisent avant celles de la première temporale même.

Quelques fibres se portent vers l'olive supérieure du même côté et d'autres vers celle du côté opposé. Kolliker admet un faisceau anastomotique avec le noyau du facial en ce point.

Par l'olive supérieure, un important rapport s'établit avec le noyau de l'oculo-moteur externe (réflexes oculaires) et avec le faisceau longitudinal postérieur qui met en jeu tous les mouvements des yeux.

En résumé, le nerf cochléaire est plutôt cérébral, tandis que le nerf vestibulaire est surtout cérébelleux par les origines centrales. L'audition est donc l'ensemble des représentations du cerveau temporal (Vernicke).

Certains réflexes prennent leur origine dans les sensations auditives, agréables ou désagréables, offensives ou non, soit pour les suivre dans leurs déplacements, soit pour les fuir si elles sont blessantes (réflexes innés de Flechsig, réflexes de défense) (*loc. cit.*).

Parmi ces réflexes, ceux qui servent à l'adaptation de l'organe sont à mentionner ; les voies centrifuges ou actives du réflexe sont le nerf de Wrisberg et le facial pour les moteurs tympaniques, les plexus glosso-pharyngiens, pneumo-gastriques pour la déglutition, la respiration ; le spinal enfin pour les mouvements de rotation de la tête ; mais le centre des mouvements volontaires est la région des circonvolutions pariétales (centres d'association) qui commande tous les actes psycho-moteurs. Nous avons vu que les noyaux d'origine des nerfs cochléaires et vestibulaires offrent des connexions avec ces territoires et foyers principaux.

Centre acoustique, centre de l'audition de la parole. Surdité psychique. Surdité verbale. Amnésie acoustique. — Dans les paragraphes précédents, nous avons successivement fait connaître les origines de la sensation et l'appareil chargé de les percevoir ; l'excitation a franchi les parties de l'oreille interne qui servent à la récolte des ébranlements du dehors ; la voici parvenue au système nerveux sensoriel, où elle devient sensation sonore, son.

Nous avons exposé les divers foyers des centres nerveux qui contribuent à la fonction de l'ouïe et les nerfs qui donnent à l'oreille sensibilité et mouvements.

Notre analyse a montré les rapports de ces foyers auditifs entre eux et avec les centres voisins, et leur association dans la perception.

Nous avons dit que la sensation auditive naît de l'excitation transmise à l'écorce cérébrale, au niveau de la première temporale et jusqu'au gyrus transverse antérieur caché dans la scissure sylvienne ; et que la région pariétale (pariétale ascendante), zone psycho-motrice, est le point de départ des mouvements volontaires nécessités par l'audition.

Du reste, le développement des centres acoustiques va de pair avec celui de la région temporale et des corps genouillés internes (Obs. de Monakow).

Si l'on examine les circonvolutions cérébrales d'un fœtus à terme, on reconnaît que, à la naissance, ce sont les nerfs sensitifs qui se développent tout d'abord, c'est-à-dire les filets nerveux qui unissent à l'écorce cérébrale à la fois les organes des sens et les organes de perception interne (Flechsig, p. 62, *Étude sur le cerveau*, traduct. Levi, et plus loin, p. 64.)

L'étude du développement de ces nerfs montre qu'il est inégal pour chacun d'eux et successif. Ce sont les nerfs qui président aux sensations organiques (sensibilité générale) et aux sensations tactiles qui se rendent les premières à l'écorce cérébrale ; autrement dit, les premières impressions que reçoit le cerveau sont des sensations organiques ; et, en conséquence, la connaissance du corps précède celle du monde extérieur.

Après ces nerfs de sensibilité tactile et générale, on voit

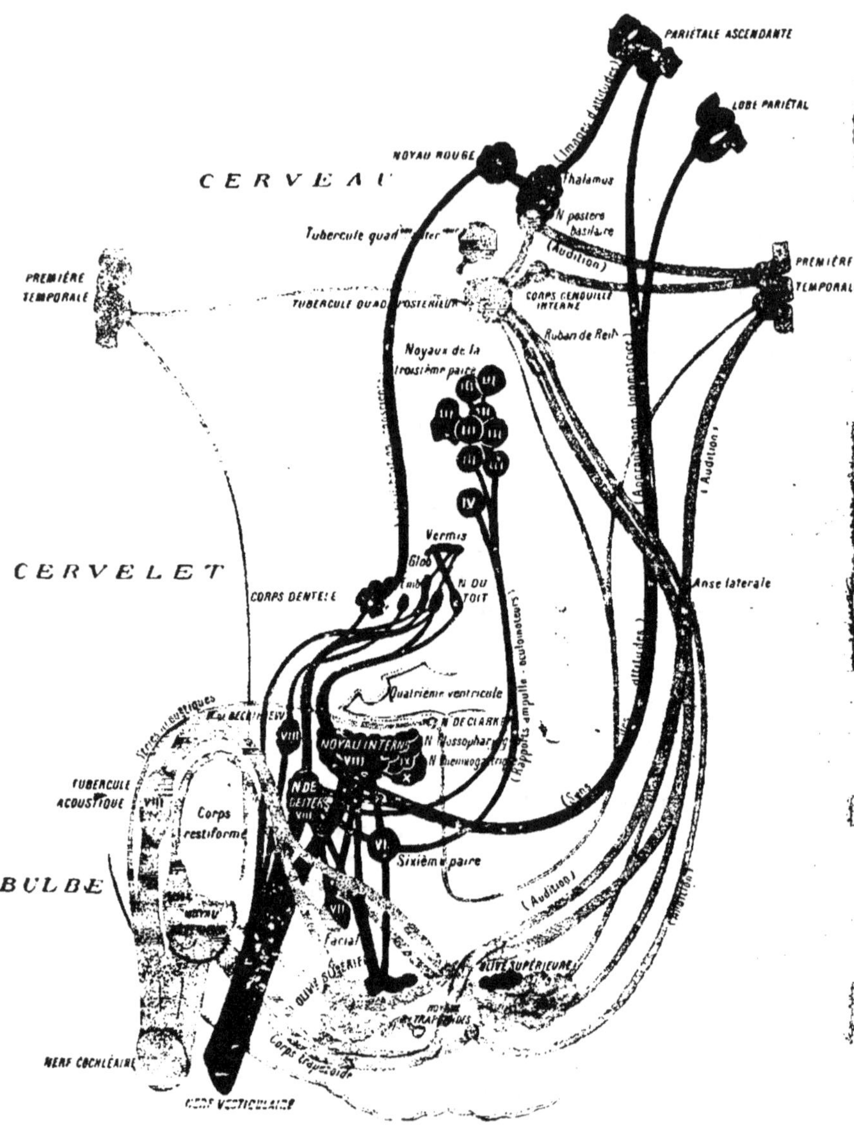

FIG. 66. — Figure schématique des voies nerveuses labyrinthiques
d'après le Dr Bonnier.

successivement les nerfs de l'odorat, de la vision, atteindre le cerveau. (J. Soury, Cerveau, *Dict. physiol.* Richet, vol. II.)

Enfin, c'est au tour des nerfs de l'audition d'arriver à maturité. Cependant le développement n'est complet que pour la partie qui est en rapport avec le limaçon. Quant aux ramifications du nerf auditif, situées dans la moelle allongée et le cerveau moyen, elles sont pourvues de myéline longtemps avant le nerf optique même.

D'après Flechsig (*Neurol Centralbl.*, 1897, 290), l'aire du nerf acoustique comprend : la partie postérieure de T^1 et la partie voisine de cette circonvolution qui concourt à former l'opercule inférieur de la scissure de Sylvius. Le lobe temporal est le territoire cortical de projection des impressions auditives et la sphère auditive cérébrale est la projection de la surface sensible de l'organe de Corti dans l'oreille interne (Vernike). Elle seule peut percevoir les sensations acoustiques.

Mais, ainsi que Tamburini l'a établi le premier, tous les centres sensitifs sont des centres mixtes ou sensitivo-moteurs ; et il y a autant de centres moteurs qu'il existe d'aires sensorielles et sensitives.

Il n'existe point de zone motrice circonscrite ; telle est la notion scientifique actuelle. L'excitation sonore éveille ainsi des actes moteurs (excitations sensori-motrices) du côté opposé, et la destruction de cette sphère sensitive, auditive, entraîne l'hémianesthésie et l'hémiplégie du côté opposé.

D'autre part, la destruction bilatérale (morbide ou expérimentale) du gyrus transverse antérieur du lobe temporal cause la surdité complète. (Flechsig, *loc. cit.*, p. 69.)

C'est un fait clinique d'observation courante que l'hémianesthésie est bien plus intense à la suite de lésions destructives (hémorragie) du tiers postérieur de la capsule interne, qu'après une lésion de même nature du territoire cortical de projection du faisceau sensitif.

Nothnagel et plusieurs cliniciens admettent la persistance des souvenirs et des images d'un sens dont les centres corticaux auraient été détruits sur les deux hémisphères. Van Gehuchten pense que finalement l'individu ainsi affecté perdrait tous les signes qui traduisent ses sensations internes et la pensée ; et que l'absence de toute excitation empêcherait le réveil, dans les neurones d'association, de ces « traces » laissées par les perceptions antérieures, condition même de la vie intellectuelle et morale. (J. Soury, *Dict. phys.*, p. 817.)

C'est en me fondant sur la persistance de ces « traces » que j'ai cru à la possibilité, quand la perte n'est pas totale, de réveiller les fonctions psychiques et les sensations acoustiques.

On sait aussi que Kolliker avec Meynert, après Flechsig, soutient que, quelles que soient leurs formes, les cellules nerveuses ont toutes essentiellement la même fonction. (Gewebelehre, 6te. Aufl. II, 809.)

Mais le rôle physiologique des neurones (1) est différent, et peut-être leurs formes aussi suivant les rapports qu'ils ont avec les organes périphériques en conflit avec les forces variées du monde extérieur : il y a une spécialisation acquise au moins.

Toutefois l'opinion de Kolliker élargit grandement l'horizon : Flechsig cependant en appelle à de nouvelles études des différences, suivant les régions de l'écorce, dans la structure et la forme des cellules nerveuses ; déjà, l'action élective de certains poisons pour certaines espèces de neurones (Nissl) fait entrevoir qu'il existe des éléments nerveux spéciaux pour chaque sphère sensorielle. (Flechsig, *loc. cit.*; J. Soury, *loc. cit.*)

Les centres auditifs sont reliés entre eux et aux autres foyers et à tous les organes par les *fibres d'association* centripètes et centrifuges qui se développent après la naissance. Tous les systèmes de fibres émanées des centres sensoriels se rencontrent et se mêlent dans ces centres d'association, qui unissent les aires corticales de sensibilité.

Leur développement graduel est en relation avec la complexité et l'étendue des adaptations fonctionnelles nécessitées par les contacts divers et l'influence du milieu. Leur masse est en rapport avec l'énergie des fonctions d'innervation supérieure ou de l'intelligence. Le centre cortical de projection des impressions auditives est le siège des images et de la mémoire ; mais c'est dans les centres d'associations, au moyen des fibres d'associations transcorticales, que l'intelligence des choses

---

(1) Ce sont les neurones périphériques qui se développent les premiers, bien avant les neurones de la substance corticale (Flechsig, *le Cerveau*, trad. Levi, p. 64).

entendues a lieu ; c'est là un phénomène complexe, qui
résulte de l'association des images multiples et diverses d'origine, et d'où naît la notion des objets concrets, l'association
des idées, la compréhension (1).

L'intelligence des mots, des sons, des images auditives n'est
pas localisée dans le « centre de projection », mais résulte des
associations nombreuses établies par les fibres environnantes.

De toutes les observations faites, il résulte en premier lieu
que c'est seulement *à gauche* que se manifestent régulièrement
les symptômes indiquant une lésion des centres d'association
bornée à un seul côté : il n'en est ainsi que pour le centre
moyen et le postérieur...

Toute lésion bilatérale, au contraire, entraîne régulièrement,
sans exception, des troubles profonds de l'intellect pouvant aller
jusqu'à l'imbécillité (incohérence), (Flechsig, *loc. cit.*, p. 87.)

« Les lésions partielles du centre postérieur abolissent, soit
totalement, soit partiellement, la faculté, d'une part, de lier
des idées aux signes du langage, d'autre part la faculté d'unir
des mots écrits ou parlés aux idées qui leur correspondent. »
(*Id.* p. 88.)

Déjérine vient de publier (*Bull. Soc. Biolog.*, 18 déc. 1898)
un cas de *surdité verbale pure* (sous-corticale de Litchteim),
terminée par aphasie sensorielle.

La malade était dans l'impossibilité complète de comprendre la parole parlée et la musique depuis quatre ans ;
impossibilité aussi d'écrire sous la dictée ; peu à peu l'ouïe
s'altéra et l'intelligence graduellement. On constata une
atrophie des deux lobes temporaux (microgyrie) s'étendant
jusqu'au *gyrus supra-marginalis* (poli-encéphalite englobant
les fibres de projection et d'association, atrophie des cellules
et des plexus des différentes couches de l'écorce avec sclérose
névroglique peu accusée).

Ainsi les premiers signes de la lésion furent la perte de la
compréhension de la parole et de la musique : c'est beaucoup
plus tardivement que l'audition des bruits simples diminua
peu à peu et se perdit.

---

(1) Rüdinger, le premier, a prouvé que ces centres se perfectionnent
et s'étendent progressivement des singes à l'homme (sphère des associations d'idées); que le lobe pariétal est plus volumineux chez les
hommes les plus intelligents.

Une observation récente du Dr Lamarchia (*Morgagni*, déc. 1897) montre que la lésion, cause de la surdité verbale et de l'aphasie motrice, peut dépasser la première temporale et siéger sur la T². Le rôle des fibres d'association est donc très évident.

Grâce à ces rapports et à ces connexions, on conçoit que l'unité psychique naisse de leur intimité et de leur complexité mêmes.

Cette union explique aussi les excitations réciproques des foyers de sensibilité, et les réveils d'images, de souvenirs comme par ricochet. L'action de la sensibilité générale s'ajoute encore à toutes ces stimulations (1).

Notons d'ores et déjà que dans les lésions unilatérales au niveau de l'aire pariéto-occipito-temporale du grand centre d'association postérieur, à gauche, chez les droitiers, on observe surtout des troubles ou l'abolition des signes phonétiques ou graphiques du langage. Il résulte des observations suivies de nécropsie que la lésion du territoire cortical, où se rencontrent les circonvolutions O² et T², détermine de l'*alexie*; le malade voit nettement les mots écrits et n'y associe plus l'image tonale; il n'unit plus les images visuelles avec les mots (cécité psychique de Munch).

Dans le cas de lésion ou de destruction du *gyrus supra-marginalis* et de la partie limitrophe de T², on observe de la *surdité verbale;* les mots entendus et pouvant être répétés ne sont plus compris du sujet (aphasie sensorielle transcorticale, aperceptive de Flechsig) (*loc. cit.*).

Dans l'aphasie sensorielle de Vernike, qui résulte de la lésion de l'écorce, du *centre même de projection* de l'audition (centre de l'audition), sphère auditive gauche, chez les droitiers, droite chez les gauchers (Naunyn), ce qui est perdu, ce n'est pas l'image tonale du mot : c'est la capacité de les distinguer dans l'ordre de leur succession, de discerner les intervalles des syllabes, des mots, les rythmes de la musique, les sons successifs, etc. C'est un chaos de sons que le sujet perçoit; mais il peut prononcer, malgré cela, un grand nombre de mots ; les images tonales sont conservées, le sens des mots est perdu.

---

(1) Le chien décérébré de Goltz réagissait aux excitations sonores par des mouvements, sans doute par les réflexes innés de défense.

La lésion des centres d'association atteint l'audition plus gravement. Car, la sphère auditive étant intacte, si les territoires corticaux qui l'entourent sont détruits (cas de Heubner), le malade est frappé d'*aphasie sensorielle* transcorticale (Vernike, Lichteim) ; les images tonales sont perdues ou leur rappel très désordonné (paraphasie verbale, dyslogie de Séglas). Les patients disent encore quelques mots, les répètent quand on les leur dit ; mais leur sens et leur signification ne sont plus éveillés par le son (surdité aperceptive de Flechsig ; dysphasie de Séglas) ; c'est l'association qui est rompue.

Cependant, en général, centres et parties limitrophes sont détruits ensemble : la surdité verbale est complète. Il est visible que la destruction des fibres d'association altère bien davantage l'audition des mots : les impressions auditives projetées sur les centres corticaux s'évanouissent aussitôt en pareil cas.

Les lésions du grand centre d'association postérieur déterminent une *surdité aperceptive*, c'est-à-dire une anesthésie psychique, d'où les troubles dans les images et signes du langage, l'incohérence due à l'affaiblissement de l'énergie représentative des images acoustiques.

La perception peut être intacte, mais n'est plus reliée aux images ou à de rares images seulement ; et ces « synthèses mentales » ne se forment plus (p. 853, art. Cerveau *Dict. phys. Richet*).

Concluons que le lobe pariéto-occipito-temporal, avec ses centres sensoriels et ses masses de fibres d'association, est le siège des signes innombrables du langage humain articulé, et aussi de l'audition.

C'est donc un des centres principaux de l'intelligence, de la sensibilité et des mouvements. D'après cela, on voit que, dans les centres d'association, la *mémoire* auditive se localise et se vivifie ; nos pensées sont des associations d'images.

Grâce à ces ressources innombrables, à ces connexions, les fonctions psychiques d'autre part ne sont pas localisables ; et des lésions cérébrales peuvent produire la surdité verbale sans atteindre la pensée, l'intelligence, l'association des idées, la reviviscence des images, le jugement ni la volonté.

Dans le cerveau, l'acte réflexe apparaît plus compliqué parce que le réseau des neurones psychiques s'interpose entre les neurones sensitifs et les neurones moteurs ; dans le réflexe simple, l'excitation, sans intermédiaire, provoque le mouvement. (In Cerveau, *Dict. physiol.*, p. 863, Pitres.)

La rapidité du réflexe simple est des plus importantes au point de vue de la protection et de l'adaptation de l'oreille.

Vitesse de la perception acoustique. Durée de réaction d'une excitation acoustique simple. — Les travaux de Donders (1868), puis ceux d'Exner (1873), de Kries et Auerbach (1879), les études des psychologistes allemands de l'école de Wundt, enfin les nouveaux résultats obtenus par ses élèves (1890-96) avec des méthodes précises et perfectionnées, ont porté au plus haut point la recherche scientifique des processus psychiques, et cette science nouvelle, la psychologie expérimentale. L'œuvre de Donders est fondamentale, dit le Dr Richet (p. 10, *loc. cit.*), auquel nous empruntons les documents de l'analyse suivante des phénomènes acoustiques qu'il expose avec une excellente méthode.

La technique expérimentale a été perfectionnée par Wundt, Hirsch, Bloch (1883), Richet, etc.

Le temps de réaction sous l'influence d'une excitation sensorielle, acoustique, a pu être mesuré et permet de calculer la durée des diverses opérations psychiques qui accomplissent une perception.

Les instruments donnent des durées de millièmes de seconde (σ). La durée d'une réponse à une excitation acoustique (par un mouvement du doigt sur un signal) a été enregistrée par divers expérimentateurs, et les résultats, bien qu'un peu différents, sont très analogues en moyenne.

Beaunis trouve que cette durée de réaction par l'excitation acoustique égale 106 à 159 millièmes de seconde (σ). Wundt, 167; Hirsch, 151; Auerbach, 122 ; Donders, 180 ; Buccola, 125 ; Exner, 136, etc.

En moyenne, la durée de réaction $= 148$; en chiffres ronds, 150. La durée de la réaction pour l'excitation otique est de 196 ; et pour l'excitation tactile, de 145.

Cependant on doit savoir que ces données n'ont rien d'absolu ; les écarts en effet sont parfois énormes ; et il y a intérêt à admettre plutôt les réactions rapides comme approchant davantage de la vérité. Aussi Beaunis aurait trouvé 106 : Dolley et Cattell, 103 pour la réaction du toucher; et Swift (1892),

102 pour l'acoustique. Richet, nous l'avons dit, admet 150 comme moyenne.

Le chiffre 100 s'obtient sans doute, par suite de l'influence de la répétition des épreuves, de l'habitude, de l'exercice qui rendent assurément les réponses plus rapides : c'est l'effet de l'éducation toujours intéressant à constater.

Dans ces conditions, le chiffre 100 est acceptable ; ce qui réduirait à 1/10 de seconde la durée de la réaction motrice qui succède à une excitation acoustique.

En se basant sur le chiffre de 150, moyenne des données des divers auteurs, on peut analyser le phénomène et les actes multiples qui le préparent et l'excitent. Une grande part doit certes être faite aux hypothèses dans ces délicates recherches ; cependant on arrive à des conclusions approximatives, très curieuses et fort intéressantes.

Le temps de 150 se divise en deux parts : l'une prise par les conductions et transmissions nerveuses nécessaires, phénomènes physiologiques proprement dits ; et l'autre, par les phénomènes psycho-physiologiques, perception, volition. Les deux divisions sont à peu près égales (75 chacune de durée).

Ainsi les processus psychologiques durent 75 ; en défalquant le temps de transmission dans le cerveau, la moelle, les muscles, etc., on trouve 25 comme temps perdu dans les nerfs·

Donc, l'opération psycho-physiologique (transformation d'un sentiment en volition) prend un temps de 50, c'est-à-dire un demi-dixième de seconde. (Richet, *loc. cit.*).

On comprend que le temps de réaction offre de grandes différences individuelles ; c'est ce qui a été appelé par les astronomes *l'équation personnelle ;* car elle existe dans les opérations visuelles, comme pour les acoustiques.

L'intelligence, si variable, l'habitude, l'exercice, l'état affectif, etc., modifient du tout au tout les résultats dans l'étude de phénomènes aussi délicats et si rapides.

Aussi n'a-t-on là que des approximations ; mais on saisit mieux les rapports entre les divers actes et les phases de la perception par ces termes de comparaison, quelque peu sûrs qu'ils soient.

D'après Charles Henry (1), qui a étudié récemment le rapport

(1) *Revue scientifique,* 5 fév. 1898.

entre la sensation et l'excitation, après Weber et Fechner, après Hering, Delbœuf, Aubert, Helmholtz, la loi psycho-physique se résume ainsi : 1° Les temps nécessaires à l'établissement de la sensation complète varient en raison inverse de l'excitation, dans des limites d'ailleurs restreintes, fixées par le tempérament et les dispositions actuelles du sujet. 2° L'accroissement de sensation dû à un accroissement très petit de l'excitation est considérable : d'où *il suit que les excitations inconscientes ont une action importante sur la sensibilité de l'individu.* 3° Chaque sensibilité est double, positive et négative... Ces conclusions conduisent à accorder une grande importance au domaine de l'inconscient ; de plus, la loi de Fechner est infirmée : la sensation n'est pas proportionnelle au logarithme de l'excitation.

L'influence de l'intensité de l'excitation sur la durée de la réaction est des plus nettes ; mais je ferai remarquer les limites très bornées des expérimentations dans cette voie. Si l'intensité de l'excitation est en effet une condition fondamentale de la perception, il y a chez l'homme bien d'autres éléments de la sensation à considérer, à tel point que l'intensité peut nuire à la netteté de l'impression, à la distinction des sons, à l'analyse acoustique et par suite empêcher la fonction auditive ; nous y avons insisté déjà. Quand l'ouïe est affaiblie, ces conditions se réalisent à chaque instant.

Craignons, à envisager trop le phénomène, d'oublier le sujet qui le perçoit, qui le crée, pour mieux dire.

CHAPITRE III

LA SENSATION AUDITIVE

Temps d'hésitation ; action de l'intensité du son ; hyperesthésie du sens de l'ouïe ou d'une oreille. — Quand un bruit frappe l'oreille, l'attention s'éveille tout d'abord ; l'animal dresse la tête, tend l'oreille, en tourne l'orifice dans la direction du bruit ; il fait silence, écoute. C'est un temps d'hésitation : qu'est-ce ? qu'y a-t-il ?

Nous savons que, pour arriver à la conscience, le son doit avoir une durée de o^s,16 à o^s,14. Cette hésitation donc vient soit d'une sensation trop insuffisante pour que la reconnaissance ait lieu, soit de ce qu'elle n'est pas connue ; il y a surprise, émotion. Nous voyons l'importance de la durée d'un phénomène pour sa perception. Wundt, qui a étudié ces phases de la sensation acoustique, remarque que ce temps d'hésitation est plus long pour elle que pour les autres sens. L'intensité du son rend la réaction plus vive : un son modéré a donné une durée de réaction de 189 ; tandis qu'avec un son fort elle a été de 158. (Wundt, *loc. cit.*)

Mais si le son est dur, offensant, blessant pour l'oreille, il constate au contraire l'effet inverse ; c'est-à dire qu'il existe un retard dans la réaction motrice.

Retenons ce fait expérimental : nous avons souvent insisté sur les inconvénients de l'excès d'intensité des sons ; mais une extrême sensibilité de l'ouïe et du système nerveux réalise les mêmes conditions, provoque les mêmes retards et cause les mêmes troubles de l'ouïe.

Trop de sensation aboutit à un malaise pénible, et nuit à la distinction précise du phénomène : un son trop fort étourdit ; mais le mot de sonorité éclatante n'est pas reconnu.

Cette incapacité de sentir, créée par l'excès de la sensation ou de la sensibilité, est un des états les plus fréquents dans le cas de surdité. Ces sujets passent sans cesse de l'insuffisance à l'excès de sensation.

On connaît l'inhibition motrice ; n'est-ce pas là de l'inhibition psychique et sensorielle ? Ne dit-on pas : trop de lumière aveugle, et lumière aveuglante ?

Nous voulons avant tout discerner ce que nous sentons. Par contre, on n'ignore pas que les excitations vives et répétées de l'ouïe rétablissent temporairement la faculté perdue. Le retour de l'audition dans le bruit est un phénomène paradoxal, mais très fréquent. La personne incapable de converser d'ordinaire peut alors causer facilement et répondre juste en chemin de fer, en voiture, etc. Dans ce cas, l'excès d'excitation n'est pas à craindre, grâce à l'affaiblissement de la sensibilité du nerf, et sans doute aussi à la condition excellente de la sensibilité générale, ou, pour mieux dire, des centres nerveux du sujet, d'où une moindre excitabilité réflexe, et l'absence des troubles nerveux (vertiges, bruits, demi-syncope, troubles de la vue, etc., etc., douleur même) qui s'observent chez l'autre catégorie de sujets.

Ne sait-on pas que les réflexes d'arrêt, les réflexes inhibitoires naissent d'une excitation blessante, anormale ? C'est ainsi qu'une phrase n'apparaît à la conscience que comme une suite de bruits sans signification, et les émotifs, les affaiblis écrasés par l'action sonore n'entendent ni ne comprennent plus, c'est-à-dire sont incapables de distinguer et d'assurer la perception nette : la machine démontée ne donne plus d'images auditives précises. Ainsi une dame sourde ne reconnaît pas le mot *Ararat;* et répète aussitôt « dévouement » ; le premier est aussi éclatant cependant que le second est sourd et doux.

L'audition même peut avoir eu lieu, bien qu'incomplète assurément, au milieu de ce trouble, car, après quelques instants de calme, le souvenir revient de quelques bribes perçues au moyen desquelles le sourd reconstitue la pensée, sinon les mots de la phrase dite.

Les nuances de ces combinaisons sont infinies ; on conçoit que, dans certains cas, en évitant les accentuations, la force des intonations, les forte dans le chant, etc., tout ce qui blesse et irrite la sensibilité acoustique, en parlant d'une voix lente et monotone, on obtienne d'excellente audition, sans perte et sans orage. Quand cette atténuation voulue du mouvement sonore ne change rien à la situation, ne procure aucun bénéfice, c'est que la prédominance des états psychiques s'oppose à l'amélioration. C'est le repos, la campagne, l'isolement qu'il faut conseiller au moins temporairement ; mais le plus souvent la continuité des exercices acoustiques apaise ces révoltes ; et les sons peu à peu deviennent supportables et sont perçus.

Cependant l'intensité n'est qu'une des qualités de la sensation sonore ; la hauteur du son, les sons aigus peuvent aussi être désagréables à l'oreille ; il en est de même de certains timbres ; la maladie donne à ces effets des proportions souvent sérieuses. Une de mes malades, pianiste, à la suite d'une otite rubéolique, se trouvait presque mal en entendant une mélodie en mineure ; une autre légèrement touchée par une otite avec une paralysie faciale ne pouvait supporter les cris de son bébé (sons aigus).

On sait que les sons de grattage, de crissement, de frottement, de grincement sont très désagréables, et donnent sur les dents ; le bruit de la locomotive qui s'arrête en gare, cette trépidation avec bruit sourd causent une sensation des plus redoutées de certaines personnes bien entendant cependant...

Il est connu que les sons bas amples et moelleux de l'orgue ont des douceurs particulières ; les sons tremblotants, pulsatiles, les ronflements offensent l'ouïe ; les voix de chèvre aussi ; certaines intonations, ou accents, les sons pointus, agacent ; de même les timbres criards, etc. ; les battements donnent lieu à des discordances très pénibles, insupportables (Helmholtz).

Je ne parle ici que du phénomène sonore dégagé des associations d'idées qui peuvent l'accompagner, et y ajoutent leur influence : tons pleurards, plaintifs ; notes gaies, etc.

De toutes façons, la qualité du stimulant, la nature des sons, intensité à part, modifient évidemment ses effets.

Féré, Wundt remarquent aussi cette différence dans la réaction suivant les propriétés spéciales du son : Bloch (1883, Soc. Biol.) a fait les mêmes constatations pour les sensations tactiles.

La mémoire, l'éducation, les sentiments modifient remarquablement l'audition et ses suites. L'enfant sourd, faute d'exercice de l'ouïe, oublie les sons, et perd peu à peu la mémoire des mots ; cela s'ajoute à la surdité.

Le sourd garde longtemps l'audition de la voix de ses proches ; une foule de conditions habituelles, simples, lui permettent de comprendre, de saisir l'idée avec quelques sons mal perçus ; de même que nous pouvons, sans connaître à fond une langue étrangère, traduire et comprendre un sujet limité, objet de nos études habituelles.

La mère, au milieu d'autres bruits, ne se réveille qu'au cri de son enfant. L'homme fait lit des pensées plus que des mots. Celui qui entend bien ne saisit jamais tous les mots émis, il saisit cependant toute la pensée et la devine même avant la phrase terminée ; il la terminerait au besoin.

L'effort d'attention du sourd est énorme ; il peut produire la congestion et plus tard la neurasthénie par les déceptions fatales et l'épuisement.

J'ai dit combien est vive l'excitation par les sons musicaux chez les enfants et chez les adultes sourds ; chez les sourds-muets, l'effet de leur audition est curieux ; les sons continus bien rythmés ont une puissance de pénétration sans égale ; ils semblent causer peu de fatigue et beaucoup de plaisir.

On connaît l'influence du bruit sur l'audition d'une personne saine sous le rapport de l'ouïe ; elle abaisse la portée, nuit à la distinction, à la reconnaissance, gêne la fonction ; elle équivaut à une diminution de l'ouïe. Wundt a constaté que le temps de réaction s'allonge quand un son s'ajoute à un autre ; leur simultanéité amène un retard dans la réponse ; ce n'est pas seulement affaire d'attention, la difficulté de la différenciation est accrue ; il est impossible de converser en voiture roulant sur le pavé. On entend mieux en se bouchant alors une ou les deux oreilles suivant la force du bruit ambiant ; il en est de même pour le son de sa propre voix. On ne distingue rien dans le brouhaha d'une assemblée ; cependant on s'accoutume à entendre dans le bruit.

Les différences de timbre et de tonalité et les autres circonstances qui accompagnent la production de sons simultanés aident à saisir le son nouveau : la vue est aussi d'un grand secours.

Aussi, quand le corps sonore ou la source sonore restent inaperçus, le sourd risque fort de ne pas entendre ; dès qu'il est prévenu de la présence de l'individu ou qu'il a vu remuer ses lèvres, il est attentif et déjà plus apte pour comprendre avec un volume de voix bien moindre. Aussi est-il bon, dans ces circonstances, d'élever la voix dans le premier mot prononcé, pour éveiller l'attention auditive du sourd, lequel est ensuite capable de converser avec la même personne sur un ton plus calme et avec moins de difficulté.

L'audition à l'école. — Dans le monde, on dit de l'enfant sourd qu'il est distrait, et à l'école on punit sévèrement l'enfant insupportable, récidiviste endurci, le pauvre ! — qui n'a pas obéi à la première ni à la seconde injonction ; distrait ou insubordonné, mauvais élève ; voilà ses notes ; et au banc des cancres !

Très étonnés les maîtres auxquels j'ai dit : voilà des sourds (1) !

Dans ma seconde étude, j'ai pris les cinq derniers élèves des classes dans deux groupes scolaires de la ville de Paris, dont j'étais médecin inspecteur ; or, près des deux tiers de ces enfants, relégués au dernier banc de la classe, avaient une ouïe inférieure, et quelques-uns n'entendaient presque pas la parole seul à seul et de près.

Au moyen de la composition écrite, épreuve de dictée, j'ai rendu le fait très sensible ; malheureusement, c'est une recherche fort longue.

Sur cent enfants, j'en ai trouvé vingt-deux à vingt-trois mis en infériorité par une lésion otique ; ces chiffres ont été confirmés par d'autres observateurs ; les uns ont trouvé 27 pour 100 ; d'autres, 18 pour 100 ; Moure, 17 ; Weil de Stuttgart, 35 pour 100, etc. Ces chiffres ont leur éloquence. Ils n'ont ému personne.

On peut, d'après cela, admettre que l'éducation des enfants est tout à fait compromise par un affaiblissement de l'audition à l'école, où les conditions et nécessités d'ouïr sont très différentes de l'ordinaire, vu le bruit du milieu et la distance à laquelle se fait l'enseignement ou la dictée des devoirs. Heureusement, la surdité à cet âge est le plus souvent guérissable ; mais qui la découvre ?

____

(1) Gellé, _le Sourd à l'école. Études d'otologie_, t. I et II.

Influence de l'habitude, de l'exercice, de l'attention. —
L'éducation, l'habitude, l'exercice développent les aptitudes
et la finesse de l'ouïe ; elle se perfectionne ainsi pour une
fin spéciale (musique, chant, auscultation, chasse, mémoire,
déclamation, chiffres, etc.); mais certaines supériorités sont
ataviques ou héréditaires.

D'autre part, l'habitude émousse les sensations acoustiques
comme les autres ; elle éteint certaines susceptibilités, elle
crée l'accoutumance. C'est ainsi qu'on observe ces faits
d'inaudition de bruits constants, habituels (bruits de la grande
ville, des chemins de fer, des usines, le tic-tac du moulin).
Ces bruits disparaissent à la fin totalement de la conscience
malgré leur durée et leur intensité.

On voit que la conscience naît de la variété, de la succession, des oppositions dans les sensations; c'est beaucoup une
notion de rapports ; avant tout, c'est un terrain mobile; et dès
que le son est constant, identique, égal, il ne stimule plus l'attention ; l'uniformité endort, comme l'ennui, la perception.

L'inattention, d'autre part, amène l'inconscience. N'y au-
rait-il pas là également une sorte d'épuisement pour la sensation d'un ton, pour un mode usé d'excitation ? Sans doute,
c'est là un phénomène psychique, car l'excès de ces impressions bruyantes est très blessant pour l'organe, et souvent
devient une cause de surdité et de lésions auriculaires (chaudronniers).

Un usinier de mes amis se retire et s'aperçoit qu'il est
sourd depuis qu'il est au repos : je lui découvre deux vieilles
perforations séchées des tympans, lésions ignorées de lui,
datant de la première enfance, raisons de l'affaiblissement
auditif dont il n'avait cure tant qu'il passa sa vie au milieu du
bruit des machines ; le bruit lui avait été utile. Mais un plus
grand nombre de gens souffrent d'affections douloureuses et
graves des oreilles provoquées par les trépidations et le tapage assourdissant de certaines machines (chaudronniers,
tôliers, etc.).

L'habitude fait encore que les sons, les voix, les bruits accoutumés sont plus facilement et plus promptement reconnus ; une oreille instruite différencie très vite et découvre des
finesses ignorées pour toute autre. De même, on entend
mieux quand on est prévenu que l'on va avoir à entendre,

qu'il y a lieu d'écouter ; et on comprend aussitôt si l'on sait
ce que l'on doit entendre, ce que l'on va écouter.

Toutes ces nuances sont très accusées chez les sujets dont
l'ouïe laisse à désirer. Ces phénomènes d'adaptation du sens,
de l'organe périphérique aussi bien que du centre de perception, exigent un temps bien plus long en pareil cas : et à
chaque voix nouvelle, à chaque direction changée dans le
courant sonore, l'organe est mis en échec ; les tâtonnements
sont à recommencer ; tandis que les voix habituelles sont assez
bien entendues cependant.

Comptez jusqu'à 10 auprès d'un demi-sourd, ou assez loin
d'un bien entendant, vous remarquerez que l'attention s'éveille
pour celui-ci à 2 ou à 3 ; et chez le premier parfois au n° 5, 6,
7 seulement, etc.

Il faut une somme d'excitations, pour que l'éveil ait lieu,
d'autant plus répétées que l'audition est plus mauvaise. C'est
ce retard dans l'éveil de l'attention auditive qui empêche certains sourds de suivre une conversation à plusieurs ; la dernière
syllabe du mot est seule perçue ; l'audition d'un seul interlo-
cuteur est plus longtemps conservée.

Un son continu est à cause de cela plus pénétrant ; ainsi le
diapason donne une sensation plus facile à reconnaître que le
tic-tac de la montre.

Nous pouvons ajouter que la musique, dont la pénétration
dans l'oreille est si remarquable, doit cet avantage, si précieux
pour l'éducation des sourds, au vague même de sa signification, à son action toute physique d'abord, l'impression consécutive restant entièrement personnelle ; tandis qu'au contraire, dans l'audition des paroles, du langage articulé, tout
son a une valeur précise, une signification convenue, qu'il
faut saisir immédiatement pour comprendre la phrase et connaître la pensée de celui qui parle.

Aussi les sourds entendent encore la musique, ou croient
l'entendre bien, quand déjà depuis longtemps ils ont cessé de
comprendre le langage articulé. Le mot devient indistinct ; la
valeur idéale du son manque ; et le fil de l'idée... est rompu.

Parmi les choses apprises, celles dont l'audition disparaît
le plus rapidement chez le sourd, ce sont les langues étrangères ; au moins le phénomène d'incapacité est-il là très apparent. On sait en effet que les voix familiales sont mieux perçues,

et il est clair que nous entendons plus vite et que nous reconnaissons plus sûrement les sons accoutumés, les voix des amis, les bruits au milieu desquels nous vivons et notre langue maternelle. Une dame de mes clientes souffre bien plus de sa surdité en Angleterre, quoiqu'elle connaisse bien la langue anglaise.

Dans les épreuves de réaction, on constate la durée plus longue des réponses d'un inexpérimenté ; mais l'éducation se fait par la suite ; et peu à peu les réponses deviennent normales.

Exner cite, à ce propos, le cas d'un vieillard, chez lequel il existait un retard énorme dans la réponse aux excitations acoustiques, qu'il parvint à diminuer des quatre cinquièmes par les exercices continués.

D'autre part, Obersteiner, cité également par Richet (Cerveau, p. 25, *loc. cit.*), rapporte que les personnes *incultes* fournissent des réponses d'une lenteur notable en comparaison de ce que donnent les gens d'esprit cultivé ; mais après un certain temps d'exercice tout devient normal. Angell et Addison, Moore (W.) également ont montré expérimentalement que les premières excitations donnent des réponses plus tardives que les dernières.

Le rôle de l'attention dans l'audition est prépondérant, bien que la passivité de l'organe soit évidente ; par l'attention, la perception est ou n'est pas ; la conscience est occupée ailleurs : la distraction affaiblit la perception et allonge le temps de réaction. En quoi l'ouïe est le plus cérébral de nos sens.

C'est ainsi qu'un bruit qui s'ajoute à un autre bruit donne une durée de réaction bien plus grande. Ainsi Wundt a noté qu'un son modéré demande une moyenne 189 σ, sans bruit simultané ; or, pour obtenir la réaction avec le bruit simultané, il faut 313 σ !

On sait qu'il en est de même pour toutes les sensations (optiques, tactiles, etc.). L'attention crée en effet un état psychique particulier, la concentration des forces nerveuses ; et celle-ci équivaut à une plus grande excitabilité sensorielle et motrice (émotion).

Dans l'attention, qui est d'une si grande importance pour la perception, il n'y a pas seulement une adaptation motrice, mais un état d'éréthisme, d'excitation de la sensibilité sensorielle et générale, une sorte de dynamogénie spontanée, ou provoquée par le phénomène extérieur.

Si l'on éparpille les efforts d'attention, si on ne la fixe point, il y a affaiblissement.

Mais dès que l'attention est absorbée par une sensation, tout disparaît, l'audition comme le reste.

Les travaux si nombreux sur les fonctions de la parole, le langage et ses maladies (Charcot, Baillet, Ribot), ont montré que certaines personnes sont *auditives*, c'est-à-dire qu'elles ont la mémoire des sons plus développée, et que les sensations auditives sont pour elles la source la plus sûre et la plus habituelle de la mémoire des mots, des chiffres, etc.

D'autres sont visuelles, d'autres motrices, suivant l'ordre des courants nerveux qui prédominent chez les divers individus.

Les aptitudes musicales, pour le chant, etc., sont de même individuelles.

Lange a distingué, au point de vue de la durée de réaction, suivant l'attention du sujet, des types auditifs et des moteurs; et il remarque que la réaction chez l'auditif, attentif à l'excitation (réflexe cérébral), est plus lente que chez le type moteur attentif à la réponse (réflexe médullaire). (Lange, 1888, *Phil. stud.*, IV, 479; William James, 1890, *the Principe of psychol.*; Buccola, 1883, *loc. cit.*, cités par Richet, *loc. cit.*, p. 25.)

Nous avons signalé, avec Wundt, ce fait que des excitations alternatives donnent lieu à des réactions bien plus rapides si elles sont régulières, périodiques, que si elles sont irrégulières, discontinues.

Il en est de même des excitations attendues, qui causent une réaction beaucoup plus vite que les imprévues (hésitation, émotion).

Orientation. — L'*orientation* dans le champ de l'audition se fait séparément pour chaque oreille. En effet, chacune d'elles opère sur une zone séparée et opposée de l'espace (V. p. 160).

La zone *silencieuse* (Gellé, Beaunis), qui répond à la partie située derrière les pavillons auriculaires et l'occiput, isole nettement les deux champs auditifs latéraux, en arrière de nous. En avant, il y a également une zone de moindre portée évidente (voir fig. 46), tandis que nous avons vu que, sur *l'axe auditif*, qui est la ligne fictive menée dans le prolongement du conduit auditif au dehors, siège le maximum de la portée de l'ouïe.

GELLÉ.   19

Ainsi, à l'opposé des rayons visuels, les deux rayons ou axes auditifs divergent ; leur direction est droite ou gauche : c'est l'orientation latérale.

Par suite de l'existence de la zone silencieuse, c'est donc en arrière de la tête que les premiers signes d'un affaiblissement de la faculté d'entendre se montreront et sur l'axe auditif qu'on trouvera, par contre, les dernières sensations acoustiques. Chacun des territoires explorés peut isolément s'amoindrir ; et la différence des portées indique l'importance de la perte.

L'orientation résulte de sensations multiples de natures très diverses. Les sensations musculaires et autres (visuelles, tactiles, de sensibilité générale, articulaires, etc.), qui naissent des mouvements associés effectués dans la recherche du son et dans l'accommodation de l'oreille, complètent un ensemble de notions qui s'ajoutent aux sensations auditives, latérales différenciées, comparées, pour accomplir et guider l'orientation, qui est un choix, mais aussi un acte : ainsi nous reconnaissons le point de l'espace d'où vient le courant sonore.

Rôle du labyrinthe dans l'orientation. Orientation objective, orientation subjective par l'oreille. — Nous ne redirons point ce qui a été écrit à propos du « sens de l'espace », et dont nous avons parlé en étudiant le rôle des canaux semicirculaires ; quelques mots seulement. Par l'éducation, l'exercice, l'habitude, au moyen des notions fournies par la sensibilité, à laquelle obéissent les actions motrices, nous possédons la connaissance de notre moi, pensant et agissant ; celle de nos mouvements, de nos gestes, de nos attitudes et de leurs variations, de leurs successions dans le temps, et les rapports de nos membres et des parties du corps avec le milieu, les corps environnants, dans l'espace. Un son qui frappe l'oreille nous touche dans un certain moment de ces états de conscience et les modifie ; il attire à lui l'attention, c'est-à-dire la série des efforts d'adaptation nécessaires à son observation. L'état de conscience fondamental et primordial est ce qu'on a appelé l'*orientation subjective;* les états de conscience consécutifs à l'excitation sonore constituent l'*orientation objective.*

Il y a comparaison, discernement, choix, et finalement conclusion sur la direction du courant sonore par rapport à nous.

Le rôle du labyrinthe est d'associer à l'audition une foule de sensations perçues simultanément et de mouvements réflexes ou volontaires connexes; ce consensus constitue l'attention; c'est-à-dire la concentration de toutes les pensées, de toutes les sensibilités, de toute la motricité sur une sensation, ici l'auditive, sur un phénomène, le son.

Tout effort, toute tendance motrice née d'une excitation sensorielle exigent des actes musculaires généralisés inconscients, des alternatives d'activité entre les antagonistes; des inhibitions succèdent aux mouvements effectués par des groupes musculaires variés; les fonctions de l'équilibre sont mises en jeu; et sous l'influence de l'attention auditive le tonus des muscles s'accroît; il existe à ce moment une période de suractivité générale pour l'adaptation aux phénomènes extérieurs sonores, à leur reconnaissance, à la recherche de leur direction.

Cette synergie est éveillée par l'excitation labyrinthique, sensorielle et motrice tout à la fois; nous avons dit comment.

Dans l'audition, le tenseur tympanique se contracte synergiquement avec les muscles de la station et de l'équilibration; et, par le fait de la pression exercée sur le nerf labyrinthique, l'excitation des crêtes des ampoules des canaux semi-circulaires a lieu; la coordination des mouvements et des actes psychiques, des états de conscience, des volitions et des réflexes, est ainsi obtenue dans un but commun, la connaissance de la sensation auditive et de la direction du corps sonore.

D'après Goltz, Breuer, Ewald, le liquide labyrinthique viendrait frotter, par un effet de recul, dû à l'inertie, sur les crêtes des ampoules; ce choc fournirait ainsi la notion du sens du déplacement. C'est une hypothèse brillante; mais alors c'est l'acte effectué qui s'inscrit; c'est par conséquent une sensation à la suite qui doit servir à graduer les excitations réflexes nées du labyrinthe.

Je comprends mieux l'action directe des vibrations sur l'ensemble des nerfs labyrinthiques; chacun d'eux répond suivant ses connexions et ses aptitudes à l'excitation du dehors, par l'action des centres avec lesquels il est en rapport; la multiplicité des « fibres d'association » dans le cerveau explique cette diffusion des excitations.

Toutes les sensibilités sensorielles ou générales donnent naissance à des ensembles de mouvements, soit locaux, soit généraux d'accommodation, de fuite, de recherche, de défense, les plus opposés et les plus variés en intensité et en vigueur, qui aboutissent en définitive à fournir les notions utiles à l'orientation.

Audition unique avec deux organes périphériques. Sensations bilatérales. — On entend au moyen des deux oreilles dont les champs d'activité sont nettement isolés et séparés, ce que l'expérience démontre; et c'est aussi une notion que possède la conscience par le fait de l'exercice fonctionnel (orientation latérale).

Mais si on n'a qu'une sensation comme résultante, l'audition n'en est pas moins le plus souvent bilatérale; c'est la sensation dominante qui s'impose, celle qui offre l'intensité maximum dans un temps donné, ou celle pour laquelle notre oreille possède une sensibilité particulière. L'orientation se juge du même coup.

Il n'y a place dans la conscience que pour un phénomène sensoriel à la fois. Nous pouvons cependant discerner une somme d'excitations sonores et l'isoler jusqu'à un certain point par un effort d'attention ; mais, en général, nous latéralisons du côté où la sensation est la plus vive. Les deux oreilles peuvent donner accès à des tons dissemblables; mais leur combinaison, leur fusion en un seul phénomène se fait dans le centre de perception, et nous connaissons une résultante, à moins que l'attention active ne se fixe tantôt sur l'un, tantôt sur l'autre, ce qui permet l'unité de la sensation également.

Expérience. — Une expérience simple rend évidente l'audition bilatérale quand cependant la sensation paraît uniquement limitée à une oreille.

Adaptez aux oreilles les deux bouts d'un tube d'un mètre de long, en caoutchouc épais ; placez le diapason sur le milieu de l'anse, et rapprochez lentement le talon de l'instrument, en le glissant sur le tube, vers l'oreille droite. A un moment, on remarque que la sensation est encore bilatérale; puis elle devient, un peu plus près de l'organe, brusquement latéralisée à droite ; il semble que l'oreille gauche ne perçoit plus rien.

Or, pincez le tube du côté gauche, écrasez-le près de l'oreille gauche, et vous constatez à la fois l'apparition nette de la sensation du silence à gauche en même temps qu'une augmentation brusque du son perçu à droite.

Bien que droite, la sensation auditive n'est rapportée à droite, côté du maximum de sensation (maximum variable suivant une foule de conditions), que par une différenciation entre les deux sensations latérales; l'orientation latéralisée est née du rapport établi entre les deux sensations comparées.

EXPÉRIENCE. — Une expérience de cours rend cette latéralisation et sa promptitude évidente. Un tube de caoutchouc de plusieurs mètres de longueur est adapté par ses extrémités aux oreilles ; le milieu de l'anse du tube est marqué d'avance par un trait à l'encre ; et d'autres traits sont tracés de 1/2 en 1/2 centimètre, le tube est étalé sur une table couverte d'un tapis épais isolant. Un petit diapason la^3 vibrant est posé sur le trait noir médian, et la sensation est bilatérale (si les deux oreilles sont égales : signe otologique) ; mais si le talon du diapason est porté à droite, par exemple, d'un 1/2 centimètre à 1 centimètre, aussitôt la sensation devient droite ; il se produit par ce léger rapprochement un renforcement à droite suffisant pour amener une différenciation nette. Nous avons montré d'ailleurs combien la latéralisation est mobilisable sous l'influence de petites pressions sur le tube quand nous avons exposé l'action des tensions de l'air et du tympan sur la sensation au moyen d'un tube otoscope auquel un diapason est annexé (embouti).

Une occlusion du méat, nous l'avons dit, la produit quand le diapason vibre sur la tête ; l'adjonction d'un fragment de tube de caoutchouc au conduit l'amène aussi immédiatement, ainsi que je l'ai expliqué plus haut.

La sensation auditive est beaucoup plus intense quand elle est apportée par les deux oreilles à la fois ; c'est ainsi que l'*auscultation binauriculaire*, en plus de ce qu'elle isole l'observateur du milieu, accroît remarquablement l'audition. L'association des deux appareils de l'ouïe fait plus que doubler le résultat sonore (Constantin Paul).

Quand les sensations sont différentes pour chaque organe, soit en intensité, soit en hauteur, soit sous le rapport du timbre de la durée, de la vitesse de leur succession, des diffé-

renciations se produisent, nous comparons les deux images
(éducation); nous portons un jugement, nous pouvons même
choisir, et nous nous tournons du côté qui nous intéresse ;
ce sont des opérations psychiques habituelles. Les accords,
les dissonances, les sons résultants et les interférences mettent
en relief l'action des diverses combinaisons et associations
des sons, qu'ils viennent de l'audition mono-auriculaire ou
binauriculaire.

Mais il existe une telle unité dans la fonction des organes
des sens, que la plus légère altération de l'organe périphérique
nuit également aux opérations psychiques associées.

Le tableau symptomatique des troubles de l'ouïe, qui se
présente en cas de lésions des oreilles, ne diffère pas de celui
qui indique celles des centres auditifs et des centres cérébraux
d'associations.

En effet, on observe dans les deux cas le retard de l'audition,
la diminution de portée, l'incapacité de suivre les mots, de
les répéter, d'en apprécier les intervalles ou ceux des syllabes,
les rythmes, la fatigue d'entendre trahie par l'abaissement
rapide de l'ouïe, la sensation d'un chaos des sons, indistincts,
méconnaissables, l'incompréhension, etc.

Chez l'adulte, bien portant du reste, tout cet ensemble
s'accompagne de la conservation de la parole ; et le diagnostic
dès lors se pose facilement d'une lésion périphérique ; cependant
un sourd peut être atteint de surdité verbale.

Mais s'il s'agit d'un enfant très jeune, peu intelligent,
devenu sourd, il perd rapidement avant l'âge de huit ans la
faculté du langage ; et, dans ce cas, il est difficile de reconnaître
la part qui doit être faite dans l'étiologie de la surdité à la
lésion otique souvent nette et aux altérations cérébrales
possibles même avec celle-ci.

L'image tonale a disparu et le sens du mot est perdu ; c'est
la situation même de l'individu frappé de surdité verbale. Si
l'enfant parle et sait écrire, la surdité absolue est encore un
sujet de doute au point de vue de son origine.

Il y a cependant grand intérêt à connaître tout cela, car le
sourd-muet qu'on instruit doit apprendre le son et le mot ;
puis, la signification du son et du mot ; enfin l'emploi des
sons et des mots.

Influence de la cinquième paire; ouïe douloureuse. — Dans

la surdité unilatérale, l'audition est droite ou gauche : d'où
bien des erreurs d'orientation possibles. Il est une cause de latéralisation ou d'orientation latérale de la sensation auditive peu

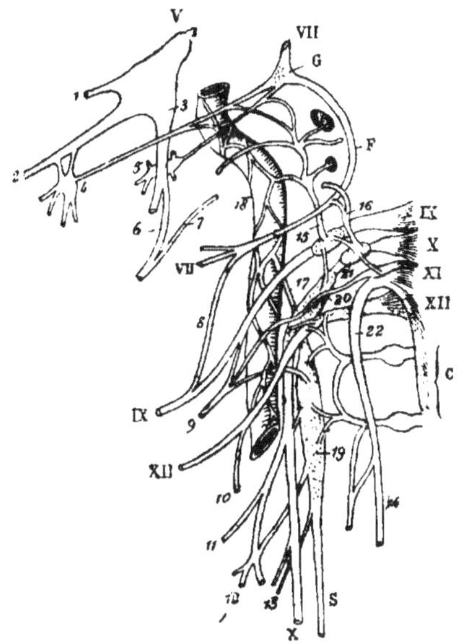

Fig. 67. — Ganglion cervical supérieur et plexus carotidien.

V, ganglion de Gasser du nerf trijumeau ; VII, nerf facial ; IX, nerf
glosso-pharyngien ; X, nerf pneumogastrique ; XI, nerf spinal ;
XII, nerf grand hypoglosse ; G, les deux premiers nerfs cervicaux ;
F, nerf facial dans l'aqueduc de Fallope ; G, ganglion géniculé du
nerf facial ; S, nerf grand sympathique ; 1, nerf ophthalmique de
Willis ; 2, nerf maxillaire supérieur ; 3, nerf maxillaire inférieur ;
4, ganglion de Meckel ; 5, ganglion d'Arnold ; 6, nerf lingual ;
7, corde du tympan ; 8, anastomose du facial et du glosso-pharyngien ; 9, plexus pharyngien ; 10, branche descendante de l'hypoglosse ; 11, nerf laryngé supérieur ; 12, plexus laryngé ; 13, nerfs
cardiaques supérieurs ; 14, branche externe du spinal ; 15, nerf
de jacobson ; 16, rameau auriculaire du pneumogastrique ; 17, filet
carotidien du grand sympathique ; 18, artère carotide interne avec
le plexus carotidien à sa surface ; 19, ganglion cervical supérieur ;
20, ganglion plexiforme du pneumogastrique ; 21, ganglion jugulaire ; 22, branche externe du spinal, dont la branche interne va
se jeter dans le plexus pharyngien.

connue, excepté des pathologistes, c'est l'exagération maladive
de la sensibilité labyrinthique sous l'influence d'une affection
de l'oreille externe, moyenne ou interne.

Cet organe, après qu'il a été malade, reste pendant longtemps après la convalescence doué d'une susceptibilité extrême aux bruits et parfois pour certains d'entre eux surtout (hyperesthésie, ouïe douloureuse).

Le son est perçu plus vivement de ce côté ; il est même désagréable, douloureux s'il est quelque peu intense ; on voit qu'il s'est ajouté un excès maladif de la sensibilité générale, de la 5ᵉ paire, dont l'organe auditif reçoit la sienne ; et cette hyperesthésie consécutive suffit souvent pour accroître la sensibilité acoustique parallèlement ; elle peut rendre l'audition impossible, intolérable.

Il en résulte que l'orientation a lieu de ce côté, où le maximum de sensation existe. Les études de Féré surtout ont bien montré les rapports de la fonction sensorielle avec la sensibilité générale.

Ces rapports de l'acoustique avec le trijumeau sont des plus intéressants ; ils expliquent aussi certains résultats thérapeutiques, et certains faits de sémiotique.

En effet, les rapports des noyaux de l'acoustique avec ceux du trijumeau sont des plus étroits ; de là les sensations spéciales, tactiles ou autres, qu'annoncent éprouver certains individus sourds sous l'influence des sons qui frappent leur oreille, douleur, agacement des dents, occlusion des paupières.

En plus des localisations toutes particulières de leurs sensations sonores en divers points du crâne (vertex, occiput, etc.), les nerveux surtout annoncent ressentir des commotions, des émotions, des troubles de sensibilité alors qu'ils n'ont pas conscience de la sensation acoustique ; ou même cette autre sensibilité éveillée (algie, bruit) peut la remplacer totalement, chez des personnes qui ont conservé quelque audition.

Le mal de tête, la douleur sur les dents, l'éveil d'une névralgie (chaudronniers, arthritiques) forment avec le vertige et les bleuettes un ensemble de troubles nerveux qui sont du domaine du trijumeau et de son excitation indirecte ; de même les algies réflexes, les spasmes réflexes du tenseur, etc. La sensibilité générale se montre à chaque instant associée à la sensorielle. Une névralgie odontalgique rend l'ouïe douloureuse. Toute la sphère d'innervation de la 5ᵉ paire a une influence constante sur l'ouïe et son organe, non seulement sur la sensibilité, mais sur la circulation vaso-motrice et la nutrition.

**Effets de l'excitation acoustique sur les centres nerveux;
schéma de l'onde nerveuse acoustique ; phase réfractaire (Richet).** — L'excitation acoustique amène une perception ins·
tantanée ou à peu près ; c'est la plus rapide de toutes les perceptions. L'excitation nerveuse qui en résulte forme une
véritable oscillation, ondulation nerveuse.

L'onde est tout d'abord brusque dans son ascension, et
s'arrête ; puis, par le retour des excitations, les oscillations
se règlent, deviennent synchrones ; à la première, la phase
d'addition, succède une phase d'incapacité fonctionnelle,
phase réfractaire de Richet, qui existe à l'état normal; le
retour à l'équilibre est la troisième phase oscillatoire.

On a calculé la durée de la phase première, ascensionnelle ;
elle est de 1/100 de seconde ; puis la seconde phase, phase réfractaire, est beaucoup plus longue; et Richet lui attribue une
durée de 1/10 de seconde.

L'existence de cette phase réfractaire est très importante à
connaître ; elle indique qu'après chaque excitation le cerveau cesse immédiatement d'être excitable à nouveau pendant un temps très appréciable (normalement 1/10 de seconde).

Dans certaines conditions morbides, on observe une augmentation de la durée de cette phase réfractaire. Au reste,
on s'aperçoit déjà dans les expériences sur le chien, dit Richet, que la réaction motrice apparaît fort irrégulièrement si
les excitations se succèdent rapidement (3 par seconde). Les
secousses faibles sont celles qui ont rapport à la phase réfractaire.

Chez certains sourds, si les syllabes sont émises trop vite,
trop rapprochées, au nombre de 2, 3 par seconde, par exemple,
la sensation sonore reste indistincte; et le mot n'est pas compris. Chez eux la phase d'inexcitabilité est plus allongée et les
sons qui arrivent à ce moment passent peu clairs ou ne sont
pas perçus. La durée de l'excitation est trop faible; l'intensité faisant défaut déjà, la fonction est fortement compromise; elle est paralysée, si le son trop fort allonge encore la
période d'incapacité.

Des excitations sonores répétées; conditions de la perception sonore ; des sons discontinus; ils forment le langage articulé; difficultés de l'audition des sons successifs. — Nous avons assisté, dans les expériences de Savart, à la formation du son continu périodique, de l'audition tonale.

Au-dessus de 16 chocs par seconde, la sensation est continue; c'est-à-dire que, avec un intervalle de moins de 1/16 de seconde, les sensations de choc se fondent en une sensation continue périodique, qui prend la qualité de son musical. Après Donders, l'école de Wundt a étudié ce phénomène au moyen d'appareils de mesure les plus délicats.

Il résulte de ces expériences que la fusion des excitations a lieu si elles sont écartées de moins d'un 1/10 de seconde; et, dès qu'il y a plus d'écart dans leur succession, elles sont distinctes (Wundt, Exner, Mach).

Quand à la sensation continue s'ajoutent des renforcements, l'intensité varie, mais d'autres qualités du son changent (ton, timbre) et la différenciation est possible sur les tracés.

Sans entrer dans l'étude des associations sonores si bien faite par Helmholtz, et qui est du ressort des musiciens (accords, consonances, dissonances, etc.), il est intéressant de connaître comment se comportent les sons-voyelles qui se succèdent; et l'inspection des graphiques du phonographe fournit tous les éléments désirables d'une pareille recherche, toute nouvelle. Les alliances, les successions, les oppositions, les suppléances et les substitutions des lettres alphabétiques; les modes variables de la succession suivant la rapidité du débit du langage, tout est là, pris sur le vif et fixé en caractères précis d'une vérité et d'une exactitude parfaites. *A*, *é*, *i*, *o*, *u*, énoncés en une à deux secondes, se voient positivement séparées par une portion de sillon vide, par un silence, dont nous n'avons pas conscience.

Aé, *ai*, *ié*, *ia*, *io*, prononcés trois fois dans une seconde (dans un douzième de seconde), s'écrivent sans aucun intervalle. La fusion est d'autant plus habituelle que le son-voyelle successif est produit par une ouverture plus grande des voies buccales (*ia*, *ié*), et si les deux sons-voyelles se suivent avec plus de vitesse encore comme dans roi, joie, poire, qui donnent lieu aux deux sons *o-u* (= *oi*). On aperçoit, dans la succession rapide, les deux voyelles se succédant sans intervalle; mais, de plus, au point de soudure des deux séries, *a* et *i*, les périodes caractéristiques sont altérées; elles fusionnent, prennent un caractère mixte ; et surtout la deuxième phase laisse voir le mélange des vibrations communes ; et l'altération se montre pendant quelques périodes mitoyennes, comme transition de *a* à *i*; de même dans A É, A O, vite prononcés. La vitesse de succession des sons parlés produit donc des modifications importantes des sons perçus.

Dans le passage de A à I, on peut, en certains cas, constater la lenteur relative du mouvement d'élévation linguale, adaptation nécessaire à la formation de I. Après l'émission de A, cette lenteur se manifeste par l'inscription de la voyelle É, intermédiaire entre A (ouvert) et I (fermé), entre les tracés de la voyelle A et celui de I ; certains vices de langage se trahissent ainsi sur les graphiques.

La sensibilité de l'ouïe est d'une puissance remarquable pour saisir les moindres changements, additions, soustractions de sons au milieu d'un son continu ; du reste, l'exercice et l'éducation jouent un grand rôle dans ces opérations de discernement.

L'intervalle qui existe entre deux sons successifs paraît d'ailleurs plus grand si le premier son est fort et le second plus faible ; et dans le cas contraire, l'effet est inverse.

Le gros bruit a sans doute accru la phase réfractaire consécutive à l'excitation vive.

Mach et Exner ont observé que, si les sons sont distants de $0^s,002$, nous percevons une sensation continue avec renforcement, ce qui permet à l'intellect de conclure que l'excitation est discontinue en partie ; de même pour la vue, le papillotement apparaît avec une séparation de $0^s,004$ entre deux éclats lumineux (1). L'exploration de l'audition chez les personnes sourdes conduit aux mêmes résultats.

Au moyen du microphonographe, on peut étudier toutes les nuances d'excitations et de leurs successions ; on remarque que la rapidité de succession des sons (syllabes bien nettes) a une action extrême sur l'audition précise et le discernement des mots ; plus la personne est sourde, plus l'intervalle entre chaque excitation a besoin d'être agrandi pour que l'audition et la compréhension aient lieu ; plus la suite est préci-

(1) Richet, *loc. cit.*

pitée, plus l'audition est confuse, et plus vite elle devient nulle.

L'intervalle nécessaire entre deux excitations acoustiques pour assurer la perception est donc un point sérieux à considérer dans l'étude des conditions de l'audition.

Nous avons dit en plusieurs circonstances que l'intensité des sons jouait le même rôle perturbateur chez les sourds d'un certain ordre. Parler lentement au sourd et sur un ton monotone sont deux excellentes conditions pour qu'il obtienne des sensations suffisantes.

Nous savons d'autre part qu'une sensibilité anormale (hyperesthésie, faiblesse irritable) cause absolument les mêmes troubles de l'ouïe, par le même mécanisme ; la phase réfractaire s'étend en proportion de l'épuisement causé par l'excitation, trop vive ici du fait du sujet excité.

Dans le cas de surdité, tout retarde : la réaction psychique (perception d'une excitation de l'ouïe quelconque), le discernement, la reconnaissance du ton, parce que l'impression initiale manque d'energie, que l'image est peu nette et que la succession rapide des sons efface trop tôt les effets sensoriels de l'excitation qui a précédé.

Au début, dans la simple audition d'une sonorité quelle qu'elle soit, l'organe du sourd a besoin d'une somme plus grande d'excitant, d'une durée plus longue de l'excitation et d'une variation discrète de leurs qualités ; la faiblesse fonctionnelle exige ces précautions. Il lui faut plus de temps pour avoir une image auditive nette.

Un organe affaibli par la maladie ne possède plus la faculté de percevoir 10 fois par seconde, sans confusion, ni superposition, comme l'organe sain.

Pour peu que l'état psychique soit inférieur, et il le devient chez le sourd par l'affaiblissement de l'image de l'excitant (paroles, sons, etc.) et la diminution (surtout chez l'enfant) de la mémoire auditive, la difficulté augmente ; l'incapacité s'accroît encore du manque d'exercice ; et le temps nécessaire au discernement, inévitable pour la distinction des paroles, du langage articulé, est tel que des syllabes, des mots entiers passent inaperçus dans le débit d'une phrase, tandis que les sons simples continuent à faire impression ; mais il en résulte que la compréhension des mots reste impossible.

On a calculé (approximation) le temps qui s'écoule entre la perception du son et la réponse motrice (temps de réaction), mais nous verrons qu'on a tenté la recherche de la durée du transport de l'excitation auditive d'un mot *au foyer du langage*, de la mémoire des mots. On y arrive indirectement ; on pourrait sans doute l'obtenir en comparant l'effet d'excitations auditives par des mots connus, puis par des mots de langue étrangère.

Or on sait que l'audition de mots inconnus est beaucoup plus lente, exige bien plus de durée pour la réaction significative : cela rentre quelque peu dans l'influence de l'éducation et de l'habitude, dont on connaît la puissance.

Nous sommes ainsi sur le terrain sensitif, qui donne des réponses d'une grande variété et des variations considérables ; puis l'acte cérébral est plus lent que le réflexe médullaire (50 ; Brissaud) ; de plus, il y a là des effets de l'attention à ne pas négliger ; enfin l'association exige du temps, puisque plusieurs phénomènes cérébraux et psychiques se succèdent ; ce sont de véritables associations d'idées (mot, idée).

On se trouve en présence de différences individuelles énormes et de variations extrêmes chez le même individu, toutes raisons et conditions qui rendent la solution du problème bien délicate, vu la multiplicité des éléments en jeu.

Marie Walitzky (1889), dans un grand nombre d'expériences, a trouvé, chez les individus sains, que la réaction à un mot était en moyenne de 300 (moins de 1/3″) ; mais Tauscholdt (1883) et surtout Vintschgau (1885) ont mesuré le temps au moyen d'une opération d'arithmétique simple.

Une première recherche a établi le temps nécessité pour la répétition d'un chiffre simple (7).

Puis on a fait multiplier ce chiffre 7 par 3, par exemple ; la réponse fut en moyenne obtenue en 77 σ, ce qui se rapproche beaucoup, ainsi que le remarque Richet, auquel je prends ces citations intéressantes, du chiffre obtenu dans la réaction avec discernement et choix (Wundt 70, Donders 75).

Or la simple répétition du chiffre sans travail de multiplication est bien plus courte de durée, et donne sans doute une approximation du temps nécessaire pour que l'excitation soit transmise au foyer de la mémoire des mots, au siège du

langage articulé. Le temps de discernement a été évalué à
1/2 dixième de seconde.

Le trille d'Helmholtz mène en réalité à la même conclusion :
il est difficile de distinguer plus de dix syllabes à la seconde,
car les sons graves deviennent vite confus, on le sait.

Donders, Wundt, Kries, Auerbach et les physiologistes
américains de notre époque ont montré que le temps de la
distinction est toujours fort long.

Une succession d'excitations sonores doit donc offrir de
grandes différences au point de vue de la rapidité et de la
précision de la perception. C'est un fait saillant chez les sourds.

Nous savons déjà que les sons rythmés, les sons attendus,
les sons connus, les sons périodiques sont bien mieux entendus que les sons irréguliers, les inconnus, les nouveaux et
les mots de langue étrangère.

Richet (*Dict. phys.*, « Cerveau », page 10), d'une série
d'expériences, conclut qu'il pouvait penser ou dire dix syllabes en une seconde sans grands écarts.

Cette épreuve lui a servi à calculer le nombre de volitions
par seconde et celui d'états psychiques possibles dans le
même temps.

Les actes volontaires, et le discernement en est un, ne
peuvent, dit-il, dépasser douze par seconde ; tout acte psycho-
logique a un minimum de durée de $0^s,09$ ($1/10^s$ à peu près).
On sait de plus que la période réfractaire égale un dixième de
seconde.

Après l'excitation, ce dixième de seconde est ainsi la
limite de la puissance de perception ; il faut, pour distinguer
deux états de conscience, deux sensations sonores, qu'elles
soient séparées par un intervalle d'un dixième de seconde
au moins ; plus rapprochées, elles font un son continu, ainsi
que nous l'avons déjà dit (son musical).

**Influence dynamogénique des excitations répétées ; exercices
acoustiques chez les sourds ; réveil des centres auditifs ; formation d'images acoustiques ; rappel de la mémoire ; éducation des sourds-muets par l'oreille.** — Les excitations par leur
répétition, qu'elles soient électriques ou sensorielles, causent
une excitabilité plus grande et rendent les réponses plus faciles à des excitations plus faibles.

Cette influence des excitations répétées sur l'excitabilité cé-

rébrale est notable. Pitres et Franck l'ont bien démontrée, et
Richet depuis a confirmé leurs idées ; il résulte de ce fait une
hyperexcitabilité remarquable. S. Exner a vu des excitations
d'abord inefficaces déterminer des mouvements sous l'influence de stimulations répétées du muscle (1).

On sait d'ailleurs, par les études de Féré, que les excitations
d'autres sens agissent pareillement sur l'ouïe, et *vice versa*.

J'ai pu constater l'apparition et le développement de cette
hyperexcitabilité, ainsi que sa généralisation à tous les centres
nerveux sous l'influence des exercices acoustiques auxquels
je soumets les sourds scléreux et les sourds-muets depuis plusieurs mois, au moyen du microphonographe. Le retour de
l'audition, ou mieux l'apparition de la sensation acoustique,
est souvent tardive ; il y a un temps plus ou moins long entre
la série des excitations sonores (le microphonographe rend
cette étude très précise) et le moment où le sujet déclare les
percevoir. J'ai noté 4, 5, 10 minutes d'attente parfois. Puis,
un son d'une tonalité aiguë, par exemple, ouvre la porte ;
et, dès lors, le même air, qui n'avait au début causé aucune
sensation, est très bien entendu ; l'oreille est éveillée.

Les sourds-muets tout enfants (trois ans, trois ans et demi
et quatre ans) ont assez vite, en quelques leçons, conquis la
notion d'une excitation acoustique ; puis peu à peu j'ai vu
naître la mémoire auditive, la reconnaissance des sons entendus ; puis leur répétition vocale imitée, l'audition appa-
raissant pour une foule de bruits du milieu ambiant.

J'ai vu, sous l'influence de cette action dynamogénique qui
devient générale, les facultés intellectuelles, affectives endor-
mies s'éveiller ; puis paraître la joie, la curiosité, l'amour des
mouvements, des jeux bruyants, la recherche et l'imitation des
bruits ; j'ai noté plus tard jusqu'à des rêves (sons sans suite
marmottés la nuit). Turbulence, vivacité, animation, changement curieux de la voix, des gestes, de l'expression, du caractère ; j'ai vu tout cela coïncider avec les exercices acoustiques
et annoncer l'éveil d'une fonction aussi importante que celle
de l'ouïe, bien longtemps encore avant la conquête du langage articulé, mais comme indices sérieux de sa venue et des

______

(1) Exner, *Zur Kenlniss der Wirchselwirkung der Errag, in Central.
Nerven,* Ag., p. xxviii, 487.

tendances à s'adapter pour l'audition que les organes manifestent à tous les yeux.

Intervalles des sons successifs. — La condition essentielle d'une perception auditive consiste dans un mouvement qui se reproduit en périodes régulières et avec une certaine rapidité.

La vitesse de succession des excitations équivaut à la durée et l'amène. C'est la durée des infiniment petits mouvements moléculaires qui les rend perceptibles et équivaut à l'intensité (MV). Une somme de ces excitations rapides associées donne la notion du son, mais manifeste en même temps l'état de cohésion et l'élasticité, l'état moléculaire du corps qui est l'origine du mouvement de l'air.

Nous avons dit comment la propagation, et surtout la perception, d'une semblable quantité de vibrations est possible ; nous commençons à comprendre comment elles pénètrent l'organe de l'audition ; car le tympan est tout à fait comparable à la membrane du phonographe dont les tracés nous ont montré la puissance de transmission et de reviviscence des sons.

Comment les sons si promptement perçus s'effacent-ils pour permettre la sensation du son qui succède ? Qui passe l'éponge sur les graphiques du « phonographe conscient » de Guyau (1) ?

Il y a là une suite si rapide d'états de conscience qu'on ne peut concevoir la distinction de toutes les sensations.

Schopenhauer dit à ce propos : « La forme de notre conscience de nous-mêmes est le temps, non l'espace... « Nous ne pouvons connaître les choses que successivement ; et dans un même moment nous n'avons conscience que d'une chose à la fois. » — « Notre intellect ne peut, en raison de la disposition unilinéaire de nos représentations, saisir une chose qu'en se dessaisissant d'une autre, d'où notre faculté d'oublier. »

C'est ce que Helmholtz a démontré dans son chapitre sur les « étouffoirs » de l'oreille.

La force de la sensation nouvelle est telle que, grâce à l'affaiblissement rapide, immédiat, de la sensation première, c'est la seconde venue qui domine et prévaut aussitôt.

___

(1) Guyau, *l'Idée du temps*.

L'attention interrompt seule cette succession du phénomène et peut fixer la sensation.

Nous devons croire qu'il y a là autre chose qu'une propriété générale du système nerveux, et que la structure spéciale de l'organe de l'ouïe y entre pour une part.

L'expérience de Helmholtz faisant exécuter un trille de dix notes en une seconde permet de constater que, si les sons restent distincts dans les notes hautes, ils sont rapidement confus au contraire dans les notes basses qui ne se détachent pas nettement.

L'organe de l'audition élimine plus vite les sons élevés, et plus lentement les graves; d'où la possibilité de leur superposition, et la confusion.

Helmholtz, qui a noté ces différences, les explique par une disposition particulière de l'organe, que rien ne peut modifier. On ne peut y voir l'influence de l'excitation plus vive de l'acoustique par les notes graves, car l'étendue extrêmement développée du clavier des notes élevées montre assez que la sensibilité du sens est plus accusée pour les aigus au contraire : nous avons suffisamment établi au reste, dans les paragraphes précédents, la complète différence qui s'observe entre les graphiques des uns et des autres.

Sans doute la durée est un élément important de la perception des graves (amplitude des vibrations).

Audition des sons musicaux; centre acoustique de la musique. Amusie. — Il existe sans doute un centre cérébral de la musique, de la mémoire des tons, qui fait partie du centre auditif.

Les images verbales et tonales s'appellent l'une l'autre, Baldwin a observé un petit enfant qui reproduisait quelques notes avant aucune imitation verbale (Baldwin, p. 4o3), mais beaucoup de personnes se remémorent les paroles en fredonnant l'air et réciproquement ; d'autres se rappellent aux mouvements des doigts sur le piano ou sur le violon, etc.

Les reviviscences d'airs de musique sont journellement constatées sous l'influence de bruits quelconques, qui agissent sans doute comme excitant de l'organe central (obsession).

Dans son intéressante étude, Brazier (1) cite des cas d'apha-

(1) *Rev. philos.*, octobre 1892, p. 337.

sie qui n'ont présenté aucune diminution des facultés musicales. Le cas de Wernicke est classique à ce propos.

Cependant il existe des faits précis de perte de la faculté musicale, d'*amusie*, comme dit Brazier, sans altération du langage (1).

Oppenheim cite le cas d'un sujet qui répétait une chanson familière qu'on venait de lui chanter et n'en pouvait réciter les paroles (2).

Comme pour le langage, la reproduction musicale peut être motrice ; il y a des musiciens du type moteur ; mais il est clair que d'autres ont le type auditif ; on peut reconnaître un air, un chant, et être incapable de le chanter.

D'autre part, certains aphasiques ne peuvent parler les mots qu'en les chantant (Starr, Brazier).

Un malade pouvait lire verbalement la musique écrite et ne pouvait reconnaître celle qu'il entendait chanter, ni la chanter lui-même (Brazier, *loc. cit.*, et Starr, *Phys. Review*, 1, 1894, p. 92).

Il est certaines personnes qui entendent intérieurement des sons musicaux mélodiques ; il existe donc un chant intérieur ; et on peut avoir l'impression intime d'un chant juste et agréable qu'on s'essaie en vain à reproduire juste.

On doit admettre un centre cérébral de la mémoire des notes, dont la destruction cause l'amusie, dont l'arrêt de développement causerait l'oreille fausse ou non susceptible d'éducation musicale.

L'éducation joue le plus grand rôle dans le développement de ces facultés ; mais on ne peut nier certaines aptitudes héréditaires, aidées de l'attention et de la mémoire.

Baldwin émet une théorie particulière ; il admet que la reconnaissance des notes, même isolées, résulte de la faculté plus développée à adapter l'attention à un ton particulier.

Au point de vue des associations motrices qui facilitent la reconnaissance des sons, il faut rappeler que Féré (3) a constaté des effets dynamogéniques différents suivant les différentes notes de la gamme.

(1) Carpenter, Brazier, Wallaxchek, cité par Baldwin.
(2) Oppenheim (*loc. cit.*), Frankl, Hochwart (*Deutsche Zeitsch*), J. New, 1891, p. 287.
(3) Féré, *Sensation et Mouvement*, Paris, F. Alcan.

La dynamogenèse par les excitations acoustiques est évidente pour tout le monde. Je l'ai bien notée chez les sourds-muets soumis aux exercices acoustiques (1).

Au reste Féré a mesuré (*loc. cit.*) cette dynamogénie par l'action des sons, comme il l'a fait pour les couleurs et les odeurs. Sans doute les excitations de l'ouïe agissent directement sur les centres moteurs du langage ; mais l'excitation rayonne en plusieurs sens et ses effets se généralisent ainsi que je l'ai observé chez la plupart des sourds-muets.

Ribot analyse la musique au point de vue de l'émotion : « Quel est, dit-il, le plus émotionnel de tous les arts? la musique... » aucun art n'a une puissance de pénétration plus profonde ; aucun ne peut traduire des nuances si ténues de sentiment qu'elles échappent à tout autre mode d'expression (p. 104).

L'art le plus émotionnel est le plus dépendant des conditions physiologiques ; et, plus loin, la musique agit sur les animaux. Il est vraisemblable que les sensations de sons et de mouvements (le rythme auquel les animaux sont très sensibles) agissent directement sur l'organisme.

Les impressions agréables ou pénibles que causent les sons sont indépendantes de tout jugement esthétique.

L'élément physique reste également prépondérant chez l'homme, civilisé ou non.

L'art musical peut être appelé l'art par excellence de la sensibilité parce qu'il règle ce grand phénomène, la vibration, dans lequel se résument toutes les perceptions extérieures, parce qu'il le transporte du domaine inconscient, où il se trouvait caché, dans le domaine de la conscience (2).

La conclusion à tirer, dit encore Ribot, c'est que, tandis que certains arts éveillent d'abord des idées, celui-ci agit inversement.

Il crée des dispositions dépendantes de l'état organique et de l'activité nerveuse que nous traduisons par des termes vagues : joie, tristesse, tendresse, sérénité, tranquillité, inquiétude, etc. ; sur ce canevas l'intellect brode à sa guise suivant l'individu.

(1) Gellé, *Soc. Biol.*, 1898.
(2) Beauquier, cité par Ribot, *Psychol. des sentiments*, p 106, Paris, F. Alcan.

Cela explique, ajoute-t-il, les effets thérapeutiques de la musique reconnus par Leuret chez les aliénés et par Tarchanoff, Mortimer Granville, Buccola, Morselli, Boudet de Paris, Vigouroux, etc., etc.

L'influence heureuse de l'harmonie musicale sur le système nerveux, soit comme excitant, soit comme calmant, sédatif, est utilisée journellement. Voici une nouvelle application de la musique, à la cure des terreurs nocturnes, qui a réussi à MM. Bestchinsky et Barbaroff. (*Rev. psych.* N. Hartenberg, 1er A., déc. 1897.) S'endormir aux sons de mélodies agréables, c'est le remède proposé par eux contre les cauchemars effrayants et les mauvais rêves. Ceux-ci se produisent surtout dans la première période du sommeil, celle pendant laquelle l'ouïe veille encore pendant que les autres sens et sensibilités s'endorment ; les dernières impressions éprouvées à cette période seraient l'origine des cauchemars, terreurs, etc. Si l'on impressionne à ce moment l'ouïe par des sensations musicales agréables, on corrige le désordre intellectuel, l'incohérence des rêves, et l'on conduit le dormeur au sommeil profond sans mauvais rêves. C'est de la suggestion très bien entendue ; et nous avons tous pensé à lire quelque livre suggestif, avant d'éteindre la bougie, pour oublier les diverses préoccupations du jour ; et pour faciliter la venue du sommeil réparateur.

Esquirol (*Des Maladies mentales*, 1838, t. II, p. 578 et suiv.) dit expressément : « Je sais que quelques auteurs, les anciens surtout, ont écrit sur le pouvoir de la musique... J'ai dû essayer de la musique comme moyen de guérir les aliénés. Quelquefois elle a irrité jusqu'à provoquer la fureur ; souvent elle a paru distraire ; mais je ne peux dire qu'elle ait contribué à guérir ; elle a été avantageuse aux convalescents. C'est un soulagement, une distraction, dont l'action est temporaire, même chez ceux qui, par leur éducation musicale, semblaient devoir en retirer le plus d'avantage. »

La faculté d'être ému par la musique peut être absolument nulle. L'*insensibilité totale pour la musique* n'est pas rare : elle est quelquefois héréditaire ; je l'ai observée dans certaines familles.

Un enfant sourd-muet avait des père et mère absolument dénués de tout sentiment musical (Gellé). Earle connaissait une famille dont tous les mâles ne distinguaient aucun son musical (1). Gradenigo cite un individu qui, sourd pour les sons du diapason, entendait les mêmes notes données par la flûte ou la trompette (2). Nous savons combien le son simple du diapason diffère des timbres complexes de la trompette et du son de la flûte (fig. 25, 26).

J'ai observé une maîtresse de piano qui, à la suite d'une otite suppurée grippale, perdit pendant un an la notion juste des tonalités ; elle entendait 1/2, 1/4 de ton au-dessous ou au-dessus. Ces cas sont assez fréquemment observés et cités par les auteurs. Un de mes sourds, pianiste, ne reconnaissait plus les accords ; un autre, chef d'orchestre, perdait, au bout d'un quart d'heure de répétition, la notion de ce qu'il entendait ; c'était le chaos.

Voici une observation de Grant Allen (3). Il s'agit d'un jeune homme, d'un esprit très cultivé, qui avait étudié la musique dans son enfance. On s'aperçut plus tard qu'il était incapable de distinguer une note d'une autre, sauf pour des intervalles atteignant quelquefois l'octave et plus. Il n'existait pour lui ni accords, ni dissonances, ni timbre d'instruments ; ceux-ci étaient des bruits très nettement perçus, de cordes pour le piano, de grincement pour le violon, de souffle pour l'orgue. Il était très sensible au rythme de la poésie (4).

De même, un de mes malades se plaignait de ce que les notes sonnaient comme du bois. Ailleurs ce sont des sons de tonalités différentes, souvent de timbres distincts, parfois c'est l'harmonique suraiguë du son qui dominent et couvrent tout.

La voix en écho, les sons géminés sont des phénomènes bien connus des otologistes ; l'oreille est souvent aussi rendue fausse à la suite des catarrhes auriculaires ; parfois l'ouïe est fausse à droite et saine à gauche. Les traités de pathologie otique sont pleins de ces observations.

Les médecins ont noté la perte de certains tons, la surdité tonale partielle. L'exploration au moyen des diapasons constate des lacunes curieuses dans l'acuité auditive.

La perte est parfois très étendue ; il ne reste plus que quel-

(1) V. *Schmidt's Jahrb.*, 1863, C. XX, p. 246.
(2) 1890. *Internat. méd. Congress*, Berlin.
(3) Mind, III, 1878, *Deafness*.
(4) Ribot, *loc. cit.*, p. 348.

ques tons perçus (Moos, Helmholtz, etc.) ; tantôt l'audition est dénuée des tonalités aiguës, Habermann (1); Bezold (2); Bonnafont, Moos et Steeubrugge (3); Helmholtz (4); Schwartze (5); Brunner (6); Burnett (7); Toynbee; ailleurs ce sont les graves, Moos (8); Knapp (9); Gellé, etc.; tantôt les sons moyens manquent, Wollaston (10); Knapp (11); Jacobson (12); ou des sons isolés ou en petit nombre, Magnus (13); Rosenthal (14); Wolf (15); Politzer (16); Gradenigo (17); Gottstein (18); Burckart-Mérian, Urbantschitsch (19), Hartmann (20), etc.

Nous avons dit, dans notre exposé des fonctions de la cochlée, que certaines nécropsies tendaient à confirmer la théorie de Helmholtz.

C'est ainsi qu'Habermann a observé une surdité pour les sons aigus chez un chaudronnier à l'autopsie duquel il trouva une atrophie du nerf acoustique dans l'oreille interne.

Bezold (21) a vu cette perte coïncider avec l'atrophie du premier et du deuxième tour de spire du limaçon. Moos et Steinbrugge (*loc. cit.*) ont vu l'audition des sons élevés perdue chez un sujet auquel on trouva un carcinome du cerveau et une atrophie du premier tour de spire de la cochlée.

J'ai vu la surdité subite totale quelques jours avant une apo-

---

(1) *Arch. f. Ohren*, XXX, p. 1.
(2) *Zeitschr. f. Ohren*, XXIV, p. 267.
(3) *Zeitschr. f. Ohren*, X, p. 1.
(4) *Heidelb. nat. med. Verhandl.*, 6. déc. 1861. — Voir Moos, *Klinik f. Ohren*, p. 365.
(5) *Arch. f. Ohren*, I, p. 136.
(6) *Zeitschr. f. Ohren*, III, p. 174.
(7) *In Politzer*, 2º édit., p. 481.
(8) *Virchow's Arch.*, 1864, XXXI, p. 125.
(9) *Arch. f. Aug. u. Ohren*, 1871, II, p. 276 à 317.
(10) *Wollaston Phil. Transact.*, 1820, p. 306.
(11) Itard, *Traité mal. oreilles*, 1821, II, p. 48.
(12) *Arch. f. Ohren*, XXI, p. 300.
(13) *Arch. f. Ohren*, 1867, II, p. 268.
(14) *Horns. Arch.*, 1859, I, p. 8.
(15) *Arch. f. Ohren*, IV, p. 125, et *Zeitschr, f. Ohren*, XX, p. 203.
(16) *Politzer*, 2ᵉ édition.
(17) *Arch. f. Ohren*, XXVII, p. 105.
(18) *In Politzer*, 2ᵉ édition.
(19) *Exercices acoustiques*, trad. Egger, p. 56.
(20) *Arch. f. Ohren*, p. 56.
(21) *Loc. cit.*

plexie mortelle ; ailleurs, à chaque période mensuelle (Gellé).

En effet les surdités, même partielles, peuvent reconnaître pour cause des lésions intracraniennes, témoins entre autres les troubles passagers de l'audition que l'on observe parfois chez les migraineux, et les cas d'amusie qui coïncident avec des accidents paralytiques.

Knoblau a donné un bon travail sur les troubles des facultés musicales dans les lésions cérébrales (1); Zwaardamaker, suivant l'âge.

D'après Munch, l'ablation de la partie postérieure du lobe temporal produit la perte de la sensation des sons graves, et celle de la partie antérieure de ce lobe, l'abolition de tons aigus (2).

D'après Baginski (3) et Corradi (4), la destruction du limaçon cause la perte des sons élevés. Mais Stéphanow n'a rien obtenu de semblable (5).

Les vivisections ne sont peut-être pas dans cet ordre de recherches très significatives. L'effet dépasse les limites de la lésion.

Nous ne répéterons point ce que nous avons dit, au chapitre où il est traité des fonctions de l'appareil de conduction, de l'effet des lésions qui frappent celui-ci sur l'audition des sons musicaux, de l'action de la surtension, rendant la conduction des tons élevés plus facile, etc., ce serait nous recommencer.

Les recherches expérimentales de Burckart-Mérian, de Burnett (6) démontrent que l'augmentation de la pression intralabyrinthique, au delà d'une certaine limite, supprime le fonctionnement des osselets et de la fenêtre ronde, qui cessent plus vite de conduire les tons élevés que les graves. Corradi (7) a constaté, par contre, l'audition plus facile des sons élevés pendant les *pressions centripètes* de Gellé ; c'est une question de proportions et de mesure.

Influence de la température sur l'ouïe. — L'audition subit,

<hr>

(1) *Dissert mang.*, Leipsig, 1888. *Deutsch. Arch. f. Klin, ned.*, XLIII, p. 331. *Arch. f. Psychol.*, XX, et Urbantschitsch, *Exercices acoustiques*, trad. Egger, p. 64.

(2) *Ac. P. Wissench.*, Berlin, 1881, mai-juin 1883, février 1886, et Urbantschitsch, trad.

(3) *Virchow's Arch.*, XCIV.

(4) *Arch. f. Ohren*, XXVII, p. 1.

(5) *Arch. f. Ohren*, XXX, p. 1.

(6) *Arch. f. Aug. u. Ohren*, II, Abth. 2, p. 64.

(7) *Arch. f. Ohren*, III, p. 198.

à ce point de vue, l'influence des conditions de l'innervation générale ; la vitalité et les phénomènes d'innervation sont les origines de la température du corps ; bien qu'il résulte des études de Mosso qu'il se fait dans la masse cérébrale des productions spontanées et irrégulières de chaleur, la température agit sur les centres nerveux et l'ouïe en est affectée.

C'est ainsi que la température du corps est plus basse le matin (36°,5) et plus haute le soir (37°,5) ; et l'acuité auditive offre à l'observation des balancements correspondants surtout chez les faibles, les convalescents, les neurasthéniques atteints ou non de lésions otiques.

L'action d'un froid extrême engourdit les facultés et l'ouïe parallèlement (Larrey).

Les variations hygrométriques, celles de la pression atmosphérique ont sur certaines surdités une action évidente, indépendamment des effets de l'aération insuffisante de la caisse tympanique (obstruction tubaire).

Les oreilles malades supportent mal les augmentations (air comprimé) et les diminutions (ascension en ballon, en montagne) de la pression atmosphérique. Nous avons déjà répété plus haut combien l'organe de l'ouïe a de rapports avec l'état de l'atmosphère, et que cela tient à sa constitution même la tension du milieu labyrinthique faisant équilibre à celle du milieu ambiant à l'état normal.

Les lésions auriculaires sont l'origine de vertiges, bruits subjectifs, etc., sous l'influence des températures élevées des lieux clos, ou dans les pays chauds, et dans les appartements surchauffés.

Ces troubles sont améliorés souvent par l'habitation en certains climats secs ou humides et doux, sur les lieux élevés ou dans les vallées, suivant les individualités.

Oscillations de l'acuité auditive ; épuisement acoustique; transfert d'une oreille à l'autre de la capacité acoustique chez l'hystérique hémianesthésique (Gellé). — Normalement il existe de grandes variations dans l'acuité de l'audition suivant une foule de conditions générales ou otiques, qui passent inaperçues et restent insensibles chez le bien entendant : c'est le riche qui peut subir une perte légère sans s'en ressentir.

Le pauvre s'en aperçoit, au contraire ; c'est le cas de l'individu dont les oreilles sont mauvaises : une petite diminution

peut alors équivaloir à une suppression complète de fonction.
Aussi y a-t-il lieu, surtout chez lui, d'observer ces phénomènes
d'instabilité, ces différences de niveau, très curieux en certains cas par leur étendue (périodes menstruelles).

Chez les sujets névropathiques les oscillations offrent une
courbe énorme parfois ; et à l'inspection seule du tracé de leur
observation le diagnostic pourrait se poser sûrement d'une
névrose.

J'ai signalé ce fait dans mes conférences à la Salpêtrière
(1880-98). Urbantschitsch (1) dans son livre fait la même observation.

Ces oscillations auditives peuvent présenter un balancement alternatif d'une oreille à l'autre.

Urbantschitsch a noté ces alternances au cours de ses
exercices acoustiques chez les sourds-muets et les sourds ; il
a remarqué qu'elles sont fréquentes sur les oreilles même normales, ainsi que je l'ai dit. J'ai montré, le premier, qu'on peut
faire naître ces alternances.

Le « transfert » de la sensibilité acoustique d'une oreille
bien entendant à celle qui n'entend pas ou à peine a été
découvert par Gellé, au cours des études faites dans le service du Pr Charcot sur la métallothérapie à la Salpêtrière.

C'est à ce propos que je constatai que les hystériques hé-
mianesthésiques présentaient, sous l'action des métaux et
également par l'effet des courants électriques faibles, une
augmentation précise de l'ouïe du côté anesthésié ; et que
ce bénéfice coïncidait avec une perte égale éprouvée du côté
bien entendant (portées mesurées en centimètres sur le tube
interauriculaire et sur l'axe auditif), et était comme compensé
par elle.

Il s'opérait donc un balancement très net de la sensibilité
d'une oreille à l'autre par les électrisations.

Depuis, ce phénomène curieux a été constaté et décrit par un
grand nombre d'observateurs en France et à l'étranger ; et il
a été démontré que le transfert existe aussi pour la vision et
pour le toucher en même temps (2).

(1) *Traité d'otologie*, trad. Calmette.
(2) Soc. Biologie, 1876-78, et *Études d'otol.*, t. I et II ; Urbantschitsch,
Exerc. acoust., *loc. cit.* ; Vigouroux, 1880 ; Petit, 1879 ; Féré et Binet, etc.

Urbantschitsch (*loc. cil.*) a signalé les oscillations sur des sujets ayant une audition normale ; cependant le phénomène bien accusé est moins fréquent dans ce cas que chez les sourds. Mais il existe normalement très net, facile à constater, à la limite de l'audition du sujet.

Nous avons souvent dit combien l'attention agit énergiquement sur l'audition ; on s'est aperçu que certaines oscillations d'intensité, allant jusqu'à causer des intermittences dans la sensation, très manifestes chez les enfants, les femmes, et dans l'état pathologique, étaient dues évidemment à des oscillations de l'attention, et étaient par conséquent d'ordre psychique (ondes nerveuses, oscillations nerveuses (Cerveau, Richet, *loc. cil.*).

L'effort d'attention a pu de la sorte être approximativement mesuré (1).

L'épuisement de l'audition, ou son affaiblissement par le fait d'un excès de fonctionnement, est intéressant à étudier. On l'observe facilement chez les affaiblis, les convalescents, les opérés (grandes opérations abdominales, céphaliques) et chez les neurasthéniques. L'ouïe peut devenir douloureuse alors.

Déjà les oscillations auditives dont nous venons de parler sont un signe d'abaissement de la force nerveuse générale autant que de celle de l'ouïe.

La coïncidence de lésions otiques bilatérales (grippe, fièvres graves, infections, etc.) accroît encore le phénomène.

Le choc nerveux peut suffire à produire l'inaudition subite; cette perte brusque s'observe après l'accès d'hystérie ou d'épilepsie, par la peur, après une violente secousse morale, etc.

Nous ne rappellerons pas qu'à l'excitation acoustique succède aussitôt une phase, dite réfractaire, d'inexcitabilité, ou d'épuisement, que Richet a mesurée au point de vue de la durée (approximativement : car il existe plus d'un mode d'action d'un son sur le système nerveux acoustique).

Or cette phase est longue, et peut être anormalement durable;

---

(1) Hauge, *Etudes psycho-physiol.* (en russe), Odessa, 1893; Münsterberg (Beiträge), *Exp. psychol.*, t. III ; A. Binet, *Introd. à la psychol.*, Exp. 1894, p. 45 ; Ribot, *De l'Attention* ; Richet *Essai de psychologie générale*; Wundt, Buccola (*loc. cil.*), *la Lege di tempo*, etc., 1881, p. 239; Féré (*loc. cil.*) ; Beaunis, *Rev. phil.*, XXV, p. 369.

l'incapacité de comprendre la parole articulée (sons successifs),
nous l'avons dit, peut reconnaître pour cause cette prolon-
gation du temps d'inexcitabilité physiologique.

Nous avons montré expérimentalement la durée de cette
incapacité fonctionnelle dans ce que nous avons publié tout
d'abord sous le nom d'arrêt de l'accommodation (V. plus
haut) et je reste convaincu que le spasme du tenseur joue dans
ces conditions le principal rôle ; mais l'épuisement est réel
souvent. On rend le phénomène de fatigue évident sur des
oreilles, également saines, par l'expérience suivante :

EXPÉRIENCE. — Un diapason vibre avec force en face de
l'oreille droite jusqu'à ce que le son reste inaperçu à droite ;
à ce moment, on passe vivement le diapason à gauche près du
méat et le son est entendu là ; on peut conclure que cette oreille
n'est pas fatiguée et a gardé toute sa vivacité d'impression.

Parfois, un repos suffit pour que le même diapason, mal
entendu tout d'abord, s'entende plus distinctement ensuite.

L'expérience de Dore est analogue et plus délicate. Le symptôme épuisement est très intéressant à constater en otologie,
il a surtout rapport à l'élément nerveux. Au cours d'un examen d'audition, on constate que la portée, pour la montre, par
exemple, s'abaisse à chaque épreuve renouvelée; c'est un fait
significatif, Etelberg (1); Gradenigo (2); Gellé (*Conférences
de la Salpêtrière*, 1894-96, et *Traité d'otologie*, 1880).

On n'a pas oublié la puissance dynamogénique des excit-
tations sonores tant sur la fonction auditive que sur les
centres nerveux, force à employer sur laquelle nous avons souvent insisté. Comment comprendre dès lors cet effet opposé,
l'épuisement produit par la même action sensorielle ? C'est
qu'en réalité toute réaction dépend du sujet, de l'état de son
système nerveux, de son appareil récepteur et de l'activité
psychique et de la persistance de la cause.

En physiologie générale, comme dans l'expérimentation sur
les animaux, on observe que la dynamogénie, les réflexes d'association se réalisent par une excitation qui reste dans les
limites physiologiques, tandis que l'action déprimante, les
réflexes perturbateurs, d'arrêt, d'inhibition sont commandés

<hr>

(1) *Wiener med. Presse*, 1887.
(2) Schwartze, *Manuel d'otologie*, p. 401.

par l'émoi, ou comme une défense, par l'excès d'intensité de l'excitation, qu'il soit dû à l'excitant lui-même, ou à l'impressionnabilité maladive du patient ; c'est là une loi générale.

Ce qui met en activité l'organisme normal est une fatigue, cause un malaise, l'intolérance, et amène un épuisement chez l'individu dont les organes auditifs ou le système nerveux restent sans énergie. Toute sensation naît du conflit entre le moi et le phénomène extérieur ; c'est un choc ; ce choc énerve le faible et stimule le fort.

A ce point de vue, comme à beaucoup d'autres, l'homme est l'être ondoyant et divers de Montaigne. Notre sensibilité, notre raison, nos modes de réaction sont fort inégaux et souvent fort opposés suivant les conditions les plus diverses et à des instants d'ailleurs très rapprochés de notre vie.

Nous avons nécessairement limité cette étude de l'épuisement auditif ; cependant il est évident que l'audition subit l'influence de toutes les causes d'affaiblissement du système nerveux ; tous les excès, les grandes hémorrhagies, les diarrhées graves, la dysenterie, les maladies aiguës, infectieuses, etc., amènent à leur suite la diminution de l'acuité auditive et son altération est plus grave chez le sourd.

Certains exercices violents, comme les excès du cyclisme par exemple, agissent vivement sur le système nerveux et sur l'audition. Le coureur anglais Michaël a décrit ses sensations au cours d'une lutte de vitesse en vélocipède ; d'abord la vision s'affaiblit ; puis il n'entend plus que la voix de son entraîneur ; après le douzième mille l'isolement est complet ; les cris de la foule ne sont qu'un murmure lointain. Cependant, il entend dans l'espace des bruits qu'il qualifie de formidables. Après 20 milles, il ne perçoit plus que le bruit de sa machine ; 5 milles plus loin, il n'entend aucun son ; du reste, il ne pense ni ne sent plus rien. Les sensations musculaires disparaissant à la fin, il éprouve le sentiment de l'immobilité complète (*Méd. intern.*, 26).

Cette observation des effets de l'épuisement est, on le voit, des plus intéressantes.

Mémoire auditive. Obsession. Illusions de l'ouïe. Hallucinations auditives. Sensations sonores subjectives. Sensations phonoptiques. — Nous savons qu'il faut au son une certaine intensité et une durée suffisante pour qu'il passe le seuil de la conscience et soit un état de conscience.

Auparavant il était un mouvement vibratoire, fait de condensations et de dilatations moléculaires parfaitement inconscientes.

La force et la durée du mouvement vibratoire font de ces éléments infimes des groupes susceptibles d'agir sur les centres nerveux et que la conscience perçoit : union synchrone, périodes.

Notre moi étant un microcosme, le domaine de l'inconscient est immense ; de temps en temps, une partie de cet inconnu devient connaissable, parce qu'elle a atteint l'intensité, la durée nécessaires et rencontre la sensibilité adéquate : le phénomène arrive à la conscience à travers une période subconsciente.

La sensation se produit ; les sensations se succèdent ; puis, elles semblent oubliées ; or, à une nouvelle apparition, elles sont reconnues ; il était resté une trace de l'ébranlement ou mieux des ébranlements nerveux qui déterminent la sensation : c'est la mémoire. Nous savons que la répétition vaut la durée, qu'elle crée un état d'excitation spéciale du sens de l'ouïe et même générale, qu'elle impose la sensation qui finit par dominer dans la conscience, au point de l'obséder (obsession) parfois.

Dans le cas de surdité et même dans la surdi-mutité, ce travail dû à la répétition des excitations du sens auditif est d'abord inconscient, et il paraît de nul effet ; puis, peu à peu les phénomènes surgissent, deviennent perceptibles et finalement entrent dans la conscience. Sortie des limbes, la sensation sonore prend naissance ; elle a été précédée de mouvements vibratoires inconscients, d'abord tactiles, de trépidations, puis enfin d'ébranlements indistincts mais sonores.

C'est un travail progressif, une succession d'actions nerveuses ignorées, dirigées dans le même sens et dans le même temps, qui éveillent l'attention, et concentrées, répétées deviennent conscientes et fondent la mémoire.

Toute sensation est une adaptation ; la cellule, qui a senti un son, est disposée pour vibrer désormais à l'unisson une autre fois : elle se souviendra.

Mais la sensation n'est pas simple ; sa nature est très complexe ; un sifflet n'est pas seulement un objet qui donne un ton sifflant ; c'est un ton, puis une forme, puis une couleur, un poids, etc., de multiples excitations nerveuses hétérogènes correspondent à ce nom de sifflet ; et la mémoire est formée de toutes ces images auditives, visuelles, motrices, etc., de ces représentations convergentes, qui s'associent et s'en-tr'aident au moment de la « reconnaissance ».

L'éducation, l'exercice, l'habitude ont ici une importance majeure pour assurer la conservation des impressions.

Les « auditifs » sont les individus qui possèdent une aptitude particulière, qui apprennent par l'oreille et se sou-viennent mieux, quand ils ont entendu ; mais s'ils perdent l'ouïe, ils subissent une grave incapacité, n'ayant plus les sup-pléances visuelles et motrices.

Le ton, le timbre des sons, leurs harmonies, leurs intervalles, les intonations de la parole, les patois, les accents, etc., se gravent vivement dans la mémoire ; et longtemps après, ils apparaissent, spontanés ou rappelés, à la conscience ; ils émergent de l'inconscient, par une cause quelconque.

Certains airs, qui ont longtemps frappé l'oreille, nous re-viennent ainsi parfois en mémoire, pour ainsi dire malgré nous, et nous obsèdent ; ils renaissent au moindre bruit, puis disparaissent enfin.

Ces reviviscences succèdent en général à des excitations sonores ou très vives ou très longtemps répétées ; or, c'est certainement par le même mécanisme qu'on peut arriver d'abord à obtenir la sensation sonore, puis à la conserver et enfin à provoquer les efforts d'adaptation pour reproduire les sons dans l'éducation des sourds-muets.

L'illusion dans la reconnaissance d'un son, d'une voix, s'explique par cette autre illusion que la mémoire garde intégralement les représentations initiales, les images entières, tandis que, ainsi que le dit Ribot, tout est estompé dans le souvenir et devient de plus en plus vague avec le temps.

Une sensation sonore subjective peut donner l'illusion de la présence d'un grillon, par exemple, comme cela arriva à Urbantschitsch ; le sentiment d'extériorité de la cause de la sensation prenait ici sa source dans la mémoire : un mouvement de la tête lui fit comprendre qu'il portait sa sensation avec lui.

L'hallucination auditive est un symptôme très fréquent des psychoses. Il en est de conscientes, c'est-à-dire dont se rendent compte les individus qui les éprouvent ; Dickens prétendait entendre la voix de ses personnages ; et une femme tourmentée par des voix me disait qu'elle entendait ses pensées parlées à son oreille. Nous pensons avec des mots : le langage intérieur, comme l'extérieur, paraît frapper l'oreille en ce cas. Ce sont là des phénomènes intéressants, hallucinatoires, d'origine psychique, mais qui peuvent avoir comme point de départ local une affection des organes auriculaires, et surtout un bruit subjectif lié à une affection des nerfs, des organes périphériques ou des centres. Cependant le sujet qui entend une voix lui dire à l'oreille des menaces, des injures, des phrases, qui y croit, y obéit, et admet l'extériorité de la cause, est un malade atteint d'une vésanie quel que soit l'état de son audition. Le vieil adage *Nihil in intellectu quod non fuit prius in sensu* est retourné ; c'est l'état psychique qui domine le sens.

La connaissance du non-moi, celle de l'extériorité du phénomène causal, ou de l'origine intérieure de la sensation sonore subjective sont les éléments fondamentaux de notre sensibilité ; leur perte indique un trouble mental profond.

La première douleur a synthétisé le moi ; des premières sensations naît le sentiment de la personnalité, de l'union des sensations et des actes, et du même coup l'extériorité des phénomènes est apparue à la conscience. L'individu, qui est atteint d'hallucination de l'ouïe, extériorise sa sensation subjective, l'attribue à un être extérieur, à une cause en dehors de lui. Les associations de sensations et d'idées qui accompagnent toute perception, tout le travail univoque qui met en valeur un phénomène, mais sans jamais l'isoler absolument du milieu, tout ce qui s'opère dans le cerveau au moment d'une sensation objective, est oublié de ce malade ; le sentiment de la personnalité est atteint aussi ; les bases mêmes du jugement sont ébranlées ; c'est la déchéance des forces psychiques.

Cependant, éprouver en l'absence de tout phénomème extérieur les sensations qu'apporte ce phénomène d'ordinaire, c'est une chose banale, tant cela est commun chez les gens sains d'ailleurs d'esprit. C'est ce que cause la mémoire, dans le rêve, dans le rappel d'un souvenir qui émeut tout autant que le fait même. Pourquoi l'hallucination a-t-elle ici ce caractère morbide ? Pourquoi est-elle signe d'insanité ? C'est que rien ne corrige l'erreur, et que la domination est entière de la sensation intérieure, des paroles perçues, sur le jugement de l'individu. Cette fixité de l'erreur tient à la suspension du contrôle des perceptions associées ; les centres d'association sont incapables.

Audition colorée; esthésies réflexes; diffusion des excitations auditives. — L'énergie du courant sonore, qui frappe l'organe de l'ouïe, peut faire naître *ailleurs* des sensations subjectives diverses, algies, spasmes, ou simples esthésies réflexes ou par diffusion de l'excitation vers les foyers sensoriels voisins, au moyen des « fibres d'association » cérébrales.

Urbantschitsch (1) a bien analysé ces localisations excentriques de la sensation auditive, telles que les malades les précisent. Une de mes nerveuses disait sentir l'impression sonore à l'occiput (fait assez fréquent) ; une autre, à la gorge, à l'estomac, etc. Cela disparaît souvent par les exercices acoustiques.

L'audition simple provoque parfois encore la pâleur ou la rougeur de la face, des douleurs (algies), l'étourdissement, l'émotion, le frisson, la miction, etc., effets variables suivant les individus, et plus vifs lors d'un premier examen et suivant le bruit, les états d'âme, les souvenirs, suivant les timbres, les intensités sonores, etc., etc. Souvenons-nous que l'ouïe est un peu voisine de la tactilité, et qu'à la sensation sonore s'ajoute toujours l'éveil de la sensibilité générale.

Le phénomène extérieur ne touche jamais un seul mode de sensibilité exclusivement ; c'est notre attention qui fixe son choix : il y a toujours une place pour l'inconscient, actif cependant.

Nous avons dit souvent combien l'attention — et l'appréhension en est une forme exagérée — met les centres nerveux dans un état d'hyperexcitabilité, non seulement auditive, mais générale, puisque tous les sens et toute la motricité concourent à la connaissance, à la recherche, à l'analyse, au discernement, etc., du phénomène extérieur.

Cette sensibilité surexcitée explique le rayonnement des excitations nerveuses sur les foyers sensoriels voisins, et la multiplicité des points touchés par une seule sensation sonore surtout chez un nerveux, chez un prédisposé.

(1) *Pflügger's Arch. f. Phys.*, 1888, XIII, p. 10, et XXIV.

Dans cet état d'hyperesthésie des sens, une impression visuelle (ou autre) peut succéder aussitôt à la perception du son : c'est ce qu'on appelle l'audition colorée.

Ce sont tantôt de simples éclats de lumière (phantasmes) qui apparaissent sous l'action d'un son, d'un bruit, et plus évidents dans l'obscurité ; tantôt ce sont de véritables phénomènes colorés (chromesthésie) qui envahissent les yeux.

Le travail excellent du Dr Suarez, d'Angers (1), est l'exposé complet de la question ; faits et théories y abondent, très clairement et fort complètement classés et discutés.

Le phénomène lumineux le plus simple et le plus fréquent est l'éclair lumineux blanc qui traverse les yeux quand un bruit violent secoue les organes et le sens de l'ouïe Il s'y ajoute pour certains, chez moi, une contraction de l'orbiculaire palpébral comme dans la surprise ou la crainte ; les trois phénomènes sont concomitants ; le réveil de l'élément moteur n'étonnera pas ; c'est un geste réflexe de défense.

Pour moi, la sensation de flamme subite est d'autant plus vive que je sors la nuit d'un endroit bien éclairé. Il faut que le son ait une certaine intensité pour que les « photismes », ainsi qu'on les nomme (Blenler, Lechmann), apparaissent.

Ainsi ce sont surtout les voyelles qui les produisent, les sons syllabiques, mieux que les musicaux. La plus grande variété de couleurs s'observe dans leurs rapports avec les origines sonores. Les sons graves paraissent sombres à l'un et les aigus très clairs au contraire ; les couleurs les plus souvent perçues par ordre de fréquence sont le blanc et le gris, le rouge, le jaune, l'orangé, le bleu, le violet, enfin le noir ; le vert est exceptionnel.

Les personnes qui voient ces couleurs sous l'influence des sons (voyelles, mots) peuvent souvent les faire apparaître dans le champ visuel par simple volition, par un effort psychique de mémoire (penser le mot), sans intervention d'un excitant extérieur ; et cette faculté de reviviscence existe dans certaines familles, de même que les photismes ne sont observés que dans une certaine classe de la société.

(1) Suarez de Mendoza, *De l'Audition colorée*, Paris, 1890 ; B. Raymond, *Gaz. pop.*, 1889, 74 ; S. V. Macé, *thèse*, Paris, 1860 ; Goubet, *Audit. colorée* (Internat. Congress, London, 1892, p. 10) ; Urbanstchitsch (*Bull. méd.*, 1889, n° 3) ; W.-S. Colman (*the Lancet*, 1er janvier 1898).

L'influence supérieure des sons complexes est accusée par tout le monde.

En général, à un seul ton correspond une seule teinte ; Missbaumer cependant a noté jusqu'à quatorze teintes pour un seul son musical et y croit voir l'analogue des quatorze tons qu'il y trouve...

En réalité, un son faible ne donne pas lieu au photisme ; et le timbre de chaque instrument se caractérise par une teinte spéciale ; la tonalité a également une action sérieuse sur les teintes, qui varient suivant la hauteur des sons ; mais toujours le timbre a plus d'effet.

Les sons combinés donneraient lieu à des couleurs associées, à une teinte résultante (Nuel, *Dict. phys.*, p. 955).

Les observations sont très curieuses, mais très diverses ; par exemple : le mot « Et » est bleu pour X et rose pour Y ou est brun pour le premier sujet et blanc pour l'autre, etc. Aucune règle ne préside à la genèse de ces sensations qui sont le plus souvent identiques chez la même personne pour la même voyelle, mais non absolument. Il faut se rappeler en effet que la lettre alphabétique couvre des sons très différents, ainsi que nous l'avons dit, et que les phonogrammes le montrent.

La teinte de la voyelle colore le mot ; parfois le mot, la phrase, le discours même sont revêtus d'une teinte uniforme ; les voyelles ouvertes ont plus de couleur (sons plus intenses).

Les sensations « phonoptiques » sont-elles très répandues ? Suarez en a étudié assez rapidement un certain nombre. Beaucoup de ces personnes, capables d'éprouver à volonté les sensations visuelles par le fait d'excitations auditives, se rappellent avoir déjà dans l'enfance éprouvé ces phénomènes. Cependant on conçoit qu'il se fait une certaine éducation, par l'exercice qui concentre l'attention de ce côté, et que les tendances se systématisent. Peu à peu l'habitude se crée, développant la faculté d'observer et d'éprouver les nuances, les teintes ; mais aussi l'aptitude à en faire naître. C'est ainsi que dans un concert un sujet a pu voir toutes les couleurs de l'arc-en-ciel se succéder.

Quant aux localisations de ces esthésies, il faut savoir combien il est difficile d'obtenir une réponse nette à ce sujet ; à tel point que la suggestion y peut jouer un grand rôle : l'imagination fait le reste. En général, les individus extério-

risent leurs sensations colorées ; et à ce propos, il est à noter
que les sensations subjectives de l'ouïe ne semblent point être
jamais l'origine d'esthésies visuelles ou autres, et les hallucinations auditives non plus.

La théorie de l'audition colorée est encore à trouver. Nous
avons cependant au cours de cet article rappelé la complexité
de la sensation, à laquelle toutes les sensibilités contribuent
pour une part, une d'elles restant supérieure.

Cet éréthisme, dû à l'attention active, rend bien facile la
compréhension des associations sensorielles anormales, puisqu'elles existent physiologiquement. Il n'y a dans ces pseu-
desthésies, dans ces phonopsies, dans ces photismes, qu'une
intensité en plus peut-être, qui place le phénomène subjectif
dans la conscience et le met en évidence; c'est, je crois
l'opinion d'Urbantschitsch (*loc. cit.*).

Quelques-uns ont pensé qu'il y avait là une disposition
naturelle de l'esprit (état psychique prédisposant); ce qui
expliquerait la multiplicité des conditions qui semblent amener la genèse de ces sensations subjectives extra-auditives,
nées de l'audition. Et comme Suarez a noté la fréquence de
ces réactions visuelles par les excitations de l'ouïe chez les
membres d'une même famille, cela tendrait à confirmer
l'existence d'une prédisposition primordiale héréditaire, d'une
excitabilité particulière chez les individus.

En résumé :

Des multiples connexions des organes de l'ouïe et des
foyers de l'audition il résulte que la sensation auditive ou
l'excitation de l'oreille peuvent être le point de départ :

1° De réflexes d'adaptation, de défense uni et binauriculaires, et aussi des autres organes des sens (orientation);

2° D'une volition, ou excitation motrice volontaire (attention), ou d'une inertie ou inhibition (résolution) ;

3° D'images acoustiques simples ou associées convention-
nelles (musique, paroles) ou de l'éveil d'images visuelles (audition colorée) ;

4° Du rappel d'images auditives, ou représentations (mémoire) ou de leur perte (amnésie, amusie);

5° D'excitation auditive (éducation), ou d'algies ou d'anesthésies diverses (douleurs) ;

6° D'hallucinations (audition intérieure, souvenirs, créations harmoniques) ;

7° De pensés, idées, mots (langage intérieur) ou d'obnubilations (incapacité, trouble mental) ;

8° D'excitations motrices, d'adaptation à la reproduction du son (éducation, langage extérieur, écriture, ou perte de cette faculté, amnésie, aphasie) ;

9° De troubles vaso-moteurs locaux et généraux, tels que la pâleur, la rougeur, le frisson, la salivation, les sueurs ; une hémorragie, un flux ; la sclérose otique comme ultime effet ;

10° Un arrêt ou un trouble des fonctions du cœur (palpitations, syncope) ; des poumons (arrêt de respiration, angoisse) ; de l'équilibration (rotation, chute à terre sans perte de connaissance) ;

11° Enfin, au point de vue affectif, d'émotions, de plaisirs, de douleur, d'antipathie, de sympathie.

FIN

TABLE DES MATIÈRES

CHAPITRE III

LA SENSATION AUDITIVE   281

BIBLIOTHÈQUE SCIENTIFIQUE

INTERNATIONALE

Publiée sous la direction de M. Emile ALGLAVE

La *Bibliothèque scientifique internationale* est une œuvre dirigée par les auteurs mêmes, en vue des intérêts de la science, pour la populariser sous toutes ses formes, et faire connaître immédiatement dans le monde entier les idées originales, les directions nouvelles, les découvertes importantes qui se font chaque jour dans tous les pays. Chaque savant expose les idées qu'il a introduites dans la science et condense pour ainsi dire ses doctrines les plus originales.

On peut ainsi, sans quitter la France, assister et participer au mouvement des esprits en Angleterre, en Allemagne, en Amérique, en Italie, tout aussi bien que les savants mêmes de chacun de ces pays.

La *Bibliothèque scientifique internationale* ne comprend pas seulement des ouvrages consacrés aux sciences physiques et naturelles ; elle aborde aussi les sciences morales, comme la philosophie, l'histoire, la politique et l'économie sociale, la haute législation, etc. ; mais les livres traitant des sujets de ce genre se rattachent encore aux sciences naturelles, en leur empruntant les méthodes d'observation et d'expérience qui les ont rendues si fécondes depuis deux siècles.

Les titres marqués d'un astérisque * sont adoptés par le *Ministère de l'Instruction publique* pour les Bibliothèques des lycées et des collèges.

Cette collection paraît à la fois en français et en anglais : à Paris, chez Félix Alcan ; à Londres, chez C. Kegan, Paul et Cⁱᵉ ; à New-York, chez Appleton.

LISTE DES OUVRAGES PAR ORDRE D'APPARITION

91 VOLUMES IN-8, CARTONNÉS A L'ANGLAISE. CHAQUE VOLUME : 6 FRANCS

1. J. TYNDALL. *Les Glaciers et les Transformations de l'eau, avec figures. 1 vol. in-8. 6ᵉ édition. 6 fr.
2. BAGEHOT. * Lois scientifiques du développement des nations. 1 vol. in-8. 5ᵉ édition. 6 fr.
3. MAREY. *La Machine animale, locomotion terrestre et aérienne, avec de nombreuses fig. 1 vol. in-8. 5ᵉ·édit. augmentée. 6 fr.
4. BAIN. *L'Esprit et le Corps. 1 vol. in-8. 6ᵉ édition. 6 fr.
5. PETTIGREW. *La Locomotion chez les animaux, marche, natation. 1 vol. in-8, avec figures. 2ᵉ édit. 6 fr.

6. HERBERT SPENCER. *La Science sociale. 1 v. in-8. 12e édit.   6 fr.

7. SCHMIDT (O.) *La Descendance de l'homme et le Darwinisme.
1 vol. in-8, avec fig. 6e édition.   6 fr.

8. MAUDSLEY. *Le Crime et la Folie. 1 vol. in-8. 6e édit.   6 fr.

9. VAN BENEDEN. *Les Commensaux et les Parasites dans le règne
animal. 1 vol. in-8, avec figures. 3e édit.   6 fr.

10. BALFOUR STEWART. *La Conservation de l'énergie, avec figures.
1 vol. in-8, 5e édition.   6 fr.

11. DRAPER. Les Conflits de la science et de la religion. 1 vol. in-8.
9e édition.   6 fr.

12. L. DUMONT. *Théorie scientifique de la sensibilité. 1 vol. in-8. 4e édition.   6 fr.

13. SCHUTZENBERGER. *Les Fermentations. 1 vol. in-8, avec fig. 6e édition.   6 fr.

14. WHITNEY. *La Vie du langage. 1 vol. in-8. 4e édit.   6 fr.

15. COOKE et BERKELEY. *Les Champignons. 1 vol. in-8, avec figures.
4e édition.   6 fr.

16. BERNSTEIN. *Les Sens. 1 vol. in-8, avec 91 fig. 5e édit.   6 fr.

17. BERTHELOT. *La Synthèse chimique. 1 vol. in-8. 8e édit.   6 fr.

18. NIEWENGLOWSKI (H.). *La Photographie et la Photochimie. 1 vol.
in-8, avec gravures et une planche hors texte.   6 fr.

19. LUYS. *Le Cerveau et ses fonctions, avec figures. 1 vol. in-8.
7e édition.   6 fr.

20. STANLEY JEVONS. *La Monnaie et le Mécanisme de l'échange.
1 vol. in-8. 3e édition.   6 fr.

21. FUCHS. *Les Volcans et les Tremblements de terre. 1 vol. in-8,
avec figures et une carte en couleur. 5e édition.   6 fr.

22. GÉNÉRAL BRIALMONT. *Les Camps retranchés et leur rôle dans
la défense des États, avec fig. dans le texte et 2 planches hors texte,
3e édit.   (Epuisé.)

23. DE QUATREFAGES. *L'Espèce humaine. 1 v. in-8. 12e édit.   6 fr.

24. BLASERNA et HELMHOLTZ. *Le Son et la Musique. 1 vol. in-8.
avec figures. 5e édition.   6 fr.

25. ROSENTHAL. *Les Nerfs et les Muscles. 1 vol. in-8, avec 75 figures.
3e édition. (Epuisé.)

26. BRUCKE et HELMHOLTZ. *Principes scientifiques des beaux-arts.
1 vol. in-8, avec 39 figures. 4e édition.   6 fr.

27. WURTZ. *La Théorie atomique. 1 vol. in-8. 8e édition.   6 fr.

28-29. SECCHI (le Père). *Les Etoiles. 2 vol. in-8, avec 63 figures dans le
texte et 17 pl. en noir et en couleur hors texte. 3e édit.   12 fr.

30. JOLY. *L'Homme avant les métaux. 1 vol. in-8, avec figures, 4e édition.   6 fr.

31. A. BAIN. * **La Science de l'éducation.** 1 vol. in-8. 8e édit.   6 fr.

32-33. THURSTON (R.). * **Histoire de la machine à vapeur,** précédée d'une introduction par M. HIRSCH. 2 vol. in-8, avec 140 figures dans le texte et 16 planches hors texte. 3e édition.   12 fr.

34. HARTMANN (R.). * **Les Peuples de l'Afrique.** 1 vol. in-8, avec figures. 2e édition.   6 fr.

35. HERBERT SPENCER. * **Les Bases de la morale évolutionniste.** 1 vol. in-8. 5e édition.   6 fr.

36. HUXLEY. * **L'Écrevisse,** introduction à l'étude de zoologie. 1 vol. in-8, avec figures. 2e édition.   6 fr.

37. DE ROBERTY. * **De la Sociologie.** 1 vol. in-8. 3e édition.   6 fr.

38. ROOD. * **Théorie scientifique des couleurs.** 1 vol. in-8, avec figures et une planche en couleur hors texte. 2e édition.   6 fr.

39. DE SAPORTA et MARION. * **L'Evolution du règne végétal** (les Cryptogames). 1 vol. in-8, avec figures.   6 fr.

40-41. CHARLTON BASTIAN. * **Le Cerveau, organe de la pensée chez l'homme et chez les animaux.** 2 vol. in-8 avec figures, 2e éd. 12 fr.

42. JAMES SULLY. * **Les illusions des sens et de l'esprit.** 1 vol. in-8, avec figures. 2e édit.   6 fr.

43. YOUNG. * **Le Soleil.** 1 vol. in-8, avec figures.   6 fr.

44. DE CANDOLLE. * **L'Origine des plantes cultivées.** 4e édition. 1 vol. in-8.   6 fr.

45-46. SIR JOHN LUBBOCK. * **Fourmis, abeilles et guêpes.** Études expérimentales sur l'organisation et les mœurs des sociétés d'insectes hyménoptères. 2 vol. in-8, avec 65 figures dans le texte et 13 planches hors texte, dont 5 coloriées.   12 fr.

47. PERRIER (Edm.). **La Philosophie zoologique avant Darwin.** 1 vol. in-8. 3e édition.   6 fr,

48. STALLO. * **La Matière et la Physique moderne.** 1 vol. in-8. 2e éd., précédé d'une introduction par CH. FRIEDEL.   6 fr.

49. MANTEGAZZA. **La Physionomie et l'Expression des sentiments.** 1 vol. in-8. 3e édit., avec huit planches hors texte.   6 fr.

50. DE MEYER. * **Les Organes de la parole et leur emploi pour la formation des sons du langage.** 1 vol. in-8, avec 51 figures, précédé d'une introd. par M. O. CLAVEAU.   6 fr.

51. DE LANESSAN. * **Introduction à l'Étude de la botanique** (le Sapin). 1 vol. in-8, 2e édit., avec 143 figures dans le texte.   6 fr.

52-53. DE SAPORTA et MARION. * **L'Évolution du règne végétal** (les Phanérogames). 2 vol. in-8, avec 136 figures.   12 fr.

54. TROUESSART. * **Les Microbes, les Ferments et les Moisissures.** 1 vol. in-8, 2e édit., avec 107 figures dans le texte.   6 fr.

85. DEMOOR, MASSART et VANDERVELDE. **L'Évolution régressive en biologie et en sociologie.** 1 vol. in-8, avec gravures.   6 fr.

86. MORTILLET (G. de). **Formation de la Nation française.** 1 vol. in-8, avec 150 gravures et 18 cartes.   6 fr.

87. ROCHÉ (G.). **La Culture des Mers** (piscifacture, pisciculture, ostréiculture). 1 vol. in-8, avec 81 gravures.   6 fr.

88. COSTANTIN (J.). **Les Végétaux et les Milieux cosmiques** (adaptation, évolution). 1 vol. in-8, avec 171 gravures.   6 fr.

89. LE DANTEC. **L'Évolution individuelle et l'hérédité.** 1 vol. in-8. 6 fr.

90. GUIGNET et GARNIER. **La Céramique ancienne et moderne.** 1 vol. in-8, avec grav.   6 fr.

91. GELLE (M.-E.). **L'Audition et ses organes.** 1 vol. in-8, avec grav. 6 fr.

POUR PARAITRE PROCHAINEMENT :

MEUNIER (Stan.). **La Géologie expérimentale.** 1 vol. in-8, avec grav. 6 fr.
COSTANTIN (J.). **La Nature tropicale.** 1 vol. in-8, avec gravures.   6 fr.

En vente chez tous les Libraires de la France
et de l'Etranger.

Envoi franco contre mandat-poste à l'éditeur Félix ALCAN,
108, boulevard Saint-Germain, Paris.

20-4-8. — Tours, imp. E. Arrault et Cie.

www.ingramcontent.com/pod-product-compliance
Lightning Source LLC
LaVergne TN
LVHW021235170726
843501LV00003B/794